面向 21 世纪高等院校课程规划教材

凌阳 16 位单片机
原理与应用

主审 顾 滨
主编 孔祥洪 孟 健 王令群

北京航空航天大学出版社

内 容 简 介

本书主要介绍凌阳16位微控制器芯片SPMC75的结构、工作原理及接口应用。全书共分11章,主要介绍单片机结构、原理及指令系统、程序设计、多功能I/O口、时钟与中断、模/数转换器、同步及异步串行接口、开发系统简介、开发板的使用。其中,重点介绍了多功能捕获比较模块、BLDC(电机驱动专用位置侦测接口)、两相增量编码器接口、能产生各种电机驱动波形的PWM发生器等特殊硬件模块。

本书可以作为高等院校单片机课程实训教材,也可供从事电子技术、计算机应用与开发的科研人员和工程技术人员学习参考。

图书在版编目(CIP)数据

凌阳16位单片机原理与应用/孔祥洪,孟健,王令群

主编.北京:北京航空航天大学出版社,2009.2

ISBN 978-7-81124-258-4

I.凌… Ⅱ.①孔…②孟…③王… Ⅲ.单片微型计算机

Ⅳ.TP368.1

中国版本图书馆CIP数据核字(2008)第 023440 号

凌阳16位单片机原理与应用

主审 顾 滨

主编 孔祥洪 孟 健 王令群

责任编辑 杨 波 史海文

*

北京航空航天大学出版社出版发行

北京市海淀区学院路37号(100083)　发行部电话:(010)82317024　传真:(010)82328026

http://www.buaapress.com.cn　E-mail:bhpress@263.net

北京时代华都印刷有限公司印装　各地书店经销

*

开本:787mm×1 092mm　1/16　印张:21.5　字数:550千字

2009年3月第1版　2009年3月第1次印刷　印数:5 000册

ISBN 978-7-81124-258-4　定价:39.00元(含光盘1张)

前　言

　　单片机技术课程是目前各大专院校计算机应用专业及计算机相关专业开设的一门重要课程。同时,单片机技术也是一个电子类工程师应该掌握的三大技术之一。编者根据自己多年的教学经验,精心组织并编写了本教材。本书讨论了单片机设计的原理及应用,书中包含原理、设计范例和开发工具,可以使学生很快掌握单片机应用的系统设计技巧。

　　SPMC75F2413A 是由凌阳科技公司设计开发的工业级 16 位微控制器芯片,其核心采用自主知识产权的 $\mu'\text{nSP}^{\text{TM}}$(micro-n-Sunplus)微处理器,集成了多功能 I/O 口、同步和异步串行接口、模/数转换器(Analog-Digital Converter,简称 ADC)、定时计数器(T/C)等功能模块,以及多功能捕获比较模块、BLDC(电机驱动专用位置侦测接口)、两相增量编码器接口、能产生各种电机驱动波形的 PWM 发生器等特殊硬件模块。SPMC75F2413A 可以应用于诸如家电用变频驱动器、标准工业变频驱动器、变频电源、多环伺服驱动系统等复杂设计。实际应用在冰箱、空调、洗衣机等家用电器上。

　　本书的设计程序及开发软件均可在由凌阳公司开发的 SPMC75 的 EVM 硬件开发板上运行。EVM 是 SPMC75 系列芯片的功能评估板,它是一个 SPMC75F2413A 的最小应用系统。开发板上配有 RS-232 接口、8 个 LED 指示灯、4 位数码管显示、6 个按键、EEPROM 存储器和外部电位器等基本硬件,以方便 SPMC75 系列芯片的开发之用。

　　本书还提供了部分软件资源,其中包括:基于 SPMC75F2413A 交流感应电机驱动函数库;基于 SPMC75F2413A 无刷直流电机驱动函数库;DMC Toolkit 调试环境 MCU 部分的驱动函数库;实用应用实例(包括源码和详细的设计说明);交流感应电机驱动应用实例(使用交流感应电机驱动函数库);无刷直流电机驱动应用实例(使用无刷直流电机驱动函数库);DMC Toolkit 调试环境 MCU 部分的驱动库应用实例。

　　本书由孔祥洪、孟健、王令群主编,张慕蓉、陈明、华健、孙玉强、黄勇、高静霞参编,顾滨为主审,孔祥洪和王令群负责了全书的统稿。本书共 11 章,孔祥洪编写第 4、5、10 章,孟健编写第 9、11 章,王令群编写第 3、7、8 章,张慕蓉、华健编写第 1 章,陈明、黄勇编写第 2 章,孙玉强、高静霞编写第 6 章。

　　另外,在资料收集、整理方面,还得到高镜霞、诸杭、李吉鹏、杨明霞、张彦之、江瑞煌、陶佳元、王贤娉、赵红霄、金殿、苏孙国、金鑫、沈敏、马琰、韩鹏等同学的帮助,在此谨致以诚挚的感谢!

　　本书在编写、出版过程中得到了上海市教委高职高专嵌入式教学指导委员会和台湾凌阳科技股份有限公司的指导和帮助,以及黄冬梅教授、邹国良教授等人的指导,在此一并表示衷心的感谢。计算机技术发展迅速,加之编者水平有限、时间仓促,书中难免有疏漏之处,敬请批评指正。

编　者

2009 年 1 月

目　录

第 11 章　SPMC75F2413A 变频控制技术应用

参考文献

第 1 章 凌阳 SPMC75F2413A 概述

1.1　简　述

　　SPMC75 系列微控制器是由凌阳科技公司设计开发的工业级 16 位微控制器芯片,其核心采用凌阳公司自主知识产权的 μ'nSP™ 微处理器,集成了多功能 I/O 口、同步和异步串行接口、ADC、定时计数器等功能模块,以及多功能捕获比较模块、BLDC 电机驱动专用位置侦测接口、两相增量编码器接口、能产生各种电机驱动波形的 PWM 发生器等特殊硬件模块。

1.2　特　性

① 高性能 16 位内核。

➤ 凌阳 16 位 μ'nSP™ 处理器;

➤ 2 种低功耗模式:Wait/Stand-by;

➤ 片内低电压检测电路;

➤ 片内基于锁相环的时钟发生模块;

➤ 最高运行频率为 24 MHz。

② 芯片内存储器。

➤ 32 kW (32K×16) Flash;

➤ 2 kW (2K×16) SRAM。

③ 工作温度为 −40∼85 ℃。

④ 10 位 ADC 模块。

➤ 可编程的转换速率,最大转换速率为 100 ksps;

➤ 8 个外部输入通道;

➤ 可与 PDC(Phase Detection Control)或 MCP(Motor Control PWM)等定时器联动,实现电机控制中的电参量测量。

⑤ 串行通信接口。

➤ 通用异步串行通信接口(UART);

➤ 标准外围接口(SPI)。

⑥ 最多 64 个通用输入/输出引脚。

⑦ 可编程看门狗定时器。

⑧ 内嵌在线仿真功能,可实现在线仿真、调试和下载。

⑨ PDC 定时器。

➢ 2 个 PDC 定时器(PDC0 和 PDC1);

➢ 可同时处理三路捕获输入;

➢ 可产生三路 PWM 输出(中心对称或边沿方式);

➢ BLDC 驱动的专用位置侦测接口;

➢ 两相增量码盘接口,支持 4 种工作模式,拥有四倍频电路;

➢ 定时器功能。

⑩ MCP 定时器。

➢ 2 个 MCP 定时器(MCP3 和 MCP4);

➢ 能够产生三相六路可编程 PWM 波形(中心对称或边沿方式),如三相 SPWM、SVPWM 等;

➢ 提供 PWM 占空比值同步载入逻辑;

➢ 可选择与 PDC 的位置侦测变化同步;

➢ 可编程硬件死区插入功能,死区时间可设定;

➢ 可编程错误和过载保护逻辑;

➢ 定时器功能。

⑪ TPM 定时器 2。

➢ 可同时处理二路捕获输入;

➢ 可产生二路 PWM 输出(中心对称或边沿方式);

➢ 定时器功能。

⑫ 2 个 CMT 定时器。CMT 定时器是通用 16 位定时器。

1.3　80 - Pin QFP 封装

SPMC75F2413A QFP80 封装如图 1 - 3 - 1 所示。

1.4　80 - Pin QFP 封装引脚描述

SPMC75F2413A QFP80 封装引脚描述如表 1 - 4 - 1 所列。其中 I 表示输入,O 表示输出,P 表示电源,PL 表示下拉,PH 表示上拉。

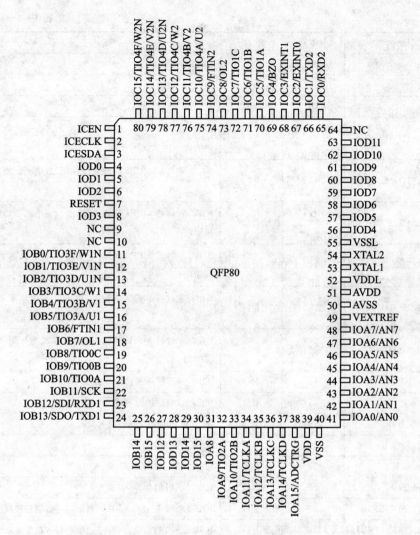

图 1－3－1　SPMC75F2413A QFP80 封装

表 1－4－1　SPMC75F2413A QFP80 封装引脚描述

引脚名称	引脚号	类型	描述
ICEN	1	I (PL)	ICE 仿真/编程模式使能 0 V：普通模式 3.3 V：在线仿真/编程模式
ICECLK	2	I/O	在线仿真时钟输入(3.3 V IO)
ICESDA	3	I/O	在线仿真的地址/数据输入或输出复用脚(3.3V IO)
IOD0	4	I/O	IOD0
IOD1	5	I/O	IOD1
IOD2	6	I/O	IOD2
RESET	7	I (PH)	外部复位脚

引脚名称	引脚号	类 型	描 述
IOD3	8	I/O	IOD3
NC	9	—	空
NC	10	—	空
IOB0/TIO3F/W1N	11	I/O	IOB0/定时器 MCP3 的输入/输出 F 或电机驱动 W1N 相输出
IOB1/TIO3E/V1N	12	I/O	IOB1/定时器 MCP3 的输入/输出 E 或电机驱动 V1N 相输出
IOB2/TIO3D/U1N	13	I/O	IOB2/定时器 MCP3 的输入/输出 D 或电机驱动 U1N 相输出
IOB3/TIO3C/W1	14	I/O	IOB3/定时器 MCP3 的输入/输出 C 或电机驱动 W1 相输出
IOB4/TIO3B/V1	15	I/O	IOB4/定时器 MCP3 的输入/输出 B 或电机驱动 V1 相输出
IOB5/TIO3A/U1	16	I/O	IOB5/定时器 MCP3 的输入/输出 A 或电机驱动 U1 相输出
IOB6/FTIN1	17	I/O	IOB6/外部故障保护输入脚 1
IOB7/OL1	18	I/O	IOB7/过载保护输入脚 1
IOB8/TIO0C	19	I/O	IOB8 或定时器 PDC0 输入/输出 C
IOB9/TIO0B	20	I/O	IOB9 或定时器 PDC0 输入/输出 B
IOB10/TIO0A	21	I/O	IOB10 或定时器 PDC0 输入/输出 A
IOB11/SCK	22	I/O	IOB11/SPI 时钟输入/输出
IOB12/SDI/RXD1	23	I/O	IOB12/SPI 数据输入/异步通信串行数据接收口 1
IOB13/SDO/TXD1	24	I/O	IOB13/SPI 数据输出/异步通信串行数据发送口 1
IOB14	25	I/O	IOB14
IOB15	26	I/O	IOB15
IOD12	27	I/O	IOD12
IOD13	28	I/O	IOD13
IOD14	29	I/O	IOD14
IOD15	30	I/O	IOD15
IOA8	31	I/O	IOA8
IOA9/TIO2A	32	I/O	IOA9/定时器 TPM2 输入/输出 A
IOA10/TIO2B	33	I/O	IOA10/定时器 TPM2 输入/输出 B
IOA11/TCLKA	34	I/O	IOA11/外部时钟 A 输入脚
IOA12/TCLKB	35	I/O	IOA11/外部时钟 B 输入脚
IOA13/TCLKC	36	I/O	IOA13/外部时钟 C 输入
IOA14/TCLKD	37	I/O	IOA14 外部时钟 D 输入

引脚名称	引脚号	类　型	描　述
IOA15/ADCTRG	38	I/O	IOA15/ A/D 转换触发输入
VDD	39	I	电源端
VSS	40	I	接地端
IOA0/AN0	41	I/O	IOA0 或模/数转换通道 0 的模拟量输入端
IOA1/AN1	42	I/O	IOA1 或模/数转换通道 1 的模拟量输入端
IOA2/AN2	43	I/O	IOA2 或模/数转换通道 2 的模拟量输入端
IOA3/AN3	44	I/O	IOA3 或模/数转换通道 3 的模拟量输入端
IOA4/AN4	45	I/O	IOA4 或模/数转换通道 4 的模拟量输入端
IOA5/AN5	46	I/O	IOA5 或模/数转换通道 5 的模拟量输入端
IOA6/AN6	47	I/O	IOA6 或模/数转换通道 6 的模拟量输入端
IOA7/AN7	48	I/O	IOA7 或模/数转换通道 7 的模拟量输入端
VEXTREF	49	I	模/数转换参考电源输入端
AVSS	50	I	模拟地
AVDD	51	I	模拟电源
VDDL	52	O	内核电源滤波,外接 10 μF - 16 V 电容
XTAL1	53	I	3～6 MHz 晶体输入
XTAL2	54	I/O	3～6 MHz 晶体输出/外部 Clock 输入/晶体振荡器输入
VSSL	55	I	内核地
IOD4	56	I/O	IOD4
IOD5	57	I/O	IOD5
IOD6	58	I/O	IOD6
IOD7	59	I/O	IOD7
IOD8	60	I/O	IOD8
IOD9	61	I/O	IOD9
IOD10	62	I/O	IOD10
IOD11	63	I/O	IOD11
NC	64	—	空
IOC0/RXD2	65	I/O	IOC0/异步通信串行数据接收口 2
IOC1/TXD2	66	I/O	IOC1/异步通信串行数据发送口 2
IOC2/EXINT0	67	I/O	IOC2/外部中断输入 0
IOC3/EXINT1	68	I/O	IOC3/外部中断输入 1
IOC4/BZO	69	I/O	IOC4/蜂鸣器输出
IOC5/TIO1A	70	I/O	IOC5/定时器 PDC1 输入/输出 A
IOC6/TIO1B	71	I/O	IOC6/定时器 PDC1 输入/输出 B
IOC7/TIO1C	72	I/O	IOC7/定时器 PDC1 输入/输出 C

引脚名称	引脚号	类 型	描 述
IOC8/OL2	73	I/O	IOC8/过载保护输入脚 2
IOC9/FTIN2	74	I/O	IOC9/外部故障保护输入脚 2
IOC10/TIO4A/U2	75	I/O	IOC10/定时器 MCP 4 输入/输出 A 或电机驱动 U2 相输出
IOC11/TIO4B/V2	76	I/O	IOC11/定时器 MCP 4 输入/输出 B 或电机驱动 V2 相输出
IOC12/TIO4C/W2	77	I/O	IOC12/定时器 MCP 4 输入/输出 C 或电机驱动 W2 相输出
IOC13/TIO4D/U2N	78	I/O	IOC13/定时器 MCP 4 输入/输出 D 或电机驱动 U2N 相输出
IOC14/TIO4E/V2N	79	I/O	IOC14/定时器 MCP 4 输入/输出 E 或电机驱动 V2N 相输出
IOC15/TIO4F/W2N	80	I/O	IOC15/定时器 MCP 4 输入/输出 F 或电机驱动 W2N 相输出

1.5　SPMC75F2413A 功能描述

SPMC75F2413A 使用 16 位微处理器 μ'nSP™ 为内核,具有如下特性:

① 16 位数据总线/22 位地址总线。

➤ 4M 字寻址空间(8 MB);

➤ 64 页,每页 64K 字。

② 13 个 16 位寄存器。

➤ 5 个通用寄存器(R1~R5);

➤ 4 个二级寄存器(SR1~SR4);

➤ 3 个系统寄存器(SP、SR、PC);

➤ 寄存器(FR)。

③ 10 个中断向量。

➤ 1 个 FIQ(快速中断请求)中断向量;

➤ 8 个 IRQ(普通中断请求)中断向量;

➤ 1 个软件中断向量;

➤ 支持中断嵌套模式。

④ 6 种寻址方式。

➤ 立即数寻址(I6/I16);

➤ 直接寻址;

➤ 寄存器寻址;

➤ 寄存器间接寻址；

➤ 寄存器间接增量寻址；

➤ 变址寻址；

➤ 多重间接寻址（入栈/出栈）。

⑤ 16×16 乘法与多达 16 级内积操作。

➤ 3 种乘法模式：有符号数×有符号数，有符号数×无符号数，无符号数×无符号数；

➤ 有 4 位内积保护位，防止出现计算溢出；

➤ Fraction On/Off 模式。

⑥ 1 位除法。

➤ 需要进行 16 次连续除（DIVS、DIVQ）操作产生商数；

➤ 32 位除以 16 位数。

⑦ 位操作。

位操作是面向所有存储单元、寄存器的位测试/设置/清除/取反操作。

⑧ 数据规格化操作（EXP）。

⑨ 32 位移位操作。

用两次移位指令实现 32 位移位操作。

⑩ 利用 MR 寄存器执行长跳转指令。

⑪ 利用 MR 寄存器执行长调用指令。

⑫ 空操作。

⑬ DS 段地址访问指令。

⑭ CPU 内部标志访问指令。

1.6　SPMC75F2413A 的应用

SPMC75F2413A 可应用于家电用变频驱动器、标准工业变频驱动器、各种变频电源、多环伺服驱动系统等。

应用领域包括：

➤ 变频家电；

➤ 工业变频器；

➤ 变频电源；

➤ 不间断电源 UPS；

➤ 消防应急电源 EPS；

➤ 风扇控制。

第 2 章

SPMC75 结构概述

SPMC75 系列微控制器使用 CISC 架构,程序空间(Flash)和数据空间(SRAM)统一编址。其结构分为 CPU 内核和外围功能模块两部分;内核是芯片的基本部分,如 CPU、存储器等;外围则包括定时/计数器、时钟系统、ADC 模块、UART 通信模块等。

2.1 芯片结构

2.1.1 SPMC75F2413A 内部结构图

SPMC75F2413A 功能框图如图 2 - 1 - 1 所示。

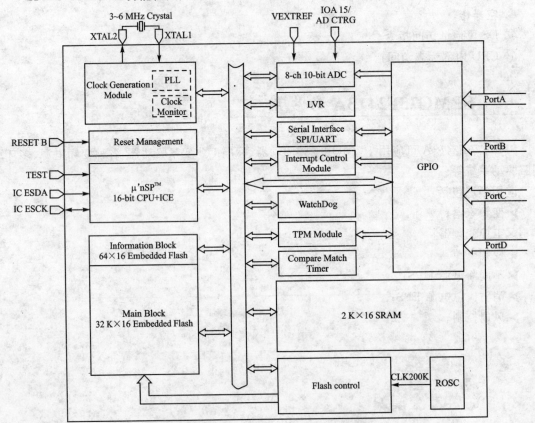

图 2 - 1 - 1   SPMC75F2413A 功能框图

2.1.2 硬件设备资源表

SPMC75 系列微控制器现共有 2 个系列（4 颗芯片）：SPMC75F2413A 和 SPMC75F2313A。其中，每颗芯片都集成了不同的外设功能模块。本书着重阐述 SPMC75F2413A，详见表 2-1-1 所列。

表 2-1-1　SPMC75 系列微控制器的功能表

功　能	型　号	SPMC75F2313A	SPMC75F2413A
内部存储器	程序区（Flash）	32 K 字	32 K 字
	数据区（SRAM）	2 K 字	2 K 字
工作频率/MHz		12～24	12～24
工作电压/V		4.5～5.5	4.5～5.5
输入/输出口（最多可达）		33	64
定时器	定时器 PDC	16 位×2	16 位×2
	定时器 TPM	16 位×1	16 位×1
	定时器 MCP	16 位×1	16 位×1
	定时器 CMT	16 位×2	16 位×2
通用 PWM 输出		16 位×8	16 位×8
用于电机控制的 PWM 输出		16 位×6	16 位×12
捕获输入		8	8
位置检测		PDC 1 定时器	PDC0 和 PDC 1 定时器
相位计数模式		PDC 1 定时器	PDC0 和 PDC 1 定时器
模/数转换		10 位 6 通道	10 位 8 通道
SPI		有	有
UART(波特率)		300～115 200	300～115 200
看门狗定时器/ms		5.46～699.05	5.46～699.05
蜂鸣器输出		无	1 通道 1.465～11.718 kHz
外部中断		无	2 通道
封装		42 pin/SDIP 44 pin/LQFP	64 pin/QFP 80 pin/QFP

2.2　外围功能模块

2.2.1　时钟发生模块

SPMC75F2413A 的时钟发生模块有 2 个：一个是内部 RC 振荡器产生的 1 600 kHz 时钟

经分频后为系统提供 200 kHz 辅助时钟源；另一个是系统时钟发生模块，包含 1 个晶体振荡器（外部连接无源石英晶体或陶瓷晶体）和 1 个四倍频的锁相环（PLL）模块。当使用无源石英晶体或陶瓷晶体时（频率范围为 3～6 MHz），晶体振荡器的输出经 PLL 四倍频后输出，供系统使用。

SPMC75F2413A 系列单片机的时钟发生模块还支持直接外部时钟输入方式，这时的时钟不经过锁相环倍频，直接供系统使用。

在 Stand-by 模式中，RC 振荡器被关闭。

2.2.2　省电模式

SPMC75F2413A 有 3 种运行模式：标准模式和 2 种节电模式（Wait 和 Stand-by）。

（1）标准模式

芯片在标准模式下运行耗电最大，所有的外设都可用。

（2）Wait 节电模式

在 Wait 模式下，CPU 掉电停止工作以降低功耗，其他外设保持着先前的状态，且功能可用。一旦唤醒，CPU 将继续工作，执行接下来的指令。

（3）Stand-by 节电模式

在 Stand-by 模式下，所有模块都变为无效，此时功耗达到最小。唤醒后，CPU 复位并回到标准运行模式。要注意的是，如果 MCP 定时器 3 或定时器 4 已经处于 PWM 输出模式下，芯片就不会进入 Wait 或 Stand-by 模式。

2.2.3　中　断

SPMC75F2413A 有 38 个中断源。这些中断源可分为 Break（软件中断）、FIQ（快速中断请求）和 IRQ0～IRQ7（普通中断请求）3 类。Break、FIQ 和 IRQ 之间的优先级为：
Break＞FIQ＞IRQ0＞IRQ1＞IRQ 2＞IRQ3＞IRQ4＞IRQ5＞IRQ6＞IRQ7。

SPMC75F2413A 支持 2 种中断模式：普通中断模式和中断嵌套模式。普通中断模式不支持 IRQ 中断嵌套，即高优先级 IRQ 中断不能打断低优先级中断服务程序的执行，但 FIQ 和 Break 中断可以打断任何 IRQ 中断服务的执行。中断嵌套模式支持 IRQ 中断的嵌套，即高优先级 IRQ 中断可以打断低优先级 IRQ 中断服务程序的执行，而且支持多级嵌套。在中断嵌套模式中，FIQ 和 Break 中断仍具有最高优先级，可以打断任何 IRQ 中断服务的执行。

2.2.4　复位管理

SPMC75F2413A 芯片复位逻辑电路用于将该微控制器引入一种可知状态，复位源可由芯片的状态位来确定。

2.2.5　通用 I/O 端口

SPMC75F2413A 共有 4 个通用 I/O 端口（GPIO），分别是 IOA、IOB、IOC 和 IOD，每个 16 位，如图 2-2-1 所示，每个 I/O 引脚都可通过软件编程进行逐位配置。除端口 D 外，其他端口的 I/O 引脚都可通过编程来实现特殊功能，即这些 I/O 端口与许多功能控制信号是复用的。例如，端口 A[15：8]就可提供唤醒功能，并可从低功耗模式按键唤醒。

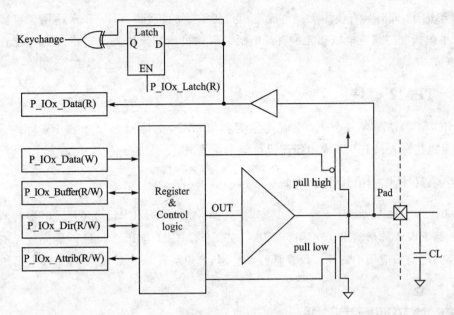

图 2 - 2 - 1 输入/输出端口结构

SPMC75F2413A I/O 端口的特殊功能寄存器是通过设置相应的特殊功能寄存器来实现的。当特殊功能有效时,通用 I/O 功能即被禁用。此外,一些特殊功能对 I/O 引脚的功能设置有特殊要求。例如,A/D 转换输入引脚和 SPI 接口。此时,I/O 的方向与属性寄存器应设置为特定的状态。

2.2.6 定时器/PWM 模块

SPMC75F2413A 提供 5 个通用定时器(PDC0、PDC1、TPM2、MCP3 和 MCP4):每个 MCP 定时器有独立的三相六路 PWM 波形输出;每个 PDC 定时器包含 3 个可编程的特殊功能引脚,用来进行捕获、比较输出、PWM 输出和位置侦测;TPM2 是一个通用定时器,用来进行捕获输入、比较输出和 PWM 输出。

SPMC75F2413A 具有 20 个可编程配置的 PWM 输出引脚(定时器 0～4),8 个捕获输入引脚(定时器 0～2),定时器 3/4 可同时驱动(输出三相六路 PWM 波形)2 个直流无刷电机或者交流感应电机,8 个可编程时钟源。

SPMC75F2413A 能够发生 A/D 转换触发。

PDC0/1 定时器各有 3 个寄存器,有输入捕获、比较输出和 PWM 输出功能,支持两相增量编码器脉冲输入的相位计数模式。PDC0/1 为实现电机控制,支持位置改变侦测。

TPM2 能够处理两路捕获输入、比较输出和 PWM 输出操作。

MCP3/4 可以输出 PWM 波形和逻辑电平,具有死区控制、错误保护和过载保护功能。

PDC0、PDC1、TPM2、MCP3 和 MCP4 有专门的中断。

2.2.7 PDC0 和 PDC1

SPMC75F2413A 提供了 2 个 PDC 定时器,即 PDC 0 和 PDC 1,用于捕获功能和产生

PWM 波形输出,同时具有侦测无刷直流电机位置改变的特性。PDC 非常适用于机械速度的计算,其中包括交流感应电机和无刷直流电机。可通过侦测无刷直流电机(转子)位置而控制其变换电流。

2.2.8　TPM2 模块

SPMC75F2413A 有一个 16 位通用定时器 TPM2,支持捕获输入和 PWM 输出功能。TPM 2 为捕获输入和 PWM 输出操作提供 2 个输入/输出引脚。

2.2.9　MCP3 和 MCP4 模块

SPMC75F2413A 提供了 2 个 MCP 定时器,即 MCP3 和 MCP4。MCP 定时器有两套独立的三相六路 PWM 波形输出。MCP3 与 PDC 0 联合,MCP4 与 PDC1 联合,能完成无刷直流电机和交流感应电机应用中的速度反馈环控制。MCP 模块有总计 12 路定时器输出用作电机控制操作。

2.2.10　比较匹配定时器

SPMC75F2413A 的比较定时器(CMT)包含两个 16 位定时器。每个定时器都具有一个 16 位计数器,当计数到设定值后产生中断。可选择 8 种计数时钟源:$f_{CK}/1$、$f_{CK}/2$、$f_{CK}/4$、$f_{CK}/8$、$f_{CK}/16$、$f_{CK}/64$、$f_{CK}/256$、$f_{CK}/1024$。如果寄存器 P_CMTx_TCONT (x=0,1)的值与相应的寄存器_CMTx_TPR (x=0,1)相匹配,则发生比较匹配中断。

2.2.11　时基模块

时基模块包含一个 16 位的计数器,可以产生 $f_{CK}/2$、$f_{CK}/4 \sim f_{CK}/1024 \sim f_{CK}/65536$ 的参考时钟。仅有 $f_{CK}/2$、$f_{CK}/4 \sim f_{CK}/1024$ 可供芯片外设使用。可向时基复位寄存器(P_TMB_Reset)写入 0x5555,清空时基计数器。通过时基模块的分频,可以产生 50% 占空比的脉冲,以驱动蜂鸣器。被选通的时基信号接入 IOC4/BZO 引脚。

2.2.12　串行通信接口

SPMC75F2413A 提供了 2 种串行通信接口:SPI -同步通信接口和 UART -通用异步串行通信接口。

2.2.13　模/数转换

SPMC75F2413A 芯片中内嵌一个 100 ksps 转换速率的高性能 10 位通用模/数转换器(ADC)模块,采用 SAR(逐次逼近)结构。它与 IOA[7~0]复用引脚作为输入信道,最多能提供 8 路模拟输入能力。同时,ADC 模块有多种工作模式可选,它的转换触发信号可以是由软件产生,也可以通过来自外部(IOA15)、PDC 位置侦测、MCP 等定时器的信号产生,以满足不同的应用。

2.3　存储器结构

2.3.1　SPMC75 系列存储器结构

SPMC75 系列微控制器的所有空间统一编址。其内部存储空间分为 Flash、SRAM 和外设控制寄存器 3 部分：

> 32 K 字的片内 Flash，分为信息区和通用区；

> 2 K 字的片内 SRAM，用作堆栈空间和数据存储；

> 4 K 字的外设控制寄存器空间。

SPMC75 系列微控制器的存储空间分配如图 2-3-1 所示。其中：

> SRAM 占用 0x0000～0x07FF；

> 外设控制寄存器占用 0x7000～0x7FFF；

> Flash 信息区占用 0x8000～0x803F；

> Flash 通用区占用 0x8040～0xFFFF。

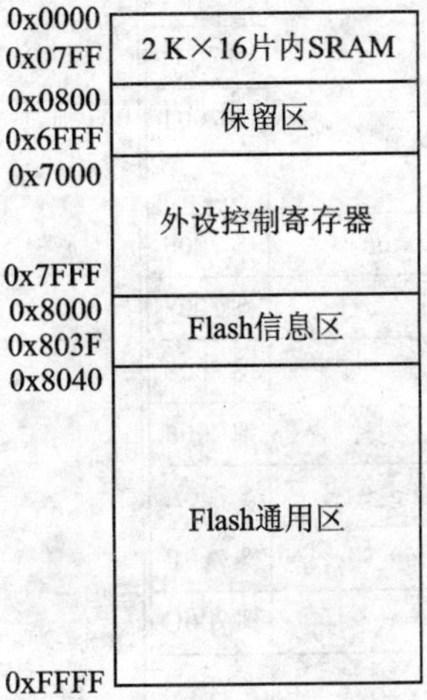

```
0x0000
0x07FF      2 K×16 片内 SRAM
0x0800
            保留区
0x6FFF
0x7000
            外设控制寄存器
0x7FFF
0x8000
            Flash 信息区
0x803F
0x8040


            Flash 通用区


0xFFFF
```

图 2-3-1　存储空间分配

2.3.2　SRAM

SPMC75 系列微控制器中的 SRAM 用于堆栈、变量和数据的存储。堆栈用于存放调用函数的返回地址和入栈数据。堆栈的增长方向为自底向顶，称为 FILO(First In Last Out，先进后出)结构，堆栈的地址由堆栈指针来指示。SRAM 中的数据存储是由用户设定的，可以直接访问、间接访问或用指针访问。

堆栈区与数据存储区不能交迭，否则会发生系统崩溃。SPMC75 系列微控制器对 SRAM 最大可寻址空间为 0x0000～0x07FF，共 2 K 字，堆栈指针 SP 最大允许指向 0x07FF。

2.3.3　外设控制寄存器

SPMC75 系列微控制器的 CPU 通过外设控制寄存器完成对相应外设模块的控制。SPMC75 系列微控制器的外设控制寄存器分布在 0x7000～0x7FFF、4K 字的存储空间中，SPMC75 系列微控制器所有外设控制寄存器地址和端口名称如表 2-3-1 和表 2-3-2 所列，其他地址为保留地址。控制寄存器的具体功能描述请参考各功能模块的介绍。

表 2 - 3 - 1　外设控制寄存器地址和端口名称(1)

I/O 端口	地　址	I/O 端口	地　址	I/O 端口	地　址	I/O 端口	地　址
保留	$7000	保留	$7010	P_IOA_Data	$7060	P_IOC_Data	$7070
	$7001		$7011	P_IOA_Buffer	$7061	P_IOC_Buffer	$7071
	$7002		$7012	P_IOA_Dir	$7062	P_IOC_Dir	$7072
	$7003		$7013	P_IOA_Attrib	$7063	P_IOC_Attrib	$7073
	$7004		$7014	P_IOA_Latch	$7064	保留	$7074
	$7005		$7015	保留	$7065		$7075
P_Reset_Status	$7006		$7016		$7066		$7076
P_Clk_Ctrl	$7007		$7017		$7067		$7077
保留	$7008	P_IOB_Data	$7018	P_IOB_Data	$7068	P_IOD_Data	$7078
	$7009	P_IOB_Buffer	$7019	P_IOB_Buffer	$7069	P_IOD_Buffer	$7079
P_Watch-Dog_Ctrl	$700A	P_IOB_Dir	$701A	P_IOB_Dir	$706A	P_IOD_Dir	$707A
P_Watch-Dog_Clr	$700B	P_IOB_Attrib	$701B	P_IOB_Attrib	$706B	P_IOD_Attrib	$707B
P_Wait_Enter	$700C	保留	$701C	保留	$706C	保留	$707C
保留	$700D		$701D		$706D		$707D
P_Stdby_Enter	$700E		$701E		$706E		$707E
保留	$700F		$701F		$706F		$707F
P_IOA_SPE	$7080		$7090	P_INT_Status	$70A0		$70B0
P_IOB_SPE	$7081	保留	$7091	保留	$70A1		$70B1
P_IOC_SPE	$7082		$7092		$70A2		$70B2
保留	$7083		$7093		$70A3		$70B3
P_IOA_KCER	$7084		$7094	P_INT_Priotity	$70A4		$70B4
保留	$7085		$7095	保留	$70A5		$70B5
	$7086		$7096		$70A6		$70B6
	$7087		$7097		$70A7		$70B7
	$7088		$7098	P_MisINT_Ctrl	$70A8	P_TMB_Start	$70B8
	$7089		$7099	保留	$70A9	P_BZO_Ctrl	$70B9
	$708A		$709A		$70AA	保留	$70BA
	$708B		$709B		$70AB		$70BB
	$708C		$709C		$70AC		$70BC
	$708D		$709D		$70AD		$70BD
	$708E		$709E		$70AE		$70BE
	$708F		$709F		$70AF		$70BF
P_UART_Data	$7100	P_SPI_Ctrl	$7140	P_ADC_Setup	$7160		$7170
P_UART_RxStatus	$7101	P_SPI_TxStatus	$7141	P_ADC_Ctrl	$7161		$7171
P_UART_Ctrl	$7102	P_SPI_TxBuf	$7142	P_ADCData	$7162		$7172
P_UART_Baud Rate	$7103	P_SPI_RxStatus	$7143	保留	$7163		$7173

I/O 端口	地址	I/O 端口	地址	I/O 端口	地址	I/O 端口	地址
P_UART_Status	$7104	P_SPI_RxBuf	$7144		$7164		$7174
保留	$7105	保留	$7145		$7165		$7175
	$7106		$7146	P_ADC_Channel	$7146		$7176
	$7107		$7147	保留	$7147		$7177
	$7108		$7148		$7148		$7178
	$7109		$7149		$7149		$7179
	$710A		$714A		$714A		$717A
	$710B		$714B		$714B		$717B
	$710C		$714C		$714C		$717C
	$710D		$714D		$714D		$717D
	$710E		$714E		$714E		$717E
	$710F		$714F		$714F		$717F
P_TMR0_Ctrl	$7400	P_TMR0_IOCtrl	$7410	P_TMR0_INT	$7420	P_TMR0_TCNT	$7430
P_TMR1_Ctrl	$7401	P_TMR1_IOCtrl	$7411	P_TMR1_INT	$7421	P_TMR1_TCNT	$7431
P_TMR2_Ctrl	$7402	P_TMR2_IOCtrl	$7412	P_TMR2_INT	$7422	P_TMR2_TCNT	$7432
P_TMR3_Ctrl	$7403	P_TMR3_IOCtrl	$7413	P_TMR3_INT	$7423	P_TMR3_TCNT	$7433
P_TMR4_Ctrl	$7404	P_TMR4_IOCtrl	$7414	P_TMR4_INT	$7424	P_TMR4_TCNT	$7434
P_TMR_Start	$7405	保留	$7415	P_TMR0_Status	$7425	P_TMR0_TPR	$7435
P_TMR_Output	$7406		$7416	P_TMR1_Status	$7426	P_TMR1_TPR	$7436
P_TMR3_OutputCtrl	$7407		$7417	P_TMR2_Status	$7427	P_TMR2_TPR	$7437
P_TMR4_OutputCtrl	$7408		$7418	P_TMR_Status	$7428	P_TMR3_TPR	$7438
P_TPMW_Write	$7409		$7419	P_TMR4_Status	$7429	P_TMR4_TPR	$7439
P_TMR_LDOK	$740A		$741A	保留	$742A	保留	$743A
保留	$740B		$741B		$742B		$743B
	$740C		$741C		$742C		$743C
	$740D		$741D		$742D		$743D
	$740E		$741E		$742E		$743E
	$740F		$741F		$742F		$743F
P_TMR0_TGR A	$7440	P_TMR0_TB RA	$7450	P_TMR3_DeadTime	$7460	P_CMT_Start	$7500
P_TMR0_TGR B	$7441	P_TMR0_TB RB	$7451	P_TMR4_DeadTime	$7461	P_CMT_Ctrl	$7501
P_TMR0_TGR C	$7442	P_TMR0_TB RC	$7452	P_POS0_DectCtrl	$7462	保留	$7502
P_TMR1_TGR A	$7443	P_TMR1_TB RA	$7453	P_POS1_DectCtrl	$7463		$7503
P_TMR1_TGR B	$7444	P_TMR1_TB RB	$7454	P_POS0_DectData	$7464		$7504
P_TMR1_TGR C	$7445	P_TMR1_TB RC	$7455	P_POS1_DectData	$7465		$7505
P_TMR2_TGR A	$7446	P_TMR2_TB RA	$7456	P_Fault1_Ctrl	$7466		$7506
P_TMR2_TGR B	$7447	P_TMR2_TB RB	$7457	P_Fault2_Ctrl	$7467		$7507

I/O 端口	地　址	I/O 端口	地　址	I/O 端口	地　址	I/O 端口	地　址
P_TMR3_TGR A	$ 7448	P_TMR3_TB RA	$ 7458	P_OL1_Ctrl	$ 7468	P_CMT0_TC NT	$ 7508
P_TMR3_TGR B	$ 7449	P_TMR3_TB RB	$ 7459	P_OL2_Ctrl	$ 7469	P_CMT1_TC NT	$ 7509
P_TMR3_TGR C	$ 744A	P_TMR3_TB RC	$ 745A	P_Fault1_Release	$ 746A	保留	$ 750A
P_TMR3_TGR D	$ 744B	保留	$ 745B	P_Fault2_Release	$ 746B		$ 750B
P_TMR4_TGR A	$ 744C	P_TMR4_TB RA	$ 745C	保留	$ 746C		$ 750C
P_TMR4_TGR B	$ 744D	P_TMR4_TB RB	$ 745D		$ 746D		$ 750D
P_TMR4_TGR C	$ 744E	P_TMR4_TB RC	$ 745E		$ 746E		$ 750E
P_TMR4_TGR D	$ 744F	保留	$ 745F		$ 746F		$ 750F

表 2 - 3 - 2　外设控制寄存器地址和端口名称(2)

I/O 端口	地　址	I/O 端口	地　址
P_CMT0_TPR	$ 7510	保留	$ 7550
P_CMT1_TPR	$ 7511		$ 7551
保留	$ 7512		$ 7552
	$ 7513		$ 7553
	$ 7514		$ 7554
	$ 7515	P_Flash_CM D	$ 7555
	$ 7516	保留	$ 7556
	$ 7517		$ 7557
	$ 7518		$ 7558
	$ 7519		$ 7559
	$ 751A		$ 755A
	$ 751B		$ 755B
	$ 751C		$ 755C
	$ 751D		$ 755D
	$ 751E		$ 755E
	$ 751F		$ 755F

2.3.4　复位和中断入口地址

SPMC75 系列微控制器共有 11 个中断入口地址(0xFFF5～0xFFFF)。其名称及地址如表 2 - 3 - 3 所列。

表 2 - 3 - 3　中断入口地址表

中断源	中断入口地址	中断源	中断入口地址
Break	0xFFF5	IRQ3	0xFFFB
FIQ	0xFFF6	IRQ4	0xFFFC
Reset	0xFFF7	IRQ5	0xFFFD
IRQ0	0xFFF8	IRQ6	0xFFFE
IRQ1	0xFFF9	IRQ7	0xFFFF
IRQ2	0xFFFA		

2.4　Flash 的存储和控制

SPMC75 系列微控制器的 Flash 分为信息区和通用区,在同一时间只能访问其中的一个区。信息区包含 64 个字,寻址空间为 0x8000 ～0x803F 。地址 0x8000 为系统选项寄存器 P_System_Option,其余空间可由用户自定义一些重要信息,例如:版本控制,日期,版权名称,项目名称等。信息区的结构如图 2 - 4 - 1 所示,信息区的内容只有在仿真或烧录的状态下才能改变。32 K 内嵌的 Flash 被划分为 16 页,每页 2 K 字,每页再分为 8 个块,共可分成 128 个块。只有位于 0xF000～0xF7FF 区域的页在自由运行模式下可以设置为只读或可读可写,其他页均为只读。用户可以分别对每块进行擦/写操作。信息区的结构如图 2 - 4 - 1 所示。Flash 的页和块的关系如图 2 - 4 - 2 所示。

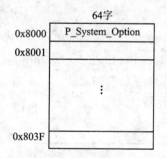

图 2 - 4 - 1　信息区的结构图

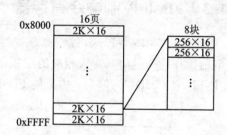

图 2 - 4 - 2　Flash 的页和块的关系

2.4.1　控制寄存器

SPMC75 系列微控制器的 Flash 模块共有 3 个控制寄存器,如表 2 - 4 - 1 所列。通过这 3 个控制寄存器可以完成 Flash 模块所有功能的控制。

表 2 - 4 - 1　Flash 模块控制寄存器表

地　址	寄存器	名　称
704Dh	P_Flash_RW	内嵌的 Flash 访问控制寄存器
7555h	P_Flash_CMD	内嵌的 Flash 控制命令寄存器
8000h	P_System_Option	系统选项寄存器

18

2.4.2　Flash 访问控制寄存器

P_Flash_RW 是 Flash 写功能使能寄存器,如表 2-4-2 所列。用控制寄存器将页设置为只读或可读可写模式。为避免误操作,对其写入必须连续两次写操作才能完成:首先向该寄存器写入 ＄5a5a,然后在 16 个 CPU 时钟周期内再向该寄存器写入相应的设置字。

P_Flash_RW(＄704D):Flash 访问控制寄存器。

表 2-4-2　Flash 访问控制寄存器

B15	B14	B13	B12	B11	B10	B9	B8
R	R/W	R	R	R	R	R	R
1	1	1	1	1	1	1	1
保留	BK14WENB	保留					
B7	B6	B5	B4	B3	B2	B1	B0
R	R	R	R	R	R	R	R
1	1	1	1	1	1	1	1
保留							

第 15 位:保留。

第 14 位 BK14WENB:第 14 位写使能标志位(0xF000h～0xF7FFh)。1＝只读;0＝读/写。第 13～0 位:保留。

2.4.3　Flash 控制命令寄存器

P_Flash_CMD 是 Flash 控制命令寄存器,只能进行写操作,如表 2-4-3 所列。所有对 Flash 的操作均通过向其写入相应的控制命令来完成。其命令总表如表 2-4-4 所列。

P_Flash_CMD(＄7555):内嵌的 Flash 控制命令寄存器。

表 2-4-3　Flash 控制命令寄存器

B15	B14	B13	B12	B11	B10	B9	B8
W	W	W	W	W	W	W	W
0	0	0	0	0	0	0	0
Flash Ctrl							
B7	B6	B5	B4	B3	B2	B1	B0
W	W	W	W	W	W	W	W
0	0	0	0	0	0	0	0
Flash Ctrl							

表 2 - 4 - 4　指令功能和操作流程

步　骤	块擦除	单字写模式	连续多字写模式
第一步	P_Flash_CMD＝0xAAAA		
第二步	［P_Flash_CMD］＝0x5511	［P_Flash_CMD］＝0x5533	［P_Flash_CMD］＝0x5544
第三步	设置擦除地址	写数据	写数据
第四步	自动等待 20 ms 后结束	自动等待 40 μs 后结束	自动等待 40 μs
第五步			未写完则转向第二步
第六步			［P_Flash_CMD］＝0xFFFF→操作结束令

2.4.4　系统选项寄存器

该寄存器位于 Flash 的信息区,用户只能在 ICE 环境下或通过烧录来设置该寄存器。系统选项寄存器如表 2 - 4 - 5 所列。

P_System_Option($ 8000):系统选项寄存器。

表 2 - 4 - 5　系统选项寄存器

B15	B14	B13	B12	B11	B10	B9	B8
R/W	R/W	R/W	R/W	R/W	R/W	R/W	R/W
0	1	0	1	1	1	0	1
校验方式							

B7	B6	B5	B4	B3	B2	B1	B0
R/W	R/W	R/W	R/W	R/W	R/W	R/W	R/W
0	1	0	1	0	1	1	1
校验方式			Security	保留	LVR	WDG	CLKS

第 15～5 位　校验方式:在仿真或烧录时写入 01010101010。

第 4 位　Security:信息保护位。0＝信息保护,无法访问通用 Flash 区;1＝无信息保护,可读可写。

第 3 位　保留。

第 2 位　LVR(Low Voltage Reset):低电压复位功能使能。0＝禁止;1＝使能。

第 1 位　WDG:看门狗使能。0＝禁止;1＝使能。

第 0 位　CLKS:时钟源选择。0＝外部时钟输入/振荡器输入,连接到 XTAL2 脚;1＝晶体输入,连接到 XTAL1、XTAL2 脚之间。

【例 2 - 4 - 1】将第 14 页设置为只读模式。

P_Flash_CMD ->W＝CW_FlashRW_CMD; /* Flash 读/写命令 */

P_Flash_RW ->B. BK14WENB＝CB_BK14WDIS; /* 将第 14 页设为只读 */

【例 2 - 4 - 2】Flash 块擦除操作。

Flash 块擦除流程图如图 2 - 4 - 3 所示。

//擦除Flash的第14页的第0块

//写控制命令
P_Flash_CMD->W=0xAAAA;
//写入块擦除命令
P_Flash_CMD->W=0x5511;
//要擦除的块任一地址写入任意数据
P_WordAdr=(unsigned int *) 0xF000;
*P_WordAdr=0x5555;

图 2-4-3　Flash 块擦除流程图

【例 2-4-3】Flash 单字写操作。

Flash 单字写流程图如图 2-4-4 所示。

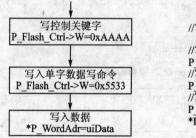

//写0x1234到0xF000单元

//写控制命令
P_Flash_CMD->W=0xAAAA;
//写入单字数据写命令
P_Flash_CMD->W=0x5533;
//写入数据
P_WordAdr=(unsigned int *) 0xF000;
*P_WordAdr=0x1234;

图 2-4-4　Flash 单字写流程图

【例 2-4-4】Flash 连续写操作。

Flash 连续写流程图如图 2-4-5 所示。

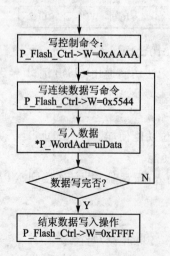

//写数据到0xF001~0xF060的连续单元中
P_WordAdr=(unsigned int *) 0xF001;
uiData=11;
//写控制命令
P_Flash_CMD->W=0xAAAA;
for (i=1; i<=96; i++)
{
　//写入连续数据写命令
　P_Flash_CMD->W=0x5544;
　//写入数据
　　*P_WordAdr=uiData;
　　uiData++;
　　P_WordAdr++;
}
//结束数据写入操作
P_Flash_CMD->W=0xFFFF;

图 2-4-5　Flash 连续写流程图

2.4.5 Flash 写保护

如果"mass erase"执行,擦除通用区时只能擦除该区的数据,但如果擦除信息区,则连同通用区和信息区都可擦除。如果信息区的信息保护选项有效,则无法通过 ICE 或烧录器对 SPMC75 系列微控制器进行读操作。如果信息区的信息保护选项有效并在仿真使能模式下,ICE 虽不可访问 Flash 的通用区,但可读取信息区的内容。用户唯一可以执行的命令就是"mass erase",另外,在 ICE 模式下无法访问(读/写)SRAM。细节请参考表 2-4-6。

表 2-4-6　各模式下的存储器访问表

区 \ 访问	Normal 模式 (ICEN=0)			
	Security =0		Security =1	
	Read	Write	Read	Write
SRAM	Yes	Yes	Yes	Yes
Flash main block	Yes	Yes	Yes	Yes
Flash information block	Yes	Yes	Yes	Yes
ICE 模式 (ICEN=1)				
SRAM	No	No	Yes	Yes
Flash main block	No	No(but mass erase)	Yes	Yes
Flash information block	No	No(but mass erase)	Yes	Yes

如果加密有效,ICE 不能对 Flash 存储器编程,这样从硬件上防止了非法读取 Flash 中的程序。图 2-4-6 为 Flash 的信息保护逻辑。

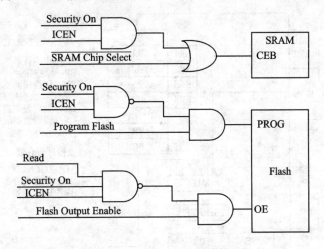

图 2-4-6　信息保护逻辑框图

第3章

指令系统

指令是 CPU 执行某种操作的命令。微处理器(MPU)或微控制器(MCU)所能识别全部指令的集合称为指令系统或指令集。本章详细介绍 SPMC75F2413A(其 CPU 内核为 1.2 版本)指令系统的寻址方式和各种指令。

3.1 SPMC75 系列微控制器内核结构简介

SPMC75 系列微控制器使用凌阳科技公司的 μ'nSP™内核。μ'nSP™是一种高效 16 位 CISC 内核,具有 4M 字寻址空间,支持多种寻址方式;支持乘法、乘累加、32/16 位除法、FIR(有限长冲激响应)等运算;支持 2 种中断模式;内核拥有 2 个通用寄存器组,用户可以通过指令选择当前的工作寄存器组,可实现三相 SPWM、空间向量变换(SVPWM 合成)等算法。其结构如图 3-1-1 所示。

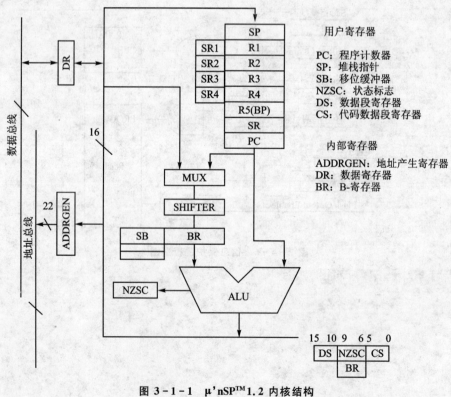

图 3-1-1   μ'nSP™1.2 内核结构

3.2　SPMC75 系列微控制器内部寄存器

3.2.1　SPMC75 系列微控制器内部寄存器简述

μ'nSP™内核有 13 个 16 位内部寄存器：程序计数器 PC、堆栈指针寄存器 SP、状态标志寄存器 SR、CPU 状态标志寄存器 FR、基址指针寄存器 BP(R5)、通用寄存器 R1～R4 和辅助通用寄存器 SR1～SR4。CPU 寄存器详述如表 3-2-1 所列。

表 3-2-1　CPU 寄存器

寄存器	长度/位	描　述
PC	16	程序计数器 PC(Program Counter)指向 CPU 即将执行的下一条指令的地址
SP	16	堆栈指针寄存器 SP 中的内容指示当前堆栈的栈顶
SR	16	状态标志寄存器 SR 包括 N、S、Z、C、DS(数据段)和 CS(程序段)
FR	16	CPU 状态标志寄存器 FR 包括 AQ、BNK、FRA、FIR 等状态标志
BP	16	基址指针寄存器 BP 可变址寻址的基地址
R1～R4	16	通用寄存器通常可分别用于数据运算或传送的源及目标寄存器
SR1～SR4	16	辅助通用寄存器 SR1～SR4 与 R1～R4 的功能一样，在 SECBNK ON 后有效

3.2.2　程序计数器 PC

程序计数器 PC 的作用与其他 MCU 中的 PC 作用相同，是作为程序地址指针的专用寄存器。当 CPU 完成一条指令后，PC 会累加这条指令所占的字数，以指向下一条指令地址。在 μ'nSP™中，PC 通常与 SR 寄存器中的 CS 字段共同组成 22 位的代码地址。

3.2.3　堆栈指针寄存器 SP

SP 中的内容指示当前堆栈段内的栈顶地址。CPU 执行压栈/出栈指令(push/pop)和子程序调用/返回指令(call/retf)，以及在进入中断服务子程序 ISR 或从 ISR 返回指令(reti)时自动减少/增加，以示堆栈指针的移动。堆栈的最大容量范围限制在 2K 字的 RAM 内，即地址为 0x000000～0x0007FF 的存储器中。

3.2.4　状态标志寄存器 SR

状态标志寄存器如表 3-2-2 所列。

数据段 DS：与 16 位的寄存器组合在一起，形成 22 位地址码，用来寻址 4M 字容量的存储器。DS 可通过对 SR 的赋值来改变。

程序段 CS：与 16 位的寄存器组合在一起，形成 22 位地址码，用来寻址 4M 字容量的存储器。CS 值只能通过调用指令 Call 和长跳转指令 Goto 改变。

进位标志 C：表示当前 ALU 操作是否有进位（加法）或是借位（减法）事件发生。移位操作不会影响此标志。

表 3 - 2 - 2 状态标志寄存器 SR

B15	B14	B13	B12	B11	B10	B9	B8
R	R	R	R	R	R	R	R
0	0	0	0	0	0	0	0
DS						N	Z
B7	B6	B5	B4	B3	B2	B1	B0
R/W	R/W	R/W	R/W	R/W	R/W	R/W	R/W
0	0	0	0	0	0	0	0
S	C	CS					

加法运算时：0＝运算过程中没有进位产生；1＝运算过程中有进位产生。

减法运算时：0＝运算过程中有借位产生；1＝运算过程中没有借位产生。

符号位 S：对于有符号数运算，当 S＝0 时，表示实际运算结果非负（包括正数和零）；当 S＝1 时，表示实际运算结果为负数。对于有符号数运算，16 位数所表示的数值范围为 0x8000～0x7FFF，即－32 768～32 767。若运算结果为负数，则标志位 S 置 1。

零标志 Z：当 Z＝0 时，表示运算结果不为 0；当 Z＝1 时，表示运算结果为 0。

负标志 N：当 N＝0 时，表示运算结果的最高位（B15）为 0；当 N＝1 时，表示运算结果的最高位（B15）为 1。根椐标志位 N 和 S，可判断运算结果是否溢出。若标志位 N 和 S 不同，即当 S＝0，N＝1 或 S＝1，N＝0 时，则说明运算结果溢出。

3.2.5 CPU 状态标志寄存器 FR

CPU 状态标志寄存器 FR 如表 3 - 2 - 3 所列。

表 3 - 2 - 3 状态标志寄存器 FR

B15	B14	B13	B12	B11	B10	B9	B8
R	R	R	R	R	R	R	R
0	0	0	0	0	0	0	0
保留	AQ	BNK	FRA	FIR	SFTBUF		
B7	B6	B5	B4	B3	B2	B1	B0
R/W	R/W	R/W	R/W	R/W	R/W	R/W	R/W
0	0	0	0	0	0	0	0
SFTBUF	F	I	INE	IRQ PRI			

AQ：DIVS/DIVQ 除法指令执行的 AQ 标志，默认为零。

BNK：第二寄存器组模式标志，默认为零（SECBNK ON：1，SECBNK OFF：0）。

FRA：FRACTION MODE，默认为零（FRACTION MODE ON：1，FRACTION MODE

OFF：0）。

　　FIR：FIR_MOVE MODE，默认为零（FIR_MOVE ON：0，FIR_MOVE OFF：1）。

　　SFTBUF：移位缓冲器或者 FIR 的保护位，默认为"0000"B。

　　F：FIQ 中断标志，默认为零。

　　I：IRQ 中断标志，默认为零。

　　INE：IRQ 嵌套模式标志，默认为零（IRQNEST ON：1，IRQNEST OFF：0）。

　　IRQ PRI：IRQ 优先级寄存器，复位后默认为"1000B"。如果发生任何中断，IRQ PRI 寄存器将被设为 IRQ 的优先级，只有具有更高优先级的 IRQ 才可将其中断。用户可以通过设定优先级寄存器来定制 IRQ 嵌套。

　　优先级顺序：IRQ0＞IRQ1＞IRQ2＞IRQ3＞IRQ4＞IRQ5＞IRQ6＞IRQ7。

　　IRQ 使能算法：0－PRI－1。

　　注意：如果 FIQ 使能，FIQ 依然具有高于任何 IRQ 的优先级。

　　例如：如果 PRI 为 1000，所有 IRQ 0～7 使能；如果 PRI 为 0000，所有 IRQ 0～7 均被禁止。

3.2.6　基址指针寄存器 BP

　　基址指针寄存器 BP 可用来存放当前页数据区基地址偏移量，它可和一个 6 位立即数（CS 或 DS）组成 22 位数据地址，从存储器中存取数据。此外，BP 也可作为一般用户寄存器 R5 使用，完成与其他一般寄存器相同的工作。

3.2.7　通用寄存器 R1～R4

　　一般寄存器 R1～R4 通常可分别用于数据运算或传送的源及目标寄存器。其中 R3 和 R4 还可组成一个 32 位的结果寄存器 MR，用于存放乘法运算和内积运算的结果（R4 存放高位字）。

3.2.8　辅助通用寄存器 SR1～SR4

　　SECBNK ON 后，所有对 R1～R4 的操作全部映射到 SR1～SR4；SECBNK OFF 后，返回正常状态。

3.3　CPU 寻址方式

　　μ'nSP™ 内核支持以下 7 种寻址方式，所有寻址方式均适合整个 CPU 寻址空间：

➤ 立即数寻址；

➤ 直接寻址；

➤ 寄存器寻址；

➤ 寄存器间接寻址；

➤ 寄存器间接增量寻址；

➤ 基址变址寻址；

> 多重间接寻址。

3.3.1 立即数寻址

这种寻址方式是操作数以立即数的形式出现,立即数有两种:6 位立即数(用 IM6 表示,范围为 0x00～0x3F)和 16 位立即数(用 IM16 表示,范围为 0x0000～0xFFFF)。

【例 3 - 3 - 1】

R2＝0x32:把 6 位立即数 0x32 赋给寄存器 R2。这条指令是单字指令,操作数在操作码的低 6 位,如图 3 - 3 - 1(a)所示。

R2＝0x1032:把 16 位立即数 0x1032 赋给寄存器 R2。这条指令是双字指令,操作数存在于紧随操作码的单元中,如图 3 - 3 - 1(b)所示。

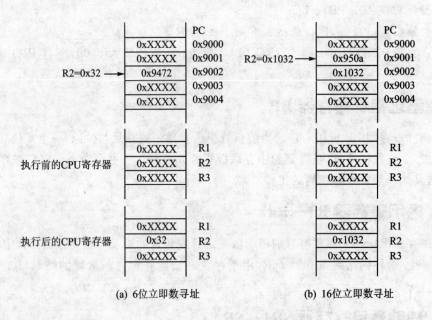

(a) 6位立即数寻址   (b) 16位立即数寻址

图 3 - 3 - 1　立即数寻址操作示意图

3.3.2 直接寻址

直接寻址的操作地址由指令直接给出。根据地址长度,直接寻址操作的地址有两种:6 位地址(用 IM6 表示,范围为 0x00～0x3F)和 16 位地址(用 IM16 表示,范围为 0x0000～0xFFFF)。

【例 3 - 3 - 2】

[0x0020]＝R2:将 R2 中的内容存到 0x0020 单元中。这条指令是单字指令,6 位立即地址存在于操作码的低 6 位,如图 3 - 3 - 2(a)所示。

[0x0200]＝R2:将 R2 中的内容存到 0x0200 单元中。这条指令是双字指令,16 位立即地址存在于紧随操作码的单元中,如图 3 - 3 - 2(b)所示。

R2＝[0x0020]:将 0x0020 单元中的内容存到 R2 中。这条指令是单字指令,6 位立即地址存在于操作码的低 6 位,如图 3 - 3 - 3(a)所示。

R2＝［0x0200］：将 0x0200 单元中的内容存到 R2 中。这条指令是双字指令，16 位立即地址存在于紧随操作码的单元中，如图 3-3-3(b)所示。

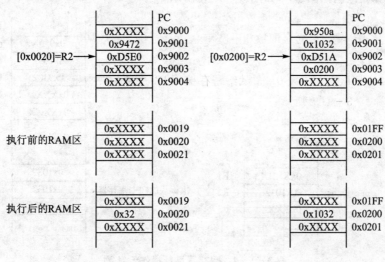

(a) 6位立即地址直接寻址   (b) 16位立即地址直接寻址

图 3-3-2 直接寻址操作示意图 1

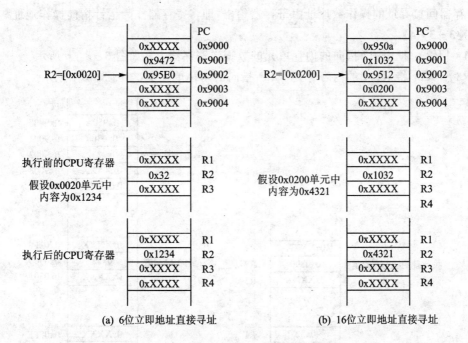

(a) 6位立即地址直接寻址   (b) 16位立即地址直接寻址

图 3-3-3 直接寻址操作示意图 2

3.3.3 寄存器寻址

将源寄存器的内容送到目标寄存器中，源寄存器内容不变。

【例 3 - 3 - 3】

R1＝R2：把寄存器 R2 中的内容赋给寄存器 R1。这条指令是单字指令，目标寄存器和源寄存器的 ID 均隐含在操作码中，如图 3 - 3 - 4 所示。

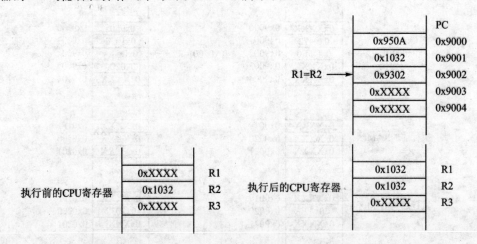

图 3 - 3 - 4　寄存器寻址操作示意图

3.3.4　寄存器间接寻址

寄存器间接寻址的操作数地址由寄存器给出，即将寄存器作为指针指向操作地址。

【例 3 - 3 - 4】

R1＝[R2]：把由 R2 指向的内存单元的数据送寄存器 R1，如图 3 - 3 - 5 所示。

[R2]＝R1：将 R1 中的内容存到 R2 所指向的内存单元中，如图 3 - 3 - 6 所示。

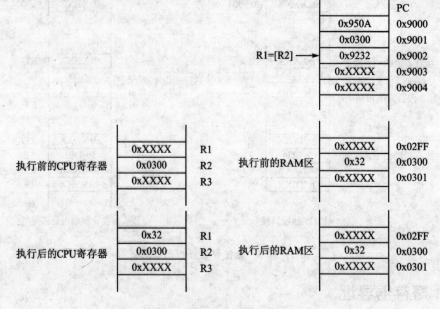

图 3 - 3 - 5　寄存器间接寻址操作示意图 1

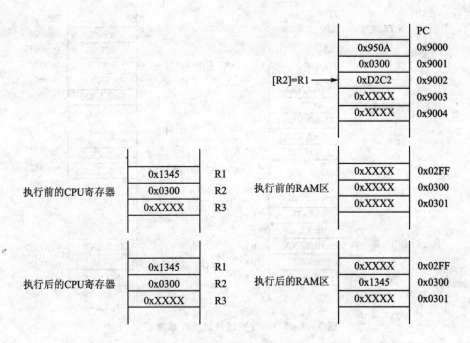

图3-3-6　寄存器间接寻址操作示意图2

3.3.5　寄存器间接增量寻址

这种寻址方式比寄存器间接寻址多了指针(寄存器)自动调整功能,其他操作完全相同。

【例3-3-5】

R1=[R2--]:把由R2指向的内存单元的数据送寄存器R1,完成后将R2自动减1。

[R2--]=R1:将R1中的内容存到R2所指向的内存单元中,完成后将R2自动减1。

R1=[R2++]:把由R2指向的内存单元的数据送寄存器R1,完成后将R2自动加1。

[R2++]=R1:将R1中的内容存到R2所指向的内存单元中,完成后将R2自动加1。

[++R2]=R1:先将R2自动加1,而后将R1中的内容存到R2所指向的内存单元中。

R1=[++R2]:先将R2自动加1,而后把由R2指向的内存单元的数据送寄存器R1。

3.3.6　基址变址寻址

这种寻址方式下,操作数的地址由基址寄存器BP和6位(0x00～0x3F)偏移量相加后给出。

【例3-3-6】

R1=[BP+0x32]:将BP+0x32所指向的内存单元中的内容送到R1中,如图3-3-7所示。

[BP+0x32]=R1:将R1中的内容送到BP+0x32所指向的内存单元中,如图3-3-8所示。

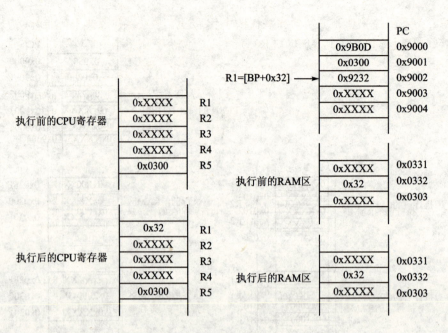

图 3 - 3 - 7　基址变址寻址操作示意图 1

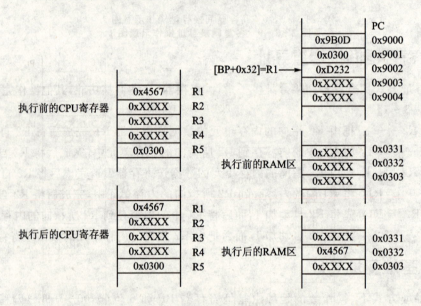

图 3 - 3 - 8　基址变址寻址操作示意图 2

3.3.7　多重间接寻址

这种寻址方式下,用户可以将多个寄存器的值一次压入堆栈,或从堆栈中弹出。

【例 3 - 3 - 7】

PUSH R1,R4 TO [SP]:将 R1、R2、R3 和 R4 寄存器的值压入堆栈,如图 3 - 3 - 9 所示。

POP R1,R4 TO [SP]:堆栈中的值弹出到 R1、R2、R3 和 R4 寄存器中,如图 3 - 3 - 10 所示。

注意：多重间接寻址并不只针对堆栈操作，R1～R5 都可以作为其中的指针（例如，PUSH R1,R4 TO [R5]和 POP R1,R4 TO [R5]）。

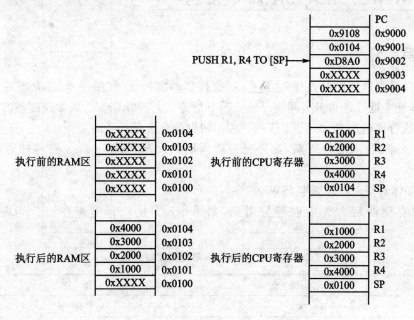

图 3-3-9　多重间接寻址操作示意图 1

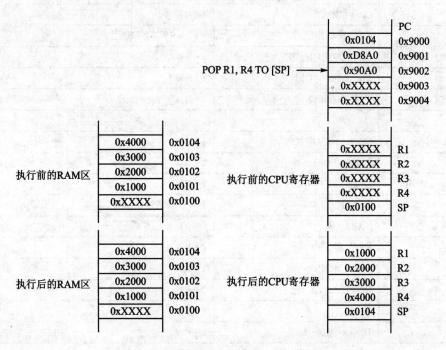

图 3-3-10　多重间接寻址操作示意图 2

3.4　SPMC75F2413A 指令系统

3.4.1　简　介

SPMC75 系列微控制器共有 33 条指令,支持立即数寻址、直接寻址、寄存器寻址、寄存器间接寻址、基址变址寻址和多重间接寻址 6 种寻址方式。SPMC75 系列微控制器的指令类型、操作方式和执行周期如表 3 - 4 - 1 所列。表中内容的含义是:

➤ RW 存储器读取等待周期,如果无等待周期插入,则 RW = 1,如果等待周期为 N,则 RW = N;

➤ SW 存储器写入等待周期,SW = 0～N;

➤ SRW 存储器写入或读取等待周期,如果 ALU 执行存储操作,则 SRW = SW,否则 SRW = RW。

表 3 - 4 - 1　SPMC75 系列微控制器指令

类　型	操　作	周　期
JMPF	Goto label	$5 + 2 * RW$
DSI6	DS = I6	$2 + RW$
JMPR	Goto MR	$4 + RW$
CALL	CALL label	$9 + 2 * RW + 2 * SW$
FIR_MOV	FIR_MOV_ON/OFF	$2 + RW$
Fraction	Fraction ON/OFF	$2 + RW$
INT SET	INT FIQ/IRQ	$2 + RW$
IRQ	IRQ ON/OFF	$2 + RW$
SECBANK	SECBANK ON/OFF	$2 + RW$
FIQ	FIQ ON/OFF	$2 + RW$
IRQ Nest Mode	IRQNEST ON/OFF	$2 + RW$
BREAK	BREAK	$10 + 2 * RW + 2 * SW$
CALLR	CALL MR	$8 + RW + 2 * SW$
DIVS	DIVS MR, R2	$2 + RW$
DIVQ	DIVQ MR, R2	$3 + RW$
EXP	R2 = EXP R4	$2 + RW$
NOP	NOP	$2 + RW$
DS Access	DS = Rs / Rs = Ds	$2 + RW$
FR Access	FR = Rs / Rs = FR	$2 + RW$
MUL	MR = Rd * Rs, {ss, us, uu}	$12 + RW / 13 + RW$ (uu)
MULS	MR = [Rd] * [Rs], size, {ss, us, uu}	us, ss : $10 * N + 6 + (N+1) * 2 * RW + \{N * SW\}$ / uu: $11 * N + 6 + (N+1) * 2 * RW + \{N * SW\}$

类　型	操　作	周　期
Register BITOP	BITOP Rd,Rs	4+RW
Register BITOP	BITOP Rd,offset	4+RW
Memory BITOP	BITOP DS：[Rd],offset	7+2*RW+SW
Memory BITOP	BITOP DS：[Rd],Rs	7+2*RW+SW
Shift	Rd=Rd LSFT Rs	8+RW
RETI	RETI	8+3*RW/10+4*RW (IRQ NEST ON)
RETF	RETF	8+3*RW
Base+Disp6	Rd=Rd op [BP+IM6]	6+2*RW
Imm6	Rd=Rd op IM6	2+RW
Branch	Jxx label	2+RW / 4+RW (taken)
Indirect	Push/Pop Rx,Ry to [Rs]	4+ 2N + (N+1)RW
DS_Indirect	Rd=Rd op DS：[Rs++]	6+RW+SRW/7+RW+SRW (PC)
Imm16	Rd=Rs op IMM16	4+2*RW/5+2*RW (PC)
Direct16	Rd=Rs op A16	7+2*RW+SRW/8+2*RW+SRW (PC)
Direct6	Rd=Rd op A6	5+RW+SRW/6+RW+SRW (PC)
Register	Rd=Rd op Rs SFT sfc	3+RW/5+RW (PC)

MULS 周期：$10*N+6+(N+1)*2*RW+\{N*SW\}$（有符号数×有符号数,无符号数×有符号数）；$11*N+6+(N+1)*2*RW+\{N*SW\}$（无符号数×无符号数）,N= 1～16。如果 FIR_MOVE OFF,则$(N*SW)=0$。

DS_Indirect 周期：$6+RW+SRW / 7+RW+SRW$（写入 PC）。

Direct16 周期：$7+2*RW+SRW / 8+2*RW+SRW$（写入 PC）。

Direct6 周期：$5+RW+SRW / 6+RW+SRW$（写入 PC）。

RW：存储器读周期,RW= 0 ～N。

SW：存储器写等待周期,SW= 0 ～N。

SRW：存储或读取等待周期。如果 ALU 执行存储操作,则 SRW = SW,否则 SRW =RW。

D：0（向前跳转）/1（向后跳转）。

W：0（不存储）/1（存储）。

DS：0（不用 DS）/1（用 DS）。

3.4.2　算术逻辑单元操作

表 3 - 4 - 2 指出了算术逻辑单元（ALU）操作对状态标志的影响。标志是：N、Z、S、C。N 是负数标志；Z 是零标志；S 是符号位；C 是进位标志。

表 3-4-2　操作与标志的关系

操作类型	操 作	N	Z	S	C	举 例
加	a + b	√	√	√	√	Rd=Rd + Rs
带进位的加法	a + b + c	√	√	√	√	Rd=Rd + Rs,c
减	a + ~ b + 1	√	√	√	√	Rd=Rd-Rs
带借位的减法	a + ~ b + c	√	√	√	√	Rd=Rd-Rs,c
比较	a + ~ b + 1	√	√	√	√	Cmp Rd,Rs
"取补"运算	~ b + 1	√	√	—	—	——Rd=~Rs
"异或"运算	a xor b	√	√	—	—	——Rd=Rd ˆ Rs
"装载"操作	a=b	√	√	—	—	——Rd=Rs
"或"操作	a or b	√	√	—	—	——Rd=Rd | Rs
"与"操作	a and b	√	√	—	—	——Rd=Rd & Rs
"测试"操作	test a,b	√	√	—	—	—— Test Rd,Rs
存储操作	store	—	—	—	—	————[Rd]=Rs

3.4.3　条件分支跳转

　　条件匹配必须参考 SR(状态寄存器),共有 4 类分支标志:N(负值)、Z(零)、S(符号)和 C (进位)。当用户使用一些操作来区别程序流时,N、Z、S、C 标志将被改变。程序员可以使用表 3-4-3 中的指令来使程序跳转到匹配地址。

表 3-4-3　程序跳转指令

语 法	描 述	跳转条件
JCC	进位位为 0	C==0
JB	无符号数小于	C==0
JNAE	无符号数小于	C==0
JCS	进位为 1	C==1
JNB	无符号数不小于	C==1
JAE	无符号数大于等于	C==1
JSC	符号位为 0	S==0
JGE	有符号数大于等于	S==0
JNL	有符号数不小于	S==0
JSS	符号位为 1	S==1
JNGE	有符号数小于	S==1
JL	有符号数小于	S==1
JNE	不相等	Z==0
JNZ	不为零	Z==0
JZ	为零	Z==1

续表 3 - 4 - 3

语 法	描 述	跳转条件
JE	相等	Z==1
JPL	为正数	N==0
JMI	为负数	N==1
JBE	无符号数小于等于	Not (Z==0 and C==1)
JNA	无符号数不大于	Not (Z==0 and C==1)
JNBE	无符号数大于	Z==0 and C==1
JA	无符号数大于	Z==0 and C==1
JLE	有符号数小于等于	Not (Z==0 and S==0)
JNG	有符号数小于等于	Not (Z==0 and S==0)
JNLE	有符号数大于	Z==0 and S==0
JG	有符号数大于	Z==0 and S==0
JVC	未溢出(有符号)	N==S
JVS	溢出(有符号)	N ! = S
JMP	无条件分支	Always

3.4.4 指令集

N	Z	S	C
—	—	—	—

注意:"—"为不影响标志;"√"为影响标志。

1. 段长调用

N	Z	S	C
—	—	—	—

【描述】长调用指令,调用地址在代码中给出;PC 和 SR 自动压入堆栈保护。

【指令周期】$9 + 2 * RW + 2 * SW$(RW:读周期;SW:写周期)。

【指令字长】2。

【指令版本】全部版本。

【语法】call label。

【例 3 - 4 - 1】

```
.CODE
.PUBLIC _main
_main:
r1 = 0x0001
r1 + = 0x0002
```

```
call F_Sub //调用子程序
r1 + = r4
L_Loop：
nop
jmp L_Loop
F_Sub：
r2 = 0x5555
r3 = 0x5555
mr = r2 * r3 //r2 乘   r3
retf
```

2. 段间长调用指令

N	Z	S	C
—	—	—	—

【描述】长调用指令,调用地址为 MR 寄存器内部存放的地址。PC 和 SR 自动压入堆栈保护。

【指令周期】$8 + RW + 2 * SW$。

【指令字长】1。

【指令版本】ISA1.2 版本或者以上版本。

【语法】call mr

【例 3 - 4 - 2】这个例子是用 MR 指向 F_Sub。

```
.CODE
.PUBLIC _main
_main：
r1 = 0xefff;
r2 = 0x1713;
r3 = OFFSET F_Sub      //r3 的值为"offset"
r4 = SEG F_Sub         //r4 的值为 "segment"
call mr
L_MainLoop：
nop
jmp L_ MainLoop
F_Sub：
r2 = 0x5555
r3 = 0x5555
mr = r2 * r3           //r2 乘 r3
retf
```

3. 长跳转

N	Z	S	C
—	—	—	—

【描述】跳转到用户指定的地址,这个地址不局限于 64 K 字的地址空间。

【指令周期】$5+2*RW$。

【指令版本】ISA1.1 版本或者以上版本。

【语 法】goto label

【例 3-4-3】

```
.CODE
.PUBLIC _main
_main:
r1 = 0x000a
r2 = 0x0001
cmp r1,r2                //比较 r1 和 r2 的大小
ja L_OK                  //r1>r2
goto L_Exchange_Value    //当 r1 小于等于 r2 时,交换 r1 和 r2
L_OK:
nop
jmp L_OK
L_Exchange_Value:
r3 = r1
r1 = r2                  //交换 r1 和 r2 的值
r2 = r3
jmp L_OK
```

4. 间接长跳转

N	Z	S	C
—	—	—	—

【描述】间接跳转到 MR 所指向的地址,MR 中{R4[5:0],R3[15:0]}指向用户的目的地址。

【指令周期】$4+RW$。

【指令版本】ISA1.2 版本或者以上版本。

【语法】goto mr

【例 3-4-4】

```
.CODE
.PUBLIC _main
_main:
r4 = SEG L_GOTO_Sub      //r4 的值为"segment"
r3 = OFFSET L_GOTO_Sub   //r3 的值为"offset"
```

```
goto mr                    //mr(r4：r3)的值为 L_GOTO_Sub
nop
L_GOTO_Sub：
nop
jmp L_GOTO_Sub
```

5. 子程序返回

N	Z	S	C
—	—	—	—

【描述】RETF 执行时会将 SR 和 PC 从堆栈中弹出并恢复,因此 SR 和 PC 会恢复到子程序调用前的状态。

【指令周期】$8+RW+2*SW$。

【指令字长】1。

【指令版本】全部版本。

【语法】retf

【例 3－4－5】

```
.CODE
.PUBLIC _main
_main：
nop
call F_Delay1
L_loop：
nop
jmp L_loop
F_Delay1：
nop
retf
```

6. 中断返回

N	Z	S	C
—	—	—	—

【描述】如果在中断嵌套模式下,这条指令将弹出 FR、SR 和 PC,否则只弹出 SR 和 PC。从中断返回时还会清除 FIQ 或者是 IRQ 中断标志。由于 SR 在中断返回时会出栈恢复,所以 SR 只在当前的中断服务中是有效的,FIQ 中断不会打断正在运行的 FIQ 服务。

【指令周期】$8+3*RW$(IRQ 嵌套模式关闭)/$10+4*RW$(IRQ 嵌套模式打开)。

【指令字长】1。

【指令版本】全部版本。

【语法】reti

7. 软件中断

N	Z	S	C
—	—	—	—

【描述】产生软件中断,程序跳转到地址[0x00fff5]执行程序。

【指令周期】$10+2*RW+2*SW$。

【指令字长】1。

【指令版本】全部版本。

【语法】break

【例 3 - 4 - 6】

```
.CODE
.PUBLIC _main
_main:
r1 = 0x1234
BREAK                     //发生软件中断
L_MainLoop:
nop
jmp L_ MainLoop
.TEXT
.PUBLIC _BREAK
_BREAK:
push r1,r5 to [sp]
nop                       //在此区域里写入中断函数
pop r1,r5 from [sp]
reti                      //中断返回
```

8. FIR_MOV 开/关

N	Z	S	C
—	—	—	—

【描述】使能或禁止在 FIR 操作时的数据自动传送,这会影响 FIR 的操作。由于这种状态是一个全局行为,因此,用户在中断中使用它时要小心。此命令常与乘法累加运算命令搭配作内积运算。

【指令周期】$2+RW$。

【指令字长】1。

【指令版本】全部版本。

【语法】FIR_MOV ON/OFF

【例 3 - 4 - 7】

```
.IRAM
.VAR NO_1 = 0x0001,NO_2 = 0x0002,NO_3 = 0x0003,NO_4 = 0x0004
```

```
.VAR NO_5 = 0x0005,NO_6 = 0x0006,NO_7,NO_8
.CODE
.PUBLIC _main
_main:
FIR_MOV ON                //使能 FIR 操作数据自动搬移
r1 = NO_2                 //将地址"NO_2"赋给"r1"
r2 = NO_5                 //将地址"NO_5"赋给"r2"
Loop_Muls:
mr = [r1] * [r2],us,2     //得到 NO_2×NO_5 + NO_4×NO_6 的值
                          //操作结果存在 r4 和 r3 中
[NO_7] = r3               //将结果(低 16 位)读入 NO_7 中
[NO_8] = r4               //将结果(高 16 位)读入 NO_8 中
nop
jmp Loop_Muls
```

9. 第二寄存器组选取指令

N	Z	S	C
—	—	—	—

【描述】第二寄存器组选取或是禁止指令。只有 ISA1.2 或是以上版本的内核才有 4 个映射寄存器 SR1~SR4。用户可以通过 SECBANK ON/OFF 指令来选用或是禁止映射寄存器操作,在 SECBANK ON 指令执行后,所有对 R1~R4 的操作将全部映射到 SR1~SR4。

【指令周期】2+RW。

【指令字长】1。

【指令版本】ISA1.2 版本或者以上版本。

【语法】SECBANK ON/OFF

【例 3 - 4 - 8】

```
.CODE
.PUBLIC _main
_main:
SECBANK ON
r1 = 0x1234               //0x1234 被送入 SR1 ,r1 无影响
r2 = 0x5678               //0x5678 被送入 SR2 ,r2 无影响
r3 = 0x0f0f               //0x0f0f 被送入 SR3 ,r3 无影响
r4 = 0xf0f0               //0xf0f0 被送入 SR4 ,r4 无影响
L_Loop:
nop
jmp L_Loop
```

10. FRACTION 开/关模式

N	Z	S	C
—	—	—	—

【描述】FRACTION 开/关模式。在 FRACTION ON 操作模式下,乘法所得到的 32 位结果会向左移一位。

【指令周期】2+RW。

【指令字长】1。

【指令版本】ISA1.2 版本或者以上版本。

【语法】FRACTION ON/OFF

【例 3 - 4 - 9】

```
.CODE
.PUBLIC _main
_main:
r1 = 0x0002
r2 = 0x2244
FRACTION OFF
mr = r1 * r2          //"FRACTION OFF"时,结果(R4R3)是 0x00004488
FRACTION ON
mr = r1 * r2          //"FRACTION ON" 时,结果(R4R3)是 0x00008910
L_Loop:
nop
jmp L_Loop
```

11. IRQ 嵌套模式使能或禁止指令

N	Z	S	C
—	—	—	—

【描述】IRQ 嵌套模式使能或禁止指令。在中断嵌套模式下,中断时 CPU 会将 FR/SR/PC 都压入堆栈保存,而在中断服务完成后,会将它们自动出栈恢复。如果在中断过程中有更高优先级的中断发生,将发生中断嵌套。用户可以通过设置中断优先级寄存器来设置当前中断的优先级。

【指令周期】2+RW。

【指令字长】1。

【指令版本】ISA1.2 版本或者以上版本。

【语 法】IRQNEST ON/OFF

12. IRQ 开/关

N	Z	S	C
—	—	—	—

【描 述】打开或关闭 IRQ 中断。

【指令周期】2+RW。

【指令字长】1。

【指令版本】全部版本。

【语法】IRQ ON/OFF

13. FIQ 开/关

N	Z	S	C
—	—	—	—

【描述】打开或关闭 FIQ 中断。

【指令周期】2+RW。

【指令字长】1。

【指令版本】全部版本。

【语 法】FIQ ON/OFF

14. 中断设置

N	Z	S	C
—	—	—	—

【描述】中断设置。

【指令周期】2+RW。

【指令字长】1。

【指令版本】全部版本。

【语 法】INT FIQ   //使能 FIQ,禁止 IRQ

　　　　INT IRQ   //使能 IRQ,禁止 FIQ

　　　　INT FIQ,IRQ   //使能 FIQ 和 IRQ

　　　　INT OFF   //禁止 FIQ 和 IRQ

15. DS 段地址直接访问指令

N	Z	S	C
—	—	—	—

【描述】设置或获取数据段段地址指令,因为 DS 段是一个 6 位寄存器,因此在进行 DS 段操作和零扩展时,只有低 6 位数据可装入 DS 段中。

【指令周期】2+RW。

【指令字长】1。

【指令版本】ISA1.2 版本或者以上版本。

【语 法】DS=Rs

　　　　　Rs=DS

【例 3 - 4 - 10】

```
.CODE
.PUBLIC _main

_main:
r1 = 0xff1f          //将 r1 的低 6 位送入 DS
DS = r1              //可以从"SR"寄存器中找到它
L_Loop :
nop
jmp L_Loop
```

16. 数据段段地址设置指令(6 位短立即数)

N	Z	S	C
—	—	—	—

【描述】数据段设置指令(6 位短立即数)。

【指令周期】2+RW。

【指令字长】1。

【指令版本】ISA1.2 版本或者以上版本。

【语 法】DS=IM6

【例 3 - 4 - 11】

```
.CODE
.PUBLIC _main

_main:
DS = 0x3F            //从寄存器"SR"中可以找到它的变化
L_Loop :
jmp L_Loop
```

17. 空操作

N	Z	S	C
—	—	—	—

【描述】空操作,PC 指向下一条指令。

【指令周期】2+RW。

【指令字长】1。

【指令版本】ISA1.2 版本或者以上版本。

【语 法】nop

18. 处理器标志寄存器存取指令

N	Z	S	C
—	—	—	—

【描述】直接存取处理器标志寄存器(见表 3 - 4 - 4)。

表 3 - 4 - 4　直接存取处理器标志寄存器

F	E	D	C	B	A	9	8	7	6	5	4	3	2	1	0
—	AQ	BNK	FRA	FIR		SET BUF			F	I	INE			IRQ PRI	

AQ：DIVS/DIVQ 除法指令执行的 AQ 标志,默认为零。

BNK：第二寄存器组模式标志,默认为零(SECBNK ON：1,SECBNK OFF：0)。

FRA：FRACTION MODE,默认为零(FRACTION MODE ON：1,FRACTION MODE OFF：0)。

FIR：FIR_MOVE MODE,默认为零(FIR_MOVE ON ：0,FIR_MOVE OFF：1)。

SFT BUF：移位缓冲器或者 FIR 的保护位,默认为 0000B。

F：FIQ 中断标志,默认为零。

I：IRQ 中断标志,默认为零。

INE：IRQ 嵌套模式标志,默认为零(IRQNEST ON：1,IRQNEST OFF：0)。

IRQ PRI：IRQ 优先级寄存器,复位后默认为 1000B,如果发生任何中断,IRQ PRI 寄存器将被设为 IRQ 的优先级,只有具有更高优先级的 IRQ 才可将其中断,用户可以通过设定优先级寄存器来定制 IRQ 嵌套。

优先级顺序：IRQ0＞IRQ1＞IRQ2＞IRQ3＞IRQ4＞IRQ5＞IRQ6＞IRQ7。

IRQ 使能算法：0 - PRI - 1。

注意：如果 FIQ 使能,FIQ 依然具有高于任何 IRQ 的优先级。

例如：如果 PRI 为 1000,所有 IRQ 0～7 使能;如果 PRI 为 0000,所有 IRQ 0～7 非使能;发生 IRQ3,PRI 将被设为 0011,只有 IRQ0～2 使能。

【指令周期】2＋RW。

【指令字长】1。

【指令版本】ISA1.2 版本或者以上版本。

【语　法】FR＝Rs

　　　　　　　Rs＝FR

19. 除法指令 DIVS/DIVQ

N	Z	S	C
—	—	—	—

【描述】除法指令有两种,即 DIVS 和 DIVQ。单精度除法：32 位除以 16 位,得到 16 位的商,执行时间为 16×3 周期。除法运算可以是有符号或者是无符号的,但分子、分母必须是同类型的数据。请将 32 位的被除数放到 MR(R4,R3)中,16 位的除数放到 R2 中,并清掉 AQ

标志,然后就可以进行除法运算。对于有符号除法,首先应执行 DIVS 一次,从而得到商的符号位,然后多次执行 DIVQ,得到商;对于无符号除法,通过多次执行 DIVQ,得到商。请参考下面的例子。运算结果的商在 R3 中。

【指令周期】2+RW(DIVS)/3+RW(DIVQ)。

【指令字长】1。

【指令版本】ISA1.2 版本或者以上版本。

【语 法】DIVS MR,R2

DIVQ MR,R2

20．EXP 指令

N	Z	S	C
—	—	—	—

【描述】EXP 指令用于执行规范化操作,用来统计 R4 寄存器中冗余的符号位的数量并将结果放入 R2 中。

【指令周期】2+RW。

【指令字长】1。

【指令版本】ISA1.2 版本或者以上版本。

【语法】R2= EXP R4

【例 3－4－12】

```
.CODE
.PUBLIC _main
_main:
r4 = 0x1000;        //"r4" 的第 15 位是"0"
r2 = EXP r4         //从第 15 位开始向前数,当遇到第一个与第 15 位值相反的位时,
//共移动了多少位再减 1,得出结果为 2
L_Loop:
nop
jmp L_Loop
```

21．位操作

N	Z	S	C
—	√	—	—

【描述】位操作面向寄存器或者全部的存储空间,源数据在操作前会影响零标志。对寄存器指定的位操作也一样,但如果是对寄存器指定的位进行位操作,寄存器只有低 4 位有效,其他位都无意义。

【位 操 作】位测试,位置位,位清除,位取反(test/setb/clrb/invb)。

【指令周期】4+RW(对寄存器的位操作)/7+2 * RW+SW(对任意存储空间的位操作)。

【指令字长】1。

【指令版本】ISA1.2 版本或者以上版本。

【语法】

(1) 对任意存储空间的位操作

BITOP {DS:}[Rd],offset   //offset＝0－15

BITOP {DS:}[Rd],Rs   //Rs＝R0－R5 Rd＝R0－R5

(2) 对寄存器的位操作

BITOP Rd,offset   //offset＝0－15

BITOP Rd,Rs   //Rs＝R0－R5 Rd＝R0－R5

BITOP ：

00	01	10	11
test	setb	clrb	invb

【例 3 － 4 － 13】

```
test D:[r2],13;
setb [r1],r3;
clrb r3,10;
invb r4,r5;
```

【例 3 － 4 － 14】

```
.CODE
.PUBLIC _main
_main:
r1 = 0x0f0f
r5 = 0x0001
setb r1,15          //r1 的第 15 位置 1
clrb r1,15          //r1 的第 15 位清除
invb r1,r5          //R5 ＝1,因此对 r1 第 1 位取反,结果是 0x0f0d
test [r1],8         //测试 r1 所指向的存储空间的第 8 位,只改变"Z"标志
L_Loop:
nop
jmp L_Loop
```

22. 移位操作指令

N	Z	S	C
√	√	—	—

【描述】操作只能用 RD 和 RS 进行。一个指令实现 16 位的多重循环移位,用两条移位指令可实现 32 位数据移位,此时,移位后的结果必须放在寄存器 R4：R3 内,右移/左移（ROR／ROL）会带着进位标志一起执行,借位标志则在移位操作后置于进位标志位上。

【移位操作】支持 ASR/ASROR/LSL/LSLOR/LSR/LSROR/ROL/ROR。

ASR：算术右移,高位进行符号扩展,低位移入 SB 寄存器;

LSL：逻辑左移,高位移入 SB 寄存器,低位用 0 补足;

LSR ：逻辑右移,高位用 0 补足,低位移入 SB 寄存器;

ROL ：循环左移,通用寄存器高位移入 SB 寄存器,同时 SB 寄存器高位移入通用寄存器低位;

ROR ：循环右移,通用寄存器低位移入 SB 寄存器,同时 SB 寄存器低位移入通用寄存器高位;

ASROR 、LSLOR 、LSROR 3 种命令主要用于实现 32 位移位操作:

使用格式 ：mr| = Rd ASR Rs 左移时 Rd 为 r4,右移时 Rd 为 r3。

【指令周期】8+RW。

【指令字长】1。

【指令版本】ISA1.2 版本或者以上版本。

【语法】

Rd = Rd shift_op Rs

Rd：目标寄存器(只有 R0～R5 可用)

Rs：移位计数寄存器

Rs[4：0] 合法 ：ASR,ASROR,LSL,LSLOR,LSR,LSROR

Rs[3：0] 合法：ROL,ROR

Shift_OP ：

000	001	010	011	100	101	110	111

Input：寄存器移位前的状态为:

SB	S3	S2	S1	S0		Rd	B15	B14	B13	B12	B11	B10	B9	B8	B7	B6	B5	B4	B3	B2	B1	B0

假设移位位数为 3。

(1) 逻辑左移(LSL)

Rd = Rd LSL 3 寄存器移位后的状态为:

SB	S0	B15	B14	B13		Rd	B12	B11	B10	B9	B8	B7	B6	B5	B4	B3	B2	B1	B0	0	0	0

(2) 逻辑右移(LSR)

Rd = Rd LSR 3 寄存器移位后的状态为:

Rd	0	0	0	B15	B14	B13	B12	B11	B10	B9	B8	B7	B6	B5	B4	B3		SB	B2	B1	B0	S3

(3) 循环左移(ROL)

Rd = Rd ROL 3 寄存器移位后的状态为:

SB	S2	S1	S0	B15		Rd	B14	B13	B12	B11	B10	B9	B8	B7	B6	B5	B4	B3	B2	B1	B0	S3

(4) 循环右移(ROR)

Rd = Rd ROR 3 移位后的各位状态如下:

Rd	S2	S1	S0	B15	B14	B13	B12	B11	B10	B9	B8	B7	B6	B5	B4	B3		SB	B2	B1	B0	S3

(5) 算术右移(ASR)

Rd = Rd ASR 3 移位后的各位状态如下:

Rd	E2	E1	E0	B15	B14	B13	B12	B11	B10	B9	B8	B7	B6	B5	B4	B3		SB	B2	B1	B0	S3

其中 E2、E1、E0 是 Rs 中最高有效位的符号扩展位。

【例 3 - 4 - 15】

```
r2 = r2 asr r1;          //16 位算术右移
r3 = r3 lsr r1;          //32 位算术右移
mr | = r4 asr r1         //结果放入 r4：r3
```

【例 3 - 4 - 16】

```
r1 = 0x1234
r1 = r1 rol 4            //值为 0x2340
r1 = r1 rol 4            //值为 0x3401
r1 = r1 rol 4            //值为 0x4012
r1 = r1 rol 4            //值为 0x0123
r1 = r1 rol 4            //值为 0x1234
r1 = 0xffff
r1 = r1 lsr 4            //值为 0x0fff
r1 = r1 rol 4            //值为 0xffff
r1 = r1 lsl 4            //值为 0xfff0
r1 = r1 ror 4            //值为 0xffff
r1 | = r1 lsr 4
r1 = 0xff00              //"r1"的原始值为 0xff00
r2 = 0x0007              //"r2"的原始值为 0x0007
r1 = r1 asr r2           //结果为 0xfffe
```

【例 3 - 4 - 17】 32 位数逻辑右移 6 位

```
r1 = 0x0006
r3 = 0x0f0f
r4 = 0xf0f0
r3 = r3 lsr r1
mr | = r4 asr r1
```

23. 寄存器乘法指令

N	Z	S	C
—	—	—	—

【描述】 寄存器乘法指令(Mul)用于两个寄存器的数据相乘,结果送到 MR(R4,R3)。如果 FRACTION mode 是使能的,这个结果会向左移一位。Rd 只支持 R0～R5。

【指令周期】 12+RW(有符号乘有符号,无符号乘有符号)/13+RW(无符号乘无符号)。

【指令字长】 1。

【指令版本】 有符号乘有符号和无符号乘有符号为全部版本都有/无符号乘无符号为 ISA 1.2 版本或者以上版本特有。

```
MR = Rd * Rs;            //默认情况下为有符号乘有符号
```

MR＝Rd＊Rs,uu; //无符号乘无符号
MR＝Rd＊Rs,ss; //有符号乘有符号
MR＝Rd＊Rs,us; //Rd 为无符号数,Rs 为有符号数,第一个寄存器总是无符号的
//并且第二个寄存器是有符号的

【例 3 - 4 - 18】

r1 = 0x8002
r2 = 0x0002 //结果存储在 R4：R3 中
mr = r1 * r2 //12 周期,r4 = 0xffff,r3 = 0x0004
mr = r1 * r2,ss //12 周期,r4 = 0xffff,r3 = 0x0004
mr = r2 * r1,us //12 周期,r4 = 0xffff,r3 = 0x0004
mr = r1 * r2,uu //14 周期,r4 = 0x0001,r3 = 0x0004

24. 乘法累加运算

N	Z	S	C
—	—	√	—

【描述】用一个 36 位算术逻辑单元来进行乘法累加运算(Muls)。如果 fraction 模式使能,运行的结果就会左移 1 位,Rd 和 Rs 会随指令的执行而自动调整;如果 FIR_MOVE 功能打开并且 n＞1 时,Rd 所指向的数据将会自动向前一地址搬移,结果的高 4 位保存在移位缓冲器里面,同时,符号位表示运算过程中是否有结果溢出。

【指令周期】$10*N+6+(N+1)*2*RW+\{N*SW\}$(有符号乘有符号,无符号乘有符号);$11*N+6+(N+1)*2*RW+\{N*SW\}$(无符号乘无符号)where $N=1\cdots16$,$(N*SW)=0$ if FIR_MOVE OFF。

【指令字长】1。

【指令版本】有符号乘有符号和无符号乘有符号为全部版本都有/无符号乘无符号为 ISA1.2 版本或者以上版本特有。

【语法】$MR=[Rd]*[Rs]\{,ss\}\{,n\}$
$MR=[Rd]*[Rs]\{,us\}\{,n\}$

➤ 有符号数相乘时,习惯不指出乘法属性;MR 在执行前会自动清除以前的值。

➤ ＊n：[16：1]。如果 n 为 1,n 可以省略。

$MR=C1*X1+C2*X2+C3*X3+C4*X4$

注意：这个 FIR 操作在 ISA1.0 和 ISA1.1 中不会改变符号标志,但在 ISA1.2 中会改变这个标志以对溢出事件作出标志。

【限制】下面的任何一种情况均会导致结果错误：

n＜1,Rs 和 Rd 被设置为 R3 或者 R4,Rs 和 Rd 被设置为同一寄存器。

乘法累加运算示意图如图 3 - 4 - 1 所示。

【例 3 - 4 - 19】

MR = [R1] * [R2],8

MR = [R1] * [R2],us,2

注意：这里可以参照 FIR_MOV ON/OFF 指令的例子。

25. 条件分支跳转

N	Z	S	C
—	—	—	—

【描述】短跳转指令（当前地址±63 个字），跳转指令和执行条件请参考表 3 - 4 - 3。

【指令周期】$2+RW$（not - taken）/$4+RW$（taken）。

【指令字长】1。

【指令版本】全部版本。

【语法】Conditional_jump label

　　　　jmp label

【例 3 - 4 - 20】

jmp LABEL；//无条件跳转

jne LABEL；//不相等时跳转

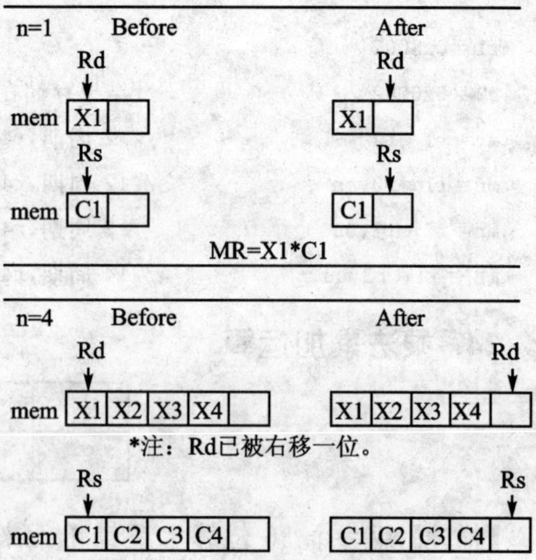

图 3 - 4 - 1　乘法累加运算示意图

26. 压栈和出栈操作

N	Z	S	C
—	—	—	—

【描述】压栈和出栈操作通过间接寻址将指令中标出的连续几个寄存器压入或弹出堆栈区，同时会调整堆栈指针 SP。

【指令周期】$4+2*N+(N+1)*RW(N=1\sim7)$。

【指令字长】1。

【指令版本】全部版本。

【语 法】push Rx,Ry to [Rs]　　　　//将 Rx～Ry 压栈

　　　　pop Rx,Ry from [Rs]　　　　//将 Rx～Ry 出栈

　　　　pop Rx to [Rs]　　　　　　//将 Rx 压栈

　　　　pop Rx from [Rs]　　　　　//将 Rx 出栈

【例 3 - 4 - 21】

push R3,PC to [SP]//将 R3～PC(R7)入栈

压栈和出栈操作示意图如图 3 - 4 - 2 所示。

注意：push R1,R5 to [SP] 等同 push R5,R1 to [SP]。

27. 基址变址寻址方式的 ALU 操作

N	Z	S	C
√	√	√	√

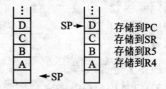

```
pop R4, PC from [SP];      //将R4~PC(R7)出栈
pop SR, PC from [SP];      //返回
```

存储到PC
存储到SR
存储到R5
存储到R4

图 3 - 4 - 2　压栈和出栈操作示意图

【描述】对于基址变址寻址方式的 ALU 操作（BP＋6 位短立即数），BP 就是 R5。

【ALU】支持加法，带进位的加、减法，带借位的减法，比较，逻辑"与"、"或"、"异或"、"装载"、"测试"、"取补"和"存储"。

【指令周期】$6+2*RW$。

【指令字长】1。

【指令版本】全部版本。

【语 法】Rd alu_op＝[BP + IM6];

　　　　　[BP+IM6]＝Rd;

　　　　注意：列出所有可能的 ALU 操作。

Rd－＝[BP + IM6];　　　　　　//减法

Rd－＝[BP + IM6] ,carry;　　　//带借位的减法

Rd＋＝[BP + IM6] ,carry;　　　//带进位的加法

Rd＋＝[BP + IM6];　　　　　　//加法

cmp Rd ,[BP + IM6];　　　　　//比较

Rd &＝[BP + IM6];　　　　　　//逻辑"与"

Rd |＝[BP + IM6];　　　　　　//"或"

Rd ^＝[BP + IM6];　　　　　　//"异或"

Rd＝[BP + IM6];　　　　　　　//"装载"

test Rd ,[BP + IM6];　　　　　//"测试"

Rd ＝-[BP + IM6];　　　　　　//"取补"

[BP + IM6]＝Rd;　　　　　　　//"存储"

【例 3 - 4 - 22】

```
r2 + = [bp + 0x20],Carry;        //相加带进位
[bp + 0x06] = r1;                //存储
```

【例 3 - 4 - 23】

```
.IRAM
T_Buffer：.DW 0x1111,0x1111,0x1111,0x1111;
……                              //bp 的初始值为 0
bp = T_Buffer;
r1 = [bp + 1]                    //取得[bp+1]存储地址值,并将该值赋给 r1
……
```

28. 6 位立即数寻址的 ALU 操作

N	Z	S	C
√	√	√	√

【描述】6 位立即数寻址的 ALU 操作(Imm6)。

【ALU】支持加法,带进位的加、减法,带借位的减法,比较,逻辑"与"、"或"、"异或"、"装载"、"测试"和"取补"。

【指令周期】2+RW。

【指令字长】1。

【指令版本】全部版本。

【语法】`Rd ALU_OP=IM6；

    注意:列出所有可能的 ALU 操作。

```
Rd-= IM6；              //减法
Rd-= IM6 ,Carry；       //带借位的减法
Rd+= IM6 ,Carry；       //带进位的加法
Rd+= IM6；              //加法
cmp Rd ,IM6；           //比较
Rd &= IM6；             //逻辑"与"
Rd |= IM6；             //"或"
Rd ^= IM6；             //"异或"
Rd=IM6；                //"装载"
test Rd ,IM6；          //"测试"
Rd = - IM6；            //"取补"
```

【例 3 - 4 - 24】

```
r1 += 0x20,Carry；      //r1 = r1 + 0x20 + 进位
```

【例 3 - 4 - 25】

```
r1 = 0x00ef            //3 cycles the origin value of r1 is 0x00ef
r2 = 0x0073
r3 = 0x0fff
r1 -= 0x0001           //结果变为 0x00ee
r2 += 0x0030           //结果变为 0x00a3
r3 &= 0x0002           //结果变为 0x0002
```

【例 3 - 4 - 26】

```
r1 = 0x0002            //3 个周期
cmp r1,0x0010          //3 个周期比较 r1 与 0x0010
jbe L_Lower            //无符号数小于等于则跳转到 L_Lower
nop                    //3 个周期,向下执行
⋮
```

```
L_Lower:
nop
nop
⋮
```

29. 寄存器间接寻址和寄存器间接变址寻址的 ALU 操作

N	Z	S	C
√	√	√	√

【描述】寄存器间接寻址和寄存器间接变址(增量可能为负)寻址的 ALU 操作。这条指的是唯一可以寻址整个地址空间(不同的页)的指令。

【ALU】支持加法,带进位的加法、减法,带借位的减法,比较,逻辑"与"、"或"、"异或"、"装载"、"测试"、"取补"和"存储"。

【指令周期】6＋RW＋SRW/7＋RW＋SRW(写 PC 寄存器)

SRW:存储、读等待周期,如果 ALU 执行存储操作,则 SRW＝SW,否则 SRW＝RW。

【指令字长】1。

【指令版本】全部版本。

【语法】Rd alu_op＝{D:}[Rs];
　　　　 Rd alu_op＝{D:}[Rs－－];
　　　　 Rd alu_op＝{D:}[Rs＋＋];
　　　　 Rd alu_op＝{D:}[＋＋Rs];

【例 3 - 4 - 27】

```
r1 &= D:[r2++];   //r1 = r1 逻辑"与"(内容存在于 DS 和 r2 的地址里),r2 = r2 + 1
                  //当 r2 为 0xffff,执行 r2 = r2+1 操作,则 r2 变为 0,并且 DS + 1
cmp r1,[++r2];    //令 r1 与地址为(r2+1)中的内容比较
D:[r2--] = r1;    //分配 r1 的地址为 DS 和 r2,r2 = r2 - 1
                  //当 r2 为 0 时,执行 r2 - 1 操作,则 r2 为 0xffff,并且 DS - 1
```

30. 16 位立即数寻址的 ALU 操作

N	Z	S	C
√	√	√	√

【描述】16 位立即数寻址的 ALU 操作。

【ALU】支持加法,带进位的加、减法,带借位的减法,比较,逻辑"与"、"或"、"异或"、"装载"、"测试"和"取补"。

【指令周期】4＋2＊RW/5＋2＊RW(写 PC 寄存器)。

【指令字长】2。

【指令版本】全部版本。

【语 法】Rd＝Rs alu_op IM16

【例 3 - 4 - 28】

```
.CODE
.PUBLIC _main
_main:
r1 = 0xffff
r2 = 0
L_Imm16:
cmp r1,0x00ff                //将 r1 与 16 位立即数 0x00ff 比较
jb L_Loop
r1 -= 0x00ff                 //r1 与 0x00ff 相减
r2 += 1
goto L_Imm16
L_Loop:
jmp L_Loop
```

31. 16 位直接地址寻址的 ALU 操作

N	Z	S	C
√	√	√	√

【描　述】 16 位直接地址寻址的 ALU 操作。

【ALU】 支持加法,带进位的加、减法,带借位的减法,比较,逻辑"与"、"或"、"异或"、"装载"、"测试"和"取补"。

【指令周期】 7+2 * RW+SRW/8+2 * RW+SRW(写 PC 寄存器)。

【指令字长】 2。

【指令版本】 全部版本。

【语法】 Rd=Rs alu_op [A16]

　　　　　[A16]=Rs alu_op Rd

【例 3 - 4 - 29】

```
bp = r1 + [Q_table];        //bp = r1 + Q_table 的内容,Q_table 位于 0x0000~0xffff 之间
[Hashing_tbl] = - bp;        //将 - bp 的值赋予 Hashing_tbl 单元
[Q_Table + 10] = bp ^ r2;    //bp"异或"r2 的结果存入 Q_Table + 10 单元
r1 = [0x8079];               //取得地址为 0x8079 存储单元的值,将其存入 r1
```

32. 6 位直接地址寻址的 ALU 操作

N	Z	S	C
√	√	√	√

【描述】 6 位直接地址寻址的 ALU 操作。

【ALU】 支持加法,带进位的加、减法,带借位的减法,比较,逻辑"与"、"或"、"异或"、"装载"、"测试"和"取补"。

【指令周期】 5+RW+SRW/6+RW+SRW(写 PC 寄存器)。

【指令字长】1。

【指令版本】全部版本。

【语法】Rd＝Rd alu_op [A6]

        Rd＝[A6]

        [A6]＝Rd

【例 3－4－30】

```
.RAM
.VAR Init_Q ;              //Init_Q 是一个范围在 0x00～0x3f 可变的地址值
.CODE
.public _main
_main:
r1 = [0x0009]              //取得地址为 0x0009 的单元的内容,并将其送入 r1
r2 = 0x5555;
bp = [Init_Q];             //将 Init_Q 单元的内容载入 bp
[Init_Q] = R2;             //将 r2 的值存储到 Init_Q 单元中去
 ⋮
```

33. 寄存器寻址的 ALU 操作

N	Z	S	C
√	√	√	√

【描述】寄存器寻址的 ALU 操作。

【ALU】支持加法,带进位的加、减法,带借位的减法,比较,逻辑"与"、"或"、"异或"、"装载"、"测试"、"取补"和"存储"。

【指令周期】3＋RW/5＋RW(写 PC 寄存器)。

【指令字长】1。

【指令版本】全部版本。

【语法】Rd {alu_op}＝Rs {,Carry}

        Rd {alu_op}＝Rs ASR n {,Carry}

        Rd {alu_op}＝Rs LSL n {,Carry}

        Rd {alu_op}＝Rs LSR n {,Carry}

        Rd {alu_op}＝Rs ROL n {,Carry}

        Rd {alu_op}＝Rs ROR n {,Carry}

        n 为移位的次数,其范围为 1～4。

注意:

① FIQ、IRQ 有自己特有的移位缓冲寄存器,在中断发生时用户不需要保存它;

② 在乘法累加运算和 FIR 运算执行后,移位缓冲器的值是被改变的。

【例 3－4－31】

```
bp + = r1 asr 4,Carry;     //bp = bp + (r1/2⁴)带进位
bp = r1 lsl 2;             //bp = r1 左移 2 位
```

第4章 程序设计

在 μ'nSP™ 单片机的汇编程序设计中,用户可以不用考虑程序代码在实际物理存储器中的存储地址,而是通过伪指令(如". CODE"、". TEXT"、". RAM"等)来通知编译器把程序代码定位在什么类型的存储空间即可。至于具体的存储地址,则由编译器管理。对于数据存储器的管理,同样由 IDE 的编译器来完成。当用户想在数据存储区内定义一个变量时,只需通过伪指令(如". RAM"、". IRAM"等)来通知编译器在数据存储区内建立一个变量即可。

μ'nSP™ 单片机的汇编指令针对 C 语言进行了优化,所以其汇编的指令格式很多地方类似于 C 语言。另外,其开发仿真环境 IDE 也直接提供了 C 语言的开发环境,C 函数和汇编函数可以方便地进行相互调用详细方法在 4.3 节中将详细介绍。

4.1 μ'nSP™ IDE 的项目组织结构

项目提供用户程序及资源文档的编辑和管理,并提供各项环境要素的设置途径。因此,用户从编程到调程之前实际上都是围绕着项目的操作。

新建项目包括三类文件: 源文件(Source Files)、头文件(Head Files)和用来存放文档或项目说明的外部支持文件(External Dependencies Files),其组织结构如表 4-1-1 所列。这种项目管理的方式,会把与项目相关的代码模块组织为一个有机的整体,便于开发人员对其代码以及相关文件文档的管理。表 4-1-1 详细描述了一个新建项目后自动产生的各种文件及 File 视窗建立元组。

表 4-1-1 μ'nSP™ IDE 新建项目的结果

自动生成文件			File 视窗建立元组	
名 称	文件名或文件扩展名	包含信息	Source Files	用于存放源文件,经编译生成扩展名为 obj 的目标文件
项目文件	. scs	当前项目中源文件的信息	Head Files	用于存放头文件,通常是一些要包含在源文件中与软件库的接口
资源文件	. rc	当前项目中资源文件的信息		
资源表	Resource. asm		External Dependencies Files	用于存放文档或项目说明等文件
资源头文件	Resource. inc		Resource 视窗建立 Resource 元组	
编译信息文件	Makefile	当前项目中重新编辑的文件信息	用于存放项目的资源文件	

注: μ'nSP™ IDE 根据 Resource 视窗里的资源树结构建立起一个资源表,而此资源树的结构可通过用鼠标对各资源文件名的拖拽来改变。

在这里,不详细叙述如何对 IDE 进行全面的设置,相关内容可以参阅有关 IDE 的章节。从编写调试代码的角度来看,需要反复提出的有如下一些重要的设置。

➢ 路径的设置:菜单 tools→option…→Directiories,可以进行路径的设置。当项目中的文件或函数库不与项目文件在同一个目录时,需要对此进行设置。

➢ 链接库函数的加载:菜单 Project→Setting…→Link,可以加载应用函数库。
例如,在语音应用时,需要加载凌阳音频算法库 SACM25.lib。

另外,尽管在项目中的 Head File 文件夹下面加入了所需要的头文件,但是在汇编文件和 C 文件中仍然需要用伪指令将其包含到自己的文件中。

μ'nSP™ IDE 开发系统提供了 SPCE061A 的寄存器定义的汇编头文件 hardware.inc,以及 C 语言的头文件 hardware.h。当需要对芯片设置时,就将这些头文件加入项目中。开发系统还提供了对芯片进行设置的一些子函数,这些子函数都放在汇编文件 hardware.asm 中,供开发人员使用。在凌阳的语音算法函数库中所提供的 API 函数,也将用到 hardware.asm 中的函数。

IDE 项目文件管理的组织结构如图 4-1-1 所示。

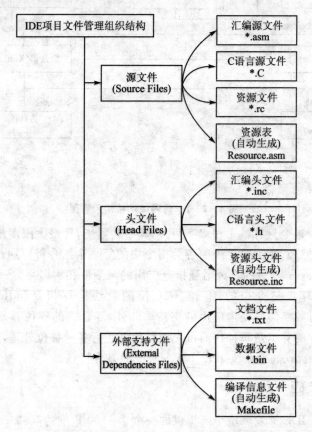

图 4-1-1 IDE 项目文件管理的组织结构

4.2　汇编语言程序设计

4.2.1　代码流动结构

C 编译器(GCC)把 C 语言代码编译为汇编代码。汇编编译器 Xasm16 把汇编代码编译成为目标文件。链接器将目标文件、库函数模块、资源文件连接为整体,形成一个可在芯片上运行的可执行文件。这样的一个代码流动过程如图 4-2-1 所示。

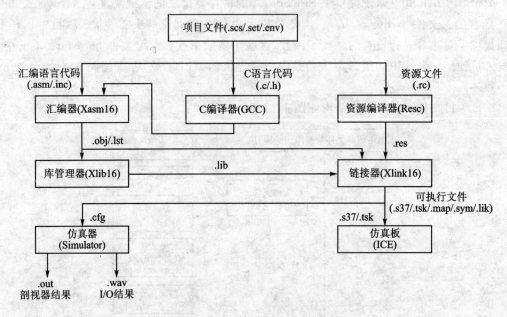

图 4-2-1　代码流动结构示意图

μ'nSP™ 的汇编指令只有单字和双字两种,其结构紧凑,且最大限度地考虑了对高级语言中 C 语言的支持。另外,在需要寻址的各类指令中的每一个指令都可通过与 6 种寻址方式的组合而形成一个指令子集,目的是为增强指令应用的灵活性和实用性。

而算术逻辑运算类指令中的 16 位×16 位的乘法运算指令(Mul)和内积运算指令(Muls),又提供了对数字信号处理应用的支持。此外,复合式的移位算术逻辑操作指令允许操作数在经过 ALU 的算术逻辑操作前可先由移位器进行各种移位处理,然后再经 ALU 的算术逻辑运算操作。灵活、高效是 μ'nSP™ 指令系统的显著特点。

4.2.2　汇编代码

【例 4-2-1】　IDE 开发环境中所提供的一个 1~100 累加的范例

```
.RAM                    //定义预定义 RAM 段
.VAR I_Sum;             //定义变量
.CODE                   //定义代码段
//函数:main()
//描述:主函数
```

```
.PUBLIC _main;              //对 main 程序段声明
_main:                      //主程序开始
R1 = 0x0001;                //r1 = [1···100]
R2 = 0x0000;                //寄存器清零
L_SumLoop:
R2 + = R1;                  //累计值存到寄存器 r2
R1 + = 1;                   //下一个数值
CMP R1,100;                 //判断是否加到 100
JNA L_SumLoop;              //如果 r1≤100 跳到 L_SumLoop
[I_Sum] = R2;               //在 I_Sum 中保存最终结果
L_ProgramEndLoop：          //程序死循环
JMP L_ProgramEndLoop;
```

在此程序中,可以看到:

➤ 汇编必须有一个主函数的标号"_main",而且必须声明此"_main"为全局型标号".PUB-LIC _main"。

➤ 程序代码没有定义实际的物理地址,而是以伪指令".CODE"声明此程序代码,可以定位在任何一个程序存储区内。汇编代码在程序存储区中的定位则由 IDE 负责管理。

➤ 程序用伪指令".RAM"在数据存储区内声明了一个变量"R_Sum",我们无需关心"R_Sum"的实际物理地址,IDE 将负责安排和管理数据变量在数据存储区的地址安排。

➤ 变量名 R_Sum 实际上代表了变量的地址,在汇编中对变量进行读/写操作时,则需要用[R_Sum]来表示变量中的实际内容。

4.2.3 汇编语法格式

用 μ'nSP^{TM} 的汇编指令编写程序需按一定的语法规则和格式进行。汇编指令就像是语言中的单词,这些单词如何组织成能让 μ'nSP^{TM} 汇编器识别的汇编语言,并由此被编译成 CPU 所能识别和执行的机器码呢? 很简单,只要遵循汇编器规定的规则和格式即可。

1. 数制、数据类型与参数

μ'nSP^{TM} 的汇编器将十进制作为缺省数制。十六进制数可用符号"0x"或"$"作为前缀,或用符号"H"作为后缀。对于其他数制的后缀如表 4-2-1 中所列。

表 4-2-1 μ'nSP^{TM} 的数制及其后缀规定

数　　制	后　　缀	数　　制	后　　缀
二进制	B	十六进制	H
八进制	O 或 Q	ASCII 字符串	用双引号或单引号括起,如:"5"或'5'
十进制	D 或不写		

μ'nSP^{TM} 汇编指令中所用的基本数据类型为字型,在此基础之上发展的一些数据类型和字型一起列在表 4-2-2 中。

表 4 - 2 - 2　μ'nSP™汇编指令中的数据类型和字型

数据类型	字长度(位数)	无符号数值域	有符号数值域
字型(DW)	16	0~65535	-32768~+32767
双字型(DD)	32	0~4294967295	-2147483648~+2147483647
单精度浮点型(FLOAT)	32	无	以 IEEE 格式表示的 32 位浮点数
双精度浮点型(DOUBLE)	64	无	以 IEEE 格式表示的 64 位浮点数

汇编指令中的参数可以是常数或表达式。常数参数基本有数值型和字符串型两种。

数值型参数将按当前数值的数制进行处理(缺省为十进制)。如果用户强调参数用某一种数制,则必须给数值加必要的前缀或后缀来表示清楚。

2. 连接运算符及优先次序

在 μ'nSP™的汇编指令中可用一些运算符来连接常量数值,或者用一些修饰符对常量数值进行修饰,以便于程序员灵活编程以及 μ'nSP™汇编器的辨认或操作。表 4 - 2 - 3 列出了这些运算符或修饰符。

表 4 - 2 - 3　μ'nSP™汇编指令中的连接运算符及修饰符

运算符、修饰符	操作内容描述
!、&&、||	逻辑"非"、逻辑"与"、逻辑"或"
~或 XOR、& 或 AND、| 或 OR	按位"非"、按位"与"、按位"或"
+、-	(一元操作修饰符)任意指定一个正、负操作数或表达式
*、/、+、-	无符号数乘法、除法、加法、减法
>>、<<	把移位操作符前的数值或表达式向右、左移位。右移时最高位用 0 填充,左移时最低位用 0 填充
==、! =、>、<、>=、<=	等于、不等于、大于、小于、大于等于、小于等于
IM6、A6 SEG、OFFSET	(一元修饰符)引入一个 6 位(第 0~5 位)的数字表达式,地址表达式引入 22 位地址表达式中的 6 位(第 16~21 位)、16 位(第 0~15 位)常量数值,用来修饰一个可再分配的地址值的页域或偏移量域

注:①移位操作符(>>、<<)后的数值表示的是移位位数。

　　② 修饰操作必须用空格起始及结束,修饰符与芯片的地址容量有关。

表 4 - 2 - 3 中的连接运算符必须依照约定的优先次序操作。表 4 - 2 - 4 将此优先次序列出,同一行运算符具有相同的优先次序。约定的优先次序可以用圆括弧强制改变。

3. 地址表达式与标号

修饰符 SEG 与 OFFSET 常常应用在计算表的地址。例如,有如下一张 1~10 的平方表:

```
.CODE
Square_Table:
.DW 1,4,9,16,25,36,49,64,81,100
```

在编译链接过程中,链接器自动将以上 10 个数放在程序存储区内,Square_Table 就代表了此10个数据的起始22位的起始地址。其中,"SEG Square_Table"就代表了22位地址的高6位,而"OFFSET Square_Table"则代表了22位地址的低16位。SPCE061A只有32 K字的程序存储空间,所以其高6位的地址一定为0。如果上面的1~10的平方表应用在SPCE061A中,那么常量Square_Table与常量OFFSET Square_Table的值是相等的。

表4-2-4   运算符的优先次序

优先级别	运算符
最高	!
	-、+ //一元操作符,用来指定正操作数和负操作数
	%、/、*
	-、+ //减/加符号
	>>、<<
	<、<=、>、>=
	! =、==
	^或者 xor,& 或者 and,|或者 or
最低	||、&&

通过标号要得到一段程序代码或表的实际物理地址时,需要 SEG 和 OFFSET 这样的修饰符。

μ'nSP™汇编语言程序中所有标号的定义都区分字母大小写。全局标号原则上可以由任意数量的字母和数字字符组成,但只有前32位是有效的。它可以写在文件中的任何一列上,但必须以字母字符或下划线(_)开头,且标号名后须以冒号(:)来结束。在下面的程序例子中LABEL1,LABEL2 和 LABEL3 都是全局标号。

局部标号只有在局部区域内定义才有效,这种约束使得局部标号的定义可以安全地重复使用在整个程序各处而不致产生混乱错误。

局部标号应当注意以下几点:

➤ 局部标号也像全局标号那样最多可有 32 个字母或数字字符,且必须以字母字符或问号(?)开头。μ'nSP™的汇编器通常规定用问号(?)作为局部标号的前缀或后缀。除此之外,局部标号最好也遵循全局标号的使用规则。

➤ 在不同的局部区域里所定义的局部标号都有不同的含义,且标号?a 是不同于标号a? 的。

➤ 切忌将诸如"+、-、*、/"这类运算符用在局部标号中。伪指令 VAR,SECTION 或ENDS 是不可以用在局部标号结尾处的(见下面 μ'nSP™汇编器的伪指令内容)。

```
LABEL1:    或者 LABEL1:
?a: NOP a?: NOP
?b: JMP ? a b?: JMP a?
JMP ?b JMP b?
```

4. 程序注释与符号规定

程序注释行必须用双斜线（//）或分号（；）起始，它可与程序指令在同一行，或跟在指令后，亦可在指令的前一行或后一行。

μ'nSP™ 的汇编器规定伪指令不必区分字母的大小写，亦即书写伪指令时既可全用大写，也可全用小写，甚至可以大小写混用。但所有定义的标号包括宏名、结构名、结构变量名、段名及程序名，则一律区分其字母的大小写。

4.2.4 汇编语言的程序结构

程序最基本的结构形式有顺序、循环、分支、子程序 4 种结构。顺序结构在这里不作讨论，在本节中将从分支、循环、子程序出发，向读者介绍嵌套递归与中断程序的设计方法。

1. 分支程序设计

分支结构可分为双分支结构和多分支结构，如图 4-2-2 所示。在程序体中，根据不同的条件执行不同的动作，在某一确定的条件下，只能执行多个分支中的一个分支。

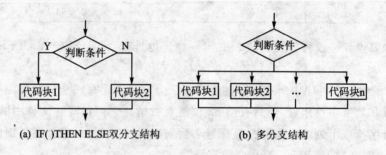

(a) IF( )THEN ELSE双分支结构　　(b) 多分支结构

图 4-2-2 分支结构的两种形式

由于高级语言提供了 IF … ELSE 或 SWITCH…CASE…CASE 的语句，使分支结构的层次清晰，分支路径明确。然而在汇编语言中，只能依靠跳转语句实现这样的结构，那么遵循着单入口单出口的程序设计方法，显得尤其重要。图 4-2-3 表示了一个双分支结构的汇编语言实现方式。图 4-2-4 表示了汇编语言实现多分支的一种方式。

在实际的程序开发过程中，我们不仅仅追求功能的实现，还要保证代码的稳定性、通用性、可读性等。汇编语言不具备高级语言的指令，所以在代码编写的过程中尽量使结构清晰，功能明确。

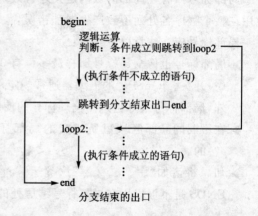

图 4-2-3 汇编语言实现双分支路径的方式

【例 4-2-2】 阶跃函数

说明：这是一个典型的双分支结构，输入值大于等于 0 时，则返回 1；输入值小于 0 时，则返回 0。

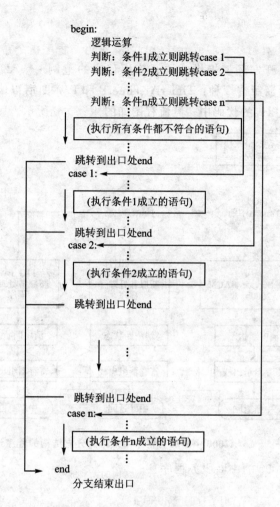

```
begin:
    逻辑运算
    判断：条件1成立则跳转 case 1
    判断：条件2成立则跳转 case 2
        ⋮
    判断：条件n成立则跳转 case n

    (执行所有条件都不符合的语句)

    跳转到出口处 end
case 1:
    ⋮
    (执行条件1成立的语句)
    ⋮
    跳转到出口处 end
case 2:
    ⋮
    (执行条件2成立的语句)
    ⋮
    跳转到出口处 end



    跳转到出口处 end
case n:
    ⋮
    (执行条件n成立的语句)
    ⋮
end
    分支结束出口
```

图 4 - 2 - 4   汇编语言多分支方式

入口参数：R1(有符号数)
出口参数：R1
子程序名：F_Step
流程图如图 4 - 2 - 5 所示。
程序的代码如下：

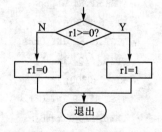

图 4 - 2 - 5   阶跃函数流程图

```
.PUBLIC F_Step;
.CODE
F_Step: .proc
    CMP R1,0;              //与 0 比较
    JGE ? negtive;        //大于等于 0,则跳转到非负数处理
    R1 = 0;               //小于 0,则返回 0
    JMP ? Step_end;       //跳转到程序结束处
? negtive:
    R1 = 1;               //大于 0,则返回 1
? Step_end:
```

RETF；

.ENDP

下面的例子是 IDE 开发环境提供的语音应用程序的范例——A2000 中断服务子程序。由于产生 FIQ 中断的中断源有 3 种：TimerA、TimerB 和 PWM，所以，在中断中要进行判断，根据判断的结果跳转到相应的代码中。其流程图如图 4－2－6 所示。

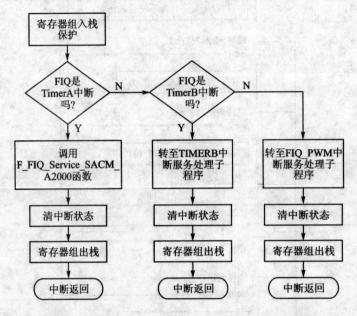

图 4－2－6　A2000 中断服务程序中采用的分支结构的程序设计

【例 4－2－3】　A2000 的中断服务程序

```
.PUBLIC _FIQ；
_FIQ：
  PUSH R1,R4 TO [sp]；
  R1 = 0x2000；
  TEST R1,[P_INT_Ctrl]；
  JNZ L_FIQ_TimerA；
  R1 = 0x0800；
  TEST R1,[P_INT_Ctrl]；
  JNZ L_FIQ_TimerB；
L_FIQ_PWM：
  R1 = C_FIQ_PWM；
  [P_INT_Clear] = R1；
  POP R1,R4 from[sp]；
  RETI；
L_FIQ_TimerA：
  [P_INT_Clear] = R1；
  CALL F_FIQ_Service_SACM_A2000；//调用 A2000 中断服务函数
  POP R1,R4 FROM [sp]；
```

```
  RETI;
L_FIQ_TimerB:
[P_INT_Clear] = R1;
POP R1,R4 FROM [sp];
  RETI;
//*****************************************/
void F_FIQ_Service_SACM_A2000(); 来自 sacmv25.lib,API 接口函数。
//*****************************************/
```

2. 循环程序设计

汇编语言中没有专用的循环指令,但是可以使用条件转移指令,通过条件判断来控制循环是继续还是结束。

(1) 循环程序的结构形式

在一些实际应用系统中,往往同一组操作要重复许多次,这种强制 CPU 多次重复执行一串指令的基本程序结构称为循环程序结构。循环程序可以有两种结构形式:一种是 WHILE_DO 结构形式,另一种是 DO_UNTIL 结构形式。如图 4-2-7 所示。

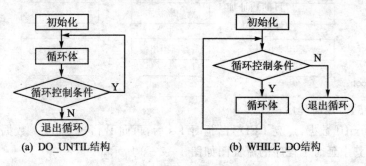

(a) DO_UNTIL结构   (b) WHILE_DO结构

图 4-2-7　循环结构的两种形式

WHILE_DO 结构把对循环控制条件的判断放在循环的入口,先判断条件,满足条件就执行循环体,否则退出循环。DO_UNTIL 结构则先执行循环体,然后再判断条件。满足,则继续执行循环操作,一旦不满足条件,则退出循环。这两种结构可以根据具体情况选择使用。一般来说,如果有循环次数等于 0 的可能,则应选择 WHILE_DO 结构。不论哪一种结构形式,循环程序一般由 3 个主要部分组成。

➢ 初始化部分:为循环程序作准备,如规定循环次数、给各个变量和地址指针预置初值。

➢ 循环体:每次都要执行的程序段,是循环程序的实体,也是循环程序的主体。

➢ 循环控制部分:这部分的作用是修改循环变量和控制变量,并判断循环是否结束,直到符合结束条件时,跳出循环为止。

下面是这两种循环结构的举例。

【例 4-2-4】 数据搬运

把内存中地址为 0x0000～0x0006 中的数据移到地址为 0x0010～0x0016 中,流程图如图 4-2-8 所示。

```
.IRAM
Label:
```

```
.DW 0x0001,0x0002,0x0003,0x0004,0x0005,0x0006,0x0007;
.VAR C_Move_To_Position = 0x0010;                        //定义起始地址;
.CODE
//=========================================
//函数：main()
//描述：主函数
//=========================================
.PUBLIC _main;
_main:
  R1 = 7;                    //设置要移动的数据的个数
  R2 = [C_Move_To_Position];
  BP = Label;
L_Loop:
  R3 = [BP];                 //被移动的数据送入 r3
  [R2] = R3;                 //被移动的数据送往目的地址
BP + = 1;                    //源地址加 1
  R2 = R2 + 1;               //目的地址加 1
  R1 - = 1;                  //计数减 1
  JNZ L_Loop;
MainLoop:
  jmp MainLoop;
```

【例 4 - 2 - 5】 延时程序

向 B 口送 0xffff 数据,点亮 LED 灯,延时 1 s 后,再向 B 口送 0x0000 数据,熄灭 LED 灯。程序代码如下,其中延时子程序的流程图如图 4 - 2 - 9 所示。

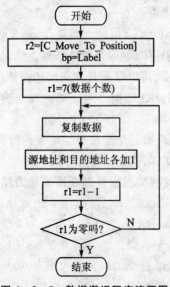

图 4 - 2 - 8　数据搬运程序流程图

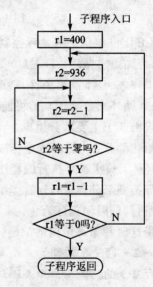

图 4 - 2 - 9　时间延时子程序流程图

```
.DEFINE P_IOB_DATA 0x7005；
.DEFINE P_IOB_DIR 0x7007；
.DEFINE P_IOB_ATTRI 0x7008；
.CODE
.PUBLIC _main；
_main:
  R1 = 0xffff；
  [P_IOB_DIR] = R1；
  [P_IOB_ATTRI] = R1；
  R1 = 0x0000；
  [P_IOB_DATA] = R1；          //设 B 口为同相的低电平输出
L_MainLoop:
  R2 = 0xffff；
  [P_IOB_DATA] = R2           //向 B 口送 0xffff
  CALL L_Delay；              //调用 1 s 的延时子程序
  R2 = 0x0000；
  [P_IOB_DATA] = R2；         //向 B 口送 0x0000；
  CALL L_Delay；              //调用 1 s 的延时子程序
  JMP L_MainLoop；
L_Delay: .PROC               //延时 1 s 的子程序
  loop:
  R1 = 200；
L_Loop1:
  R2 = 1248；
  nop；
  nop；
L_Loop2:
  R2 - = 1；
JNZ L_Loop2；
  R1 - = 1；
  JNZ L_Loop1；
  RETF；
.ENDP
```

　　下面分析一下如何进行时间延时。延时时间主要与两个因素有关：其一是循环体(内循环)中指令执行的时间；其二是外循环变量(时间常数)的设置。上例选用系统默认的 FOSC 和 CPUCLK，CPUCLK＝FOSC/8＝24 MHz/8＝3 MHz，所以一个 CPU 周期为 1/3 Ms。执行一条 r1＝400 指令的时间为 4 个 CPU 周期，执行一条 nop 指令的时间为 2 个 CPU 周期，执行 r2－＝1 指令的时间为 2 个 CPU 周期，执行 jnz Loop2 指令的时间为 2 或 4 个 CPU 周期(当条件满足时为 5 个 CPU 周期，条件不满足时为 3 个 CPU 周期)。所以上例子中的时间延时子程序的时间为：$(4+4+6×1248+2+4-2)×200+4-2=1\ 500\ 002$ 个 CPU 周期，约为 0.5 s，有点不精确。故对精确的时间延时，一般不采用这种方法，而是采用中断来延时，因为

SPCE061A 单片机有丰富的定时中断源,如：2 Hz、4 Hz、128 Hz 等。当然,一般的延时程序也可以采用指令延时,也很方便。在上例的延时程序中只要改变 r1 的值就可以很方便地改变延时时间,比如：r1＝4,那么它的延时时间为 10 ms。

(2) 多重循环

在某些问题的处理中,仅采用单循环往往不够,还必须采用多重循环才能解决。所谓多重循环是指在循环程序中嵌套有其他循环程序。多重循环程序设计的基本方法和单重循环程序设计是一致的,应分别考虑各重循环的控制条件及其程序实现,相互之间不能混淆。另外,应该注意的是,在每次通过外层循环后,再次进入内层循环时,初始化条件必须重新设置。多重循环的结构如图 4－2－10 所示。

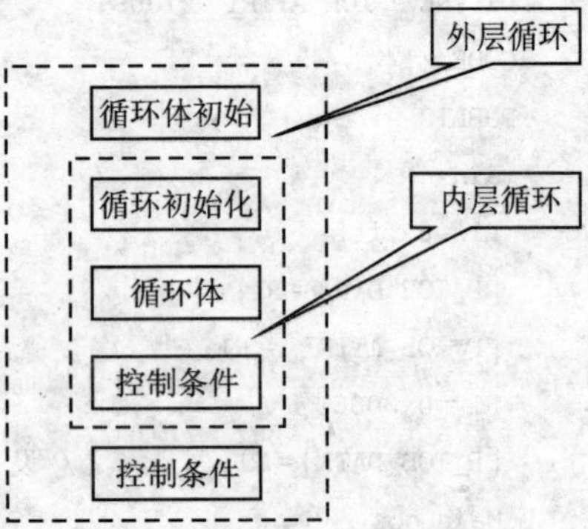

图 4－2－10　多重循环结构

【例 4－2－6】 冒泡排序

在首地址为 0x0000 的 RAM 中依次存有数据 40、6、32、12、9、24 和 28,要求使用冒泡法编写对这些数进行按升序排序的程序。

算法说明：这个算法类似水中气泡上浮,俗称冒泡法。执行时从前向后进行相邻数比较,如果数据的大小次序与要求顺序不符时(升序),就将两个数互换,否则为正序,不互换。为进行升序排序,应通过这种将相邻数互换的方法,使小数向前移,大数向后移。如此从前向后进行一次冒泡,就会把最大数换到最后,再进行一次冒泡,就会把次大数排队在倒数第二的位置,依此类推。

原始数据顺序为：40、6、32、12、9、24 和 28。按升序排列,它们的冒泡过程如图 4－2－11 所示。

原数据	第一轮	第二轮	第三轮	第四轮	第五轮	第六轮
40	6	6	6	6	6	6
6	32	12	9	9	9	9
32	12	9	12	12	12	12
12	9	24	24	24	24	24
9	24	28	28	28	28	28
24	28	32	32	32	32	32
28	40	40	40	40	40	40

图 4－2－11　冒泡过程

针对上述的排序过程,有两个问题需要说明：

① 由于每次冒泡排序都从上向下排定了一个大数(升序),因此每次冒泡所需进行的比较次数都递减 1。例如,有 n 个数排序,则第一次冒泡需比较 $(n-1)$ 次,第二次比较则需 $(n-2)$ 次,依此类推。但实际编程时,有时为了简化程序,往往把各次的比较次数都固定为 $(n-1)$ 次。

② 对于 n 个数,理论上应该进行 $(n-1)$ 次冒泡才能完成排序,但实际上有时不到 $(n-1)$ 次就已经排完。在上述排序过程中,共进行 3 次冒泡就已经完成排序。因此我们需要设置一个标志变量,来判断排序是否完成。如果完成,则不进行下一轮的冒泡,退出循环,冒泡结束。冒泡排序的程序流程图如图 4－2－12 所示。

源代码如下：

```
.IRAM
Array：.DW 40,6,32,12 ,9,24,28;
.VAR C_Flag;        //定义数据交换标志
.CODE
.PUBLIC _main;
_main：
  L_Sort：
  BP = Array;       //数据的首地址送 bp
  R1 = 0x0006;      //数据的个数送 r1
R4 = 0x0000;
[C_Flag] = R4;      //清交换标志
L_Loop：
  R3 = [BP];
  CMP R3,[BP + 1]；  //两数比较
  JB L_Next;        //如果第一个小于第二个数,则跳转
  R2 = [BP + 1];
  [BP] = R2;        //第二个数移到存第一数的单元中
  [BP + 1] = R3;    //第一个数移到存第二数的单元中
  R3 = 0x0001;
  [C_Flag] = R3;    //交换标志置1
L_Next：
  BP = BP + 1;      //地址增1
  R1 - = 1;         //计数为 0 吗? 否则跳转
  JNZ L_Loop;
  R4 = [C_Flag]
  JNZ L_Sort;       //交换标志为 0 吗? 否则跳到 SORT
L_MainLoop：
JMP L_MainLoop;
```

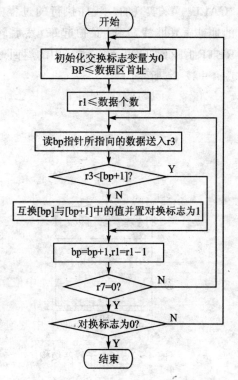

图 4 - 2 - 12　冒泡排序的程序流程图

3. 子程序

在实际应用中,经常会遇到在同一程序中,需要多次进行一些相同的计算和操作,例如：延时,算术运算等。如果每次使用时都再从头开始编写这些程序,则程序不仅繁琐,而且浪费内存空间,也给程序的调试增加难度。因此,可以采用子程序的概念,将一些重复使用的程序标准化,使之成为一个独立的程序段,需要时调用即可。我们就把这些程序段称为子程序。一般来说,子程序的结构包括 3 个部分：

➤ 子程序的定义声明和开始标号部分；

➤ 子程序的实体内容部分,表明程序将进行怎样的操作；

➤ 子程序的结束标号部分。子程序的结构如图 4 - 2 - 13 所示。

程序的调用包括主程序调用子程序,子程序调用子程序等。程序调用是通过调用指令

"CALL…"来实现的。程序执行的过程中,当遇到调用子程序指令,CPU 便会将下一条指令的地址压入堆栈,暂时保护起来,然后转到被调用的子程序入口去执行子程序,当执行到 RETF 时返回,CPU 又将堆栈中的返回地址弹出,送到 PC,继续执行原来的程序。其过程如图 4 - 2 - 14 所示。

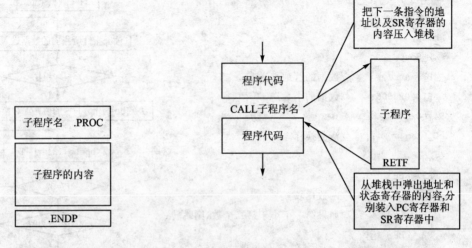

图 4 - 2 - 13　子程序结构　　　　　图 4 - 2 - 14　子程序调用过程

在程序调用的过程中,需要注意到的问题是断点的现场保护。就是说,子程序将占用的资源是否与主程序冲突,子程序将会破坏什么寄存器的内容,而这些寄存器是否是主程序持续使用的等。通常的做法是用堆栈对现场进行保护,在子程序开始就把子程序要破坏掉的寄存器的内容压栈保护,当子程序结束的时候,再弹栈恢复现场。

程序调用的过程都伴随着参数的传递,正确的参数传递要满足入口和出口条件。入口条件指执行子程序时所必需的有关寄存器内容或源程序存储器的存储地址等。主程序调用子程序时必须先满足入口条件,换句话说,就是满足子程序对输入参数的约定。出口参数就是指子程序执行完了之后运算结果所存放的寄存器或存储器地址等,也就是说,必须确定主程序对输出参数的约定。

通常,参数的传递有以下几种情况:

➢ 通过寄存器传递;

➢ 通过变量传递;

➢ 通过堆栈传递;

下面我们针对每一种情况进行具体讲解,分析。

(1) 通过寄存器传递参数

通过寄存器传递参数,是最常用的一种参数传递的方式。我们常用到的传递参数的寄存器有 4 个,分别为 R1～R4;在程序调用的过程中,寄存器中的值也会被带到被调用的子程序中,供子程序使用。以主程序调用子程序为例:在调用子程序前,R1～R4 这 4 个寄存器中可能暂存一些值;发生调用子程序以后,这些值仍被带到相应的子程序中,继续参加子程序的运算,子程序运算结束后返回主程序,这些寄存器的新值也会被带到主程序中,继续参加主程序

的运算。这个过程也可以用图4-2-15来表示。实线表
示参数的传递方向是由主程序到子程序,虚线表示参数的
传递方向是由子程序到主程序。

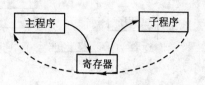

下面的范例程序,就是利用寄存器传递变量。

【例4-2-7】 求32位有符号数的绝对值

图4-2-15 通过寄存器传递参数

```
.CODE
.PUBLIC F_Abs_32
F_Abs_32:
  R1 = R3;                  //传送低16位
  R2 = R4;                  //传送高16位
  JMI ? neg;                //如果为负,则跳转到负数处理
  RETF;                     //为正数,则无需任何处理,返回
? neg:                      //负数处理
  R1 ^= 0xFFFF;             //低16位取反
  R2 ^= 0xFFFF;             //高16位取反
  R1 += 1;                  //低16位加1
  R2 += 0,Carry;            //高16位加进位
  RETF;
```

(2) 通过变量传递参数

通过变量进行的参数传递,主要是通过全局型变量实现的。在汇编中,一个变量名,就代
表了一个实际的寄存器的物理地址。可以直接对物理地址进行赋值和读取,但这种方法会带
来很多麻烦。用变量名去代表一个实际的物理地址,就涉及到某部分汇编代码是否认识该变
量名的问题。

如果在某个汇编文件中定义了一个全局变量(.PUBLIC),那么此汇编文件中的所有汇编
代码都能够使用这个变量。但是在其他的汇编文件中,仍不能直接使用这个变量。在这种情
况下,需要在使用这个变量的汇编文件中将该变量声明成外部变量(.external),既可使用这个
变量,同时该变量也起到了参数传递的作用。

如图4-2-16所示。实线表示参数的传递方向是由主程序到子程序,虚线表示参数的传
递方向是由子程序到主程序。

(3) 通过堆栈传递参数

在C函数与汇编函数的相互调用过程中,主要通过堆栈来传递参数,而在函数返回时,则
采用寄存器来传递返回值。主程序把要传递的参数压入堆栈,然后调用子程序。子程序从堆
栈中寻找需要的参数,进行处理。当子程序返回后,主程序需要进行弹栈处理,以恢复参数压
入堆栈前的堆栈状态,如图4-2-17所示。事实上,IDE开发环境中的C语言与汇编语言的
相互调用,就是采用堆栈传递参数,寄存器返回参数的方式。SPCE061A使用BP寄存器,可
以实现变址寻址方式,可以简洁地实现堆栈传递参数的过程。

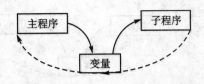

图 4-2-16　利用变量传递参数

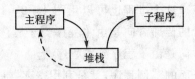

图 4-2-17　堆栈传递参数

4.2.5　嵌套与递归

1. 子程序的嵌套

子程序嵌套就是指子程序调用子程序。其中嵌套的层数称为嵌套深度。图 4-2-18 表示了三重嵌套的过程。

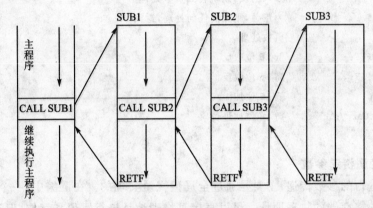

图 4-2-18　三重程序嵌套过程

子程序嵌套要注意以下几个方面：

➤ 寄存器的保护和恢复，以避免各层子程序之间发生因寄存器冲突而出错的情况。

➤ 程序中如果使用了堆栈来传递参数，应对堆栈小心操作，避免堆栈使用不当而造成子程序不能正确返回的出错情况。

➤ 子程序的嵌套层数不是无限的。堆栈是在数据存储区内开辟的空间，而 SPCE061A 单片机的数据存储空间为 2 K 字。

2. 递归子程序

递归调用是指子程序调用自身子程序。

进行递归调用时需注意的是，一个递归程序必须有一个能够退出递归调用的测试语句。也就是说，递归调用是有条件的，满足了条件后，才可以进行递归调用。如果无条件地进行递归调用，那么会使堆栈空间溢出，导致严重的错误。下面的一段代码没有退出条件，运行的结果必然是错误的。

【例 4-2-8】　一个错误的递归代码

```
.PUBLIC _Recursion;              //无结束递归条件的代码
_Recursion: .PROC
  R2 = R2 - 1;
```

```
    CALL _Recursion;              //无条件调用递归程序,会产生堆栈溢出
Loop:                            //下面的程序永远不会被执行
    R1 = R1 + 1;
CMP R2,0;                        //r2 如果等于零,则 N 阶计算结束
    JNZ Loop;
    [Sum] = R1;                  //将计算结果存入变量 Sum
    RETF
```

下面的例子是计算 N 的阶乘,从中可以看到使用递归结构,会使程序变得非常简洁。

【例 4 - 2 - 9】 N!(N>=0)的程序

N! ＝N * (N−1) * (N−2) * ···1   N 的阶乘递推公式

① 编程分析:求 N!本身是一个子程序,由于 N!是 N 和(N−1)!的乘积,所以求(N−1)!必须递归调用求 N!的子程序。N 的阶乘可以用一个递推公式表示,其过程如图 4 - 2 - 19 所示。

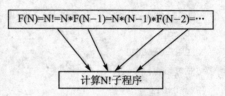

② 程序说明:r1 存的是阶乘数 N,r2 存的是 N!的值。该程序可以计算的最大阶乘数 N 等于 8,当 N 大于 8 的时候,会溢出,这时 R2 被赋值为 0xffff。

图 4 - 2 - 19　用递推公式表示 N 的阶乘

N 阶乘程序流程图如图 4 - 2 - 20 所示。

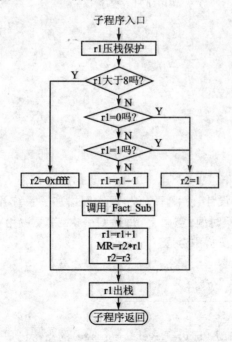

图 4 - 2 - 20　N 阶乘程序流程图

程序代码如下:

```
.CODE

.PUBLIC _main;

_main:
```

```
R1 = 0x005;
CALL L_Fact_Sub;
    MainLoop:
    JMP MainLoop;
L_Fact_Sub:
    PUSH R1 ,R1 TO [SP];
CMP R1,0x0008;                      //判断阶乘数是否大于 8
JA L_Overflow;                      //如果大于 8,则溢出,R2<- 0xffff;
CMP R1 ,0x0000;
JNE L_eq1;
R2 = 0x01;
JMP L_Fend                          //退出
    L_eq1:
CMP R1,0x0001;
JNE L_eq2;
R2 = 0x01;
JMP L_Fend;                         //退出
    L_eq2:
    R1 - = 0x01;
    CALL L_Fact_Sub;                //调用递归子程序
    R1 +  = 0x01;
    MR = R2 * R1;
    R2 = R3;
    JMP L_Fend;
L_Overflow:
    R2 = 0xFFFF
L_Fend:
POP R1,R1 FROM [SP];
RETF
```

递归的目的是简化程序设计,使程序易读,但递归增加了系统开销。时间上,执行调用与返回的额外工作要占用 CPU 时间;空间上,每递归一次,就要占用一定的栈空间。在实际应用的开发中应该根据实际情况折中考虑。

4.3　　C 语言程序设计

是否具有对高级语言 HLL(High Level Language)的支持已成为衡量微控制器性能的标准之一。显然,在 HLL 平台上要比在汇编级上编程具有诸多优势:代码清晰易读、易维护、易形成模块化、便于重复使用,从而增加代码的开发效率。

HLL 中又因 C 语言的可移植性最佳而成为首选。因此,支持 C 语言几乎是所有微控制器设计的一项基本要求。μ'nSP^{TM}指令结构的设计就着重考虑了对 C 语言的支持。

GCC 是一种针对 μ'nSP^{TM} 操作平台的 ANSI-C 编译器。

4.3.1 μ'nSP™支持的 C 语言算术逻辑操作符

μ'nSP™的指令系统算术逻辑操作符与 ANSI-C 算符大同小异,如表 4-3-1 所列。

表 4-3-1 μ'nSP™指令的算术逻辑操作符

算术逻辑操作符	作 用
+、-、*、/、%	加、减、乘、除、求余运算
&&、||	逻辑"与"、"或"
&、|、^、<<、>>	按位"与"、"或"、"异或"、"左移"、"右移"
>、>=、<、<=、==、!=	大于、大于或等于、小于、小于或等于、等于、不等于
=	赋值运算符
? :	条件运算符
,	逗号运算符
*、&	指针运算符
.	分量运算符
sizeof	求字节数运算符
[ ]	下标运算符

4.3.2 C 语言支持的数据类型

μ'nSP™支持 ANSI-C 中使用的基本数据类型如表 4-3-2 所列。

表 4-3-2 μ'nSP™对 ANSI-C 中基本数据类型的支持

数据类型	数据长度(位数)	值 域
char	16	-32768~32767
short	16	-32768~32767
int	16	-32768~32767
long int	32	2147483648~2147483647
unsigned char	32	0~65535
unsigned short	16	0~65535
unsigned int	16	0~65535
unsigned long int	32	0~4294967295
float	32	以 IEEE 格式表示的 32 位浮点数
double	64	以 IEEE 格式表示的 64 位浮点数

4.3.3 程序调用协议

1. 调用协议

由于 C 编译器产生的所有标号都以下划线(_)为前缀,而 C 程序在调用汇编程序时要求汇编程序名也以下划线(_)为前缀。

模块代码间的调用,是遵循 $\mu'nSP^{TM}$ 体系的调用协议(Calling Convention)。所谓调用协议,是指用于标准子程序之间一个模块与另一模块的通信约定;即使两个模块是以不同的语言编写而成,亦是如此。

调用协议是指这样一套法则:它使不同的子程序代码之间形成一种握手通信接口,并完成由一个子程序到另一个子程序的参数传递与控制,以及定义出子程序调用与子程序返回值的常规规则。

调用协议包括以下一些相关要素:

➢ 调用子程序间的参数传递;
➢ 子程序返回值;
➢ 调用子程序过程中所用堆栈;
➢ 用于暂存数据的中间寄存器。

$\mu'nSP^{TM}$ 体系的调用协议内容如下:

(1) 参数传递

参数以相反的顺序(从右到左)被压入栈中。必要时所有的参数都被转换成其在函数原型中被声明过的数据类型,但如果函数的调用发生在其声明之前,则传递在调用函数里的参数是不会被进行任何数据类型转换的。

(2) 堆栈维护及排列

函数调用者应切记在程序返回时将调用程序压入栈中的参数弹出。

各参数和局部变量在堆栈中的排列如图 4-3-1 所示。

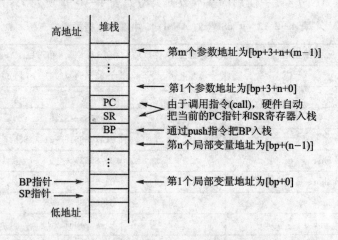

图 4-3-1　程序调用参数传递的堆栈调用

(3) 返回值

16 位的返回值存放在寄存器 R1 中。32 位的返回值存入寄存器对 R1、R2 中;其中低字在 R1 中,高字在 R2 中。若要返回结构,则需在 R1 中存放一个指向结构的指针。

(4) 寄存器数据暂存方式

编译器会产生 prolog/epilog 过程动作来暂存或恢复 PC、SR 及 BP 寄存器。汇编器则通过 CALL 指令可将 PC 和 SR 自动压入栈中,而通过 RETF 或 RETI 指令将其自动弹出栈来。

（5）指针

编译器所认可的指针是 16 位的。函数的指针实际上并非指向函数的入口地址,而是一个段地址向量_function_entry,在该向量里由 2 个连续的字数据单元存放的值才是函数的入口地址。下面以具体实例来说明 μ'nSP™ 体系的调用协议。

2. 在 C 程序中调用汇编函数

在 C 程序中要调用一个汇编编写的函数,需要首先在 C 语言中声明此函数的函数原型。虽然不作声明,也能通过编译并能执行代码,但是会带来很多潜在的 bug。

下面首先观察最简单的 C 语言调用汇编的堆栈过程:

【例 4 - 3 - 1】 无参数传递的 C 语言调用汇编函数

```
int main(void){
  while(1)
  F_Sub_Asm();
  return 0;
}
```

汇编函数如下:

```
.CODE
.PUBLIC _F_Sub_Asm
_F_Sub_Asm:
  NOP;
  RETF;
```

在 IDE 开发环境下运行,可以看到调用过程堆栈变化十分简单,如图 4 - 3 - 2 所示。

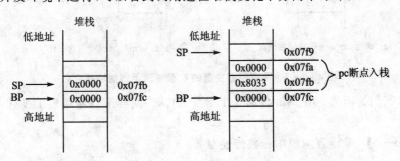

(a) 调用sub-asm前的堆栈情况   (b) 调用sub-asm时堆栈发生的变化

图 4 - 3 - 2　最简单的程序调用的堆栈变化

现在在 C 语言中加入局部变量来观察调用过程:

【例 4 - 3 - 2】 C 语言中具有局部变量

```
int main(){
  int i = 1,j = 2,k = 3;
  while(1){
  F_F_Sub_Asm();
  i = 0;
```

```
i++;
j = 0;
j++;
k = 0;
k++;
}
return 0;
}
```

汇编函数如下:

```
.CODE
.PUBLIC _F_F_Sub_Asm
_F_F_Sub_Asm:
    NOP;
    RETF;
```

图 4-3-3 表示了 C 语言中的局部变量(i,j,k)在堆栈中存放的位置。

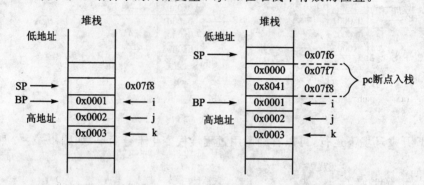

(a) 调用 sub_asm 前的堆栈情况   (b) 调用 sub_asm 时堆栈发生的变化

图 4-3-3   具有局部变量的 C 程序调用时的堆栈变化

进一步,我们为函数 sub_asm 传递 3 个参数 i、j、k。同样来观察堆栈的变化,来理解调用协议。

【例 4-3-3】 C 语言向汇编函数传递参数

```
int main(){
int i = 1,j = 2,k = 3;
while(1){
F_Sub_Asm(i,j,k);
i = 0;
i++;
j = 0;
j++;
k = 0;
k++;
}
```

```
    return 0;
}
```

汇编函数如下：

```
CODE
.PUBLIC _F_Sub_Asm
_F_Sub_Asm:
  NOP;
  RETF;;
```

C 程序调用时利用堆栈的参数传递如图 4-3-4 所示。

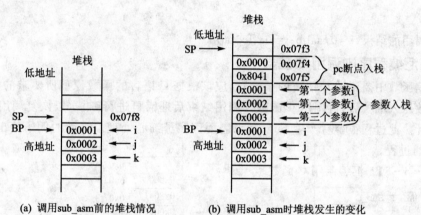

(a) 调用 sub_asm 前的堆栈情况   (b) 调用 sub_asm 时堆栈发生的变化

图 4-3-4 C 程序调用时利用堆栈的参数传递

通过以上 3 个例子，我们了解到 C 语言调用函数时是如何进行参数传递的。另外的一个问题是函数的返回值是怎样实现的。

函数的返回相对简单，在汇编子函数中，返回时寄存器 R1 里的内容，就是此函数 16 位数据宽度的返回值。当要返回一个 32 位数据宽度的返回值时，则利用的是 R1 和 R2 里的内容：R1 为低 16 位内容，R2 为高 16 位的内容。下面的代码说明了这一过程。

【例 4-3-4】 函数的返回值

```
int F_Sub_Asm1(void);        //声明要调用函数的函数原型
long int F_Sub_Asm2(void);   //声明要调用函数的函数原型
int main(){
  int i;
  long int j;
  while(1){
  i = F_Sub_Asm1();
  j = F_Sub_Asm2();
  }
  return 0;
}
```

被调用的汇编代码如下：

```
.code
.PUBLIC _F_Sub_Asm1
_F_Sub_Asm1:
  R1 = 0xaabb;
  R2 = 0x5555;
  RETF;
.PUBLIC _F_Sub_Asm2
_F_Sub_Asm2:
  R1 = 0xaabb;
  R2 = 0xffcc;
  RETF;
```

程序调用的结果,i=0xaabb;j=0xffccaabb。

3. 在汇编程序中调用 C 函数

在汇编函数中要调用 C 语言的子函数,应该根据 C 语言的函数原型所要求的参数类型,分别把参数压入堆栈后,再调用 C 函数。调用结束后还需再进行弹栈,以恢复调用 C 函数前的堆栈指针。此过程很容易产生 bug,所以需要程序员细心处理。下面的例子给出了汇编调用 C 函数的过程。

【例 4 - 3 - 5】 汇编调用 C 函数

```
.EXTERNAL _F_Sub_C
.CODE
.PUBLIC _main;
_main:
  R1 = 1;
  PUSH R1 TO [SP];        //第 3 个参数入栈
  R1 = 2;
  PUSH R1 TO [SP];        //第 2 个参数入栈
  R1 = 3;
  PUSH R1 TO [SP];        //第 1 个参数入栈
  CALL _F_Sub_C;
  POP R1,R3 FROM [SP];    //弹出参数,回复 SP 指针
  GOTO _main;
  RETF;
```

C 语言子函数如下:

```
int F_Sub_C(int i,int j,int k)
{
  i++;
  j++;
  k++;
  return i;
}
```

4. 编程举例

下面举一个 C 语言和汇编混合编程的例子。汇编中利用 2 Hz 中断进行计数,C 程序判断时间,在 IOA 口上以 2 s 的速率闪烁。

【例 4-3-6】 C 语言与汇编混合编程举例

```c
unsigned int TimeCount = 0;
int main()
{
  TimeCount = 0;
  F_InitIOA(0xFFFF,0xFFFF,0x0000);   //初始化 IOA 口
  SystemInit();                       //系统初始化
  while(1)
  {
  if(TimeCount< = 4)
  LightOff();                         //IOA 口 LED 熄灭
  else if(TimeCount< = 7)
  LightOn();                          //IOA 口 LED 亮
  else
  TimeCount = 0;
  }
}
```

```asm
//System.asm   汇编程序
.INCLUDE hardware.inc
.CODE
.PUBLIC _SystemInit;               //系统初始化
_SystemInit: .PROC
  R1 = 0x0004                      //开 2 Hz 中断
  [P_INT_Ctrl] = R1
  IRQ ON
  RETF;
  .ENDP;
.PUBLIC _F_InitIOA;               //初始化 IOA 口
_F_InitIOA: .PROC
  PUSH BP TO [SP];
  BP = SP + 1;
  R1 = [BP + 3];
  [P_IOA_Dir] = R1;
  R1 = [BP + 4];
  [P_IOA_Attrib] = R1;
  R1 = [BP + 5];
  [P_IOA_Data] = R1;
  POP BP FROM [SP];
  RETF;
```

```
    . ENDP;
. PUBLIC _LightOn;                      //IOA 口 LED 点亮
_LightOn: . PROC
  R1 = 0xFFFF;
  [P_IOA_Data] = R1;
  RETF;
  . ENDP
. PUBLIC _LightOff;                     //IOA 口 LED 熄灭
_LightOff: . PROC
  R1 = 0x0000;
  [P_IOA_Data] = R1;
  RETF;
  . ENDP ;
//中断程序   ISR.ASM
. PUBLIC _IRQ5
. INCLUDE hardware.inc
. EXTERNAL _TimeCount;                  //计时
. TEXT
_IRQ5:
  PUSH R1,R5 TO [SP]
  R1 = 0x0008;
  TEST R1,[P_INT_Ctrl];
  JNZ L_IRQ5_4 Hz;
L_IRQ5_2 Hz:                            //2 Hz 中断
  R1 = 0x0004
  [P_INT_Clear] = R1;                   //清中断
  R1 = [_TimeCount]                     //计数器 + 1
  R1 += 1
  [_TimeCount] = R1
  POP R1,R5 FROM [SP];
  RETI;
L_IRQ5_4 Hz:                            //4 Hz 中断
  [P_INT_Clear] = R1;
  POP R1,R5 FROM [SP];
  RETI;
```

源程序包含 C 主程序 main. c、汇编程序 System. asm、中断程序 ISR. ASM 这 3 个程序文件。完成硬件接口的子程序：系统初始化_SystemInit、初始化 IOA 口_F_InitIOA、IOA 口 LED 点亮_LightOn、IOA 口 LED 熄灭_LightOff、清看门狗_Clear_WatchDog 都定义为过程，写在 CODE 段，由 C 主程序调用；中断服务程序写在 TEXT 段。

4.3.4　C 语言的嵌入式汇编

为了使 C 语言程序具有更高的效率和更多的功能,需在 C 语言程序里嵌入用汇编语言编写的子程序。一方面是为提高子程序的执行速度和效率;另一方面,可解决某些用 C 语言程序无法实现的机器语言操作。然而,C 语言代码与汇编语言代码的接口是任何 C 编译器必须要解决的问题。

通常,有两种方法可将汇编语言代码与 C 语言代码联合在一起。一种是把独立的汇编语言程序用 C 函数连接起来,通过 API(Application Program Interface)的方式调用;另一种就是下面要讲的在线汇编方法,即将直接插入式汇编指令嵌入到 C 函数中。

编译器 GCC 认可的基本数据类型及其值域如表 4 - 3 - 3 所列。

表 4 - 3 - 3   GCC 的基本数据类型和值域

数据类型	数据长度(位数)	值　域
int	16	−32768~32767
long int	32	−2147483648~2147483647
unsigned int	16	0~65535
unsigned long	32	0~4294967295
float	32	以 IEEE 格式表示的 32 位浮点数
double	64	以 IEEE 格式表示的 64 位浮点数

采用 GCC 规定的在线汇编指令格式进行指令的输入,是 GCC 实现将 μ'nSP™ 汇编指令嵌入 C 函数中的方法。GCC 在线汇编指令格式规定如下:

asm　("汇编指令模板":输出参数:输入参数:clobbers 参数);

若无 clobber 参数,则在线汇编指令格式可简化为:

asm　("汇编指令模板":输出参数:输入参数);

下面,将对在线汇编指令格式中的各种成分之内容进行介绍。

(1) 汇编指令模板

模板是在线汇编指令中的主要成分,GCC 据此可在当前位置产生汇编指令输出。

例如,下面一条在线汇编指令:

asm ("%0 += %1" : "+r" (foo)　: "r" (bar));

此处,"%0 += %1"就是模板。其中,操作数%0、%1 作为一种形式参数,分别会由第一个冒号后面实际的输出、输入参数取代。带百分号的数字表示的是第一个冒号后参数的序号。如下例:

asm　("%0=%1 + %2" : "=r"　(foo): "r"　(bar),"i"　(10));

%0 会由参数 foo 取代,%1 会由参数 bar 取代,而%2 则会由数值 10 取代。在汇编输出中,一个汇编指令模板里可以挂接多条汇编指令。其方法是用换行符\n 来结束每一条指令,并用 Tab 键符\t 将同一模板产生在汇编输出中的各条指令在换行显示时缩进到同一列,以使汇编指令显示清晰。如下例:

asm　("%0 += %1\n\t%0 += %1" : "+r"　(foo): "r"　(bar));

(2) 操作数

在线汇编指令格式中,第一冒号后的参数为输出操作数,第二冒号后的参数为输入操作数,第三冒号后跟着的则是 clobber 操作数。在各类操作数中,引号里的字符代表的是其存储类型约束符;括弧里面的字符串表示的是实际操作数。

如果输出参数有若干个,可用逗号(,)将每个参数隔开。同样,该法则适用于输入参数或 clobber 参数。

(3) 操作数约束符

约束符的作用在于指示 GCC,使用在汇编指令模板中的操作数的存储类型。表 4 - 3 - 4 列出了一些约束符和它们分别代表的操作数不同的存储类型,也列出了用在操作数约束符之前的两个约束符前缀。

表 4 - 3 - 4　操作数存储类型约束符及约束符前缀

约束符	操作数存储类型	约束符前缀及含义解释	
r	寄存器中的数值	=	+
m	存储器内的数值	为操作数赋值	操作数在被赋值前先要参加运算
i	立即数		
p	全局变量操作数		

(4) GCC 在线汇编指令举例

【例 4 - 3 - 7】　asm　("%0 = %1 + %2" : "= m"　(foo) : "r"　(bar),"i"　(10));

操作数 foo 和 bar 都是局部变量。bar 的值会分配给寄存器(此例中寄存器为 R1),而 foo 的值会置入存储器中,其地址在此由 BP 寄存器指出。GCC 对此会产生如下代码:

```
//GCC 在线汇编起始
[BP] = R1 + 10
//GCC 在线汇编结束
```

注意:在线汇编指令产生的汇编代码不能被正确汇编。正确的在线汇编指令应当是:

asm ("%0 = %1 + %2" : "= r" (foo)　: "r" (bar),"i" (10));

它产生如下的汇编代码:

```
//GCC 在线汇编起始
R1 = R4 + 10
//GCC 在线汇编结束
```

【例 4 - 3 - 8】

```
int a;
int b;
#define SEG(A,B) asm("%0 = seg %1" : "= r"　(A) : "p"　(&B));
int main(void)
{
    int foo;
    int bar;
    SEG(foo,a);
    SEG(bar,b);
return foo;
}
```

【例 4 - 3 - 9】

asm　("%0 += %1"："+r"　(foo)："r"　(bar))；

操作数 foo 在被赋值前先要参加运算,故其约束符为"+r",而非"＝r"。

4.3.5　利用嵌入式汇编实现对端口寄存器的操作

在 C 语言的嵌入式汇编中,当使用端口寄存器名称时,需要在 C 文件中加入汇编的包含文件,如下所示:

```
asm(".include hardware.inc");
```

那么,我们就可以使用端口寄存器的名称,而不必使用端口的实际地址。

1. 写端口寄存器

现举例说明:要设定 PortA 端口为输出端口,需要对 P_IOA_Dir 赋值 0xffff。

在 C 语言中有一个 int 型的变量 i,传送到 P_IOA_Dir 中,则嵌入式汇编的实现方式如下:

```
…
asm(".include hareware.inc");
…
int main(void){
  int i;
  …
  asm("[P_IOA_Dir]= %0"
  :
//没有输出参数
  :"r"(i)
//只有输入参数,通过寄存器传递变量 i 的内容
);
  …
}
```

如果需要对端口寄存器直接赋值一个立即数(比如对 P_IOA_Dir 赋值 0x1234),那么嵌入式汇编为:

```
…
asm(".include hareware.inc");
…
int main(void){
  …
  asm("[P_IOA_Dir]= %0"
  :
//没有输出参数
  :"r"(0x1234)
//只有输入参数,通过寄存器传递立即数 0x1234
);
```

```
  ...
}
```

2. 读端口寄存器

对端口寄存器进行读操作的方法,与写类似,下面仍然以 P_IOA_Dir 为例,进行说明。如果要实现把端口的寄存器 P_IOA_Dir 的值读出并保存在 C 语言中的一个 int 变量 j 里,那么可以通过下面的方法来实现。

```
...
asm(".include hareware.inc");
...
int main(void){
  int j;
  ...
  asm("%0=[P_IOA_Dir]"
  :"=r"(j)
//只有输出参数,而无输入参数
);
  ...
}
```

3. 利用 GCC 编程举例

下面是一段 GCC 的代码,实现对 A 口的初始化:设定 A 口为同向输出高电平。

```
asm("[P_IOA_Attrib]=%0\n\t"
"[P_IOA_Data]=%0\n\t"
"[P_IOA_Dir]=%0\n\t"
:
:
  "r"(0xffff)
);
```

通过 GCC 编译后的代码如下:

```
  R1=(-1) //QImode move
//GCC inline ASM start
  [P_IOA_Attrib]=R1
  [P_IOA_Data]=R1
  [P_IOA_Dir]=R1
//GCC inline ASM end
```

下面是一段 GCC 的代码,实现对 B 口的初始化:设定 B 口为具有上拉电阻的输入。

```
  asm("[P_IOB_Attrib]=%0\n\t"
  "[P_IOB_Data]=%1\n\t"
  "[P_IOB_Dir]=%0\n\t"
  :
```

```
    :
    "r"(0),
    "r"(0xffff)
    );
```

通过 GCC 编译后的汇编代码如下：

```
R2 = (-1)
//QImode move
    R1 = 0
//QImode move
//GCC inline ASM start
    [P_IOB_Attrib] = R2
    [P_IOB_Data] = R1
    [P_IOB_Dir] = R2
//GCC inline ASM end
```

上述两段代码，使 SPCE061A 的 B 口为输入，A 口为输出。如果要实现把 B 口得到的数据从 A 口输出，这样的 GCC 编程需要在 C 语言中先建立一个 int 型的中间变量。通过这个中间变量，写出两个 GCC 的代码来实现。

```
    ⋮
int temp;
    ⋮
    asm("%0 = [P_IOB_Data]"
    :"=r"(temp)
    );
    asm("[P_IOA_Buffer] = %0"
    :
    :"r"(temp)
    );
```

通过 GCC 后的代码如下所示（这里将看不到 temp 的影子，GCC 会进行优化处理）：

```
R1 = [P_IOB_Data]
[P_IOA_Buffer] = R1
```

通过上述方法的介绍，就可以在 C 语言中直接对 SPCE061A 的硬件进行操作。在硬件读/写语句较少的情况下，采用 C 语言调用汇编函数的方法显得有些臃肿，而使用嵌入式汇编会使代码高效、简洁！

4.4 应用程序设计

4.4.1 查表程序

查表，就是在以 $y = f(x_1, x_2, \cdots, x_n)$ 为关系建立的表格中，根据变量 $x_1, x_2, \cdots, x_n$，查找

值。由于 SPCE061A 具有寄存器间接寻址和变址寻址方式,所以查表的基本方法有如下两种:

方法一:寄存器间接寻址方式

Rn=表首地址

Rn+=偏移地址

Rd=[Rn] //取得表中的数据

方法二:变址寻址方式

BP=表首地址

Rn=[BP+偏移地址] //取得表中的数据

方法二要比前一种方法来得更简洁些,但是方法二中的偏移地址只能是 6 位的立即数。就是说,方法二查表范围限制在 64 字以内。这一点在使用时,需要提醒读者注意。

由于 SPCE061A 有 32 K 字 Flash 的程序存储区,所以仅有零页的程序存储区(每页的存储区为 64 K 字),不涉及到程序区寻址的段选的内容。方法一和方法二仅仅适用于表放在零页的程序存储区的情形。

1. 一维数组查表程序

【例 4 - 4 - 1】 查 8 位十六进制数平方表

```
F_Square: .PROC
  R1 & = 0x00FF;          //屏蔽高 8 位,仅使低 8 位有效
  R1 + = Square_Table;    //计算元素地址
  R1 = [R1];              //取得数据
  RETF;
  .ENDP
.CODE
Square_Table:
//0~255 平方表
  .DW 0,1,4,9,16
//0~4 平方表
  .DW 25,36,49,64,81
//5~10 平方表  …
  .DW 62500,63001,63504,64009,64516 //250~255 平方表
```

2. 二维数组查表程序

设二维单字矩阵如下:

$$
\begin{matrix}
x_{0,0} & x_{0,1} & \cdots & x_{0,j} & \cdots & x_{0,n-1} \\
x_{1,0} & x_{1,1} & \cdots & x_{1,j} & \cdots & x_{1,n-1} \\
\vdots & & \vdots & & \vdots & \\
x_{i,0} & x_{i,1} & \cdots & x_{i,j} & \cdots & x_{i,n-1} \\
\vdots & & \vdots & & \vdots & \\
x_{m-1,0} & x_{m-1,1} & \cdots & x_{m-1,j} & \cdots & x_{m-1,n-1}
\end{matrix}
$$

每个元素为单字,矩阵在存储器中存放,从低地址到高地址为 $x_{0,0}, x_{0,1}, \cdots, x_{0,n-1}; \cdots\cdots;$

$x_{m-1,0}, x_{m-1,1}, \cdots, x_{m-1,n-1}$。共计占用 $m \times n$ 个字。对于其中某个元素 j 的地址用如下算法：

$$元素的地址 = 矩阵首址 + (i \times n + j)$$

矩阵表元素读取流程图如图 4-4-1 所示。

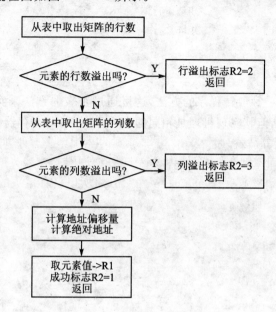

图 4-4-1　矩阵表元素读取流程图

【例 4-4-2】　二维数组查表

```
F_Get_Array：.proc
    R3 = [Array_Table]；              //取矩阵行数
    CMP R3,R1；                       //比较行是否出界
    JBE ? row；                       //如果出界,则跳到行溢出处理
    R4 = [Array_Table + 1]；          //取矩阵列数
    CMP R4,R2                         //比较列是否出界
    JBE ? colum；                     //如果出界,则跳到列溢出处理
    MR = R1 * R4；
    R2 = R2 + R3；                    //计算元素地址的偏移量
    R2 += Array_Table + 2；           //计算元素地址的绝对地址
    R1 = [R2]；                       //取元素值
    R2 = 1；                          //成功标志
    RETF；
? row：
    R2 = 2；                          //行溢出标志
    RETF；
? colum：
    R2 = 3；                          //列溢出标志
    RETF；
    .ENDP
    .CODE
```

```
Array_Table:
  .DW 3,5                        //定义矩阵行数为3,列数为5
  .DW 1,2,3,4,5                  //矩阵 0 行
  .DW 6,7,8,9,10                 //矩阵 1 行
  .DW 11,12,13,14,15             //矩阵 2 行
  .ENDP
```

3. 查表散转程序

程序 4 - 18 介绍了一种散转程序的方法,这里通过查表的方法来实现散转。这两种方法尽管从形式上是不同的,但其实现机理是相同的:通过改变 PC 寄存器的值来实现。

【例 4 - 4 - 3】 查表散转程序

```
F_Swich: .PROC
  R1 + = Switch_Table;
  PC = [R1];
L_SubA:
  NOP;
  RETF;
L_SubB:
  NOP;
  RETF;
  .ENDP
Switch_Table:
  .DW L_SubA
  .DW L_SubB
```

这里,根据某个寄存器的内容 0,1,2,…,分别转向处理程序 0,1,2,…。把转向的地址组成一个表,通过查表的方式决定程序的跳转。其流程图如图 4 - 4 - 2 所示。

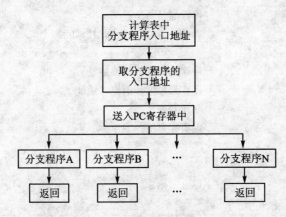

图 4 - 4 - 2　查表散转程序结构

4.4.2 数制转换程序

1. 二进制码到 BCD 码的转换

二进制码到 BCD 码的转换流程如图 4-4-3 所示。

【例 4-4-4】 二进制码到 BCD 码的转换子程序

```
_F_Binary_BCD：.proc
  PUSH R2,R4 TO [SP];
  R2 = 0;                    //清零,准备存百位数
  R3 = 0;                    //清零,准备存十位数
  R4 = 0;                    //清零,准备存个位数
  R1& = 0x00ff;              //屏蔽高字节
  CMP R1,100;                //与 100 比较
  JB L_ShiWei                //小于 100,则跳转
L_BaiWei：
  R1 - = 100;
  R2 + = 1;                  //百位数加 1
  CMP R1,100;
  JAE L_BaiWei;              //大于等于 100,继续求百位数
L_ShiWei：
  CMP R1,10;                 //与 10 比较
  JB L_GeWei;                //小于 10,则跳
  R1 - = 10;
  R3 + = 1;                  //十位数加 1
  CMP R1,10;
  JAE L_ShiWei;              //大于 10,则跳
L_GeWei：
  R4 = R1;
  R1 = 0x0000;
  R1 = R1 ROL 4;             //移位寄存器清零
  R3 = R3 ROL 4;             //将十位数移出
  R2 = R2 ROL 4;             //将十位数移入 R2 寄存器(b4~b7)
  R4 = R4 ROL 4;             //将个位数移出
  R2 = R2 ROL 4;             //将个位数移入 R2 寄存器(b0~b3)
  R1 = R2;                   //其中 b8~b11 存的是百位
  POP R2,R4 FROM [SP];
  RETF
  .ENDP
```

2. BCD 码到二进制码的转换

【例 4-4-5】 BCD 码到二进制码的转换子程序

说明：R1 作为入口参数时,存的是 BCD 码,其中 b0~b3 存个位数的 BCD 码,b4~b7 存十位数的 BCD 码,b8~b11 存百位数的 BCD 码,b12~b15 存千位数的 BCD 码。R1 作为出口

参数时,存的是转换后的二进制码。

算法:设 BCD 码为 a,b,c,d,则相应的二进制数为 $1000a+100b+10c+d=((a*10+b)*10+c)*10+d$,将各位 BCD 码分离出之后,即可根据此式转换为二进制数。

BCD 码到二进制码转换流程图如图 4-4-4 所示。

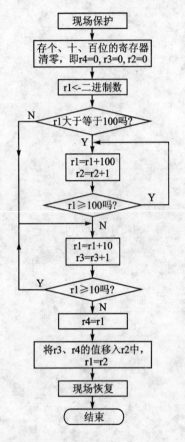

图 4-4-3　二进制码到 BCD 码转换流程

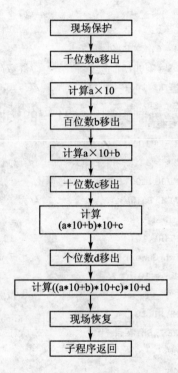

图 4-4-4　BCD 码到二进制码转换流程

子程序代码如下:

```
_F_BCD_Binary: .proc
  PUSH R2,R5 TO [SP];
  R5 = R1;
  R5 = R5 LSL 4          //将千位数 a 移出
  R1 = R1 ROL 4;
  R1& = 0x000f;          //将千位数 a 存入 R1;
  R2 = 10;
  MR = R1 * R2           //a * 10
  R5 = R5 LSL 4;         //将百位数 b 移出
  R1 = R1 ROL 4;
  R1& = 0x000f;          //将百位数 b 存入 R1
  R1 + = R3;             //R1 = (a * 10 + b)
```

```
MR = R1 * R2
R5 = R5 lsl 4;              //将个位数 c 移出
R1 = R1 Rol 4;
R1& = 0x000f;              //将十位数 c 存入 R1
R1 + = R3;                 //((a * 10 + b) * 10 + c)
MR = R1 * R2               //((a * 10 + b) * 10 + c) * 10
R5 = R5 lsl 4;             //将个位数 d 移出
R1 = R1 Rol 4;
R1& = 0x000f;
R1 + = R3;                 //((a * 10 + b) * 10 + c) * 10 + d
POP R2,R5 FROM [SP];
RETF
.ENDP
```

3. 二进制码到 ASCII 码的转换

【例 4 - 4 - 6】 二进制码到 ASCII 码的转换

说明：对于小于等于 9 的 4 位二进制数加 0x30 得到相应 ASCII 码，对于大于 9 的 4 位二进制数加 0x37 得相应 ASCII 码。

子程序代码如下：

```
_F_BinaRy_BCD：.PROC
PUSH R2,R5 TO [SP];
   R1& = 0x000f ;           //屏蔽高 12 位
   CMP R1,0x0009;           //与 9 比较
   JA L_To_F;
   R1 + = 0x0030;           //小于等于 9,则加 0x0030
   JMP L_Over;
L_To_F:
   R1 + = 0x0037;           //大于 9,则加 0x0037
L_Over:
   POP R2,R5 FROM [SP];
   RETF
.ENDP
```

4. 十六进制数到 ASCII 的转换

【例 4 - 4 - 7】 十六进制数到 ASCII 的转换

子程序参考代码如下：

```
.PUBLIC _F_Hex_ASCII;
   _F_Hex_ASCII：PROC
   PUSH R2,R5 TO [SP];
   BP = Table;
   BP = BP + R1;
   BP = [BP];
```

```
    R1 = BP;
    POP R2,R5 FROM [SP];
    RETF
.ENDP
.DATA
Table：.DW 0x30,0x31,0x32,0x33,0x34,0x35,0x36,0x37,0x38,0x39;
    .DW 0x41,0x42,0x43,0x44,0x45,0x46;.endp
.DATA
Table：.DW 0x30,0x31,0x32,0x33,0x34,0x35,0x36,0x37,0x38,0x39;
    .DW 0x41,0x42,0x43,0x44,0x45,0x46;
```

5. ASCII 码转换为二进制数

【例 4－4－8】　ASCII 码转换为二进制数的子程序

```
.PUBLIC _F_ASCII_Binary;
_F_ASCII_Binary：.proc
    PUSH R2,R5 TO [SP];
    R1 - = 0x0030;
    CMP R1,9;
    JA L_To_F;
    JMP L_Exit;
L_To_F:
    R1 - = 0x0007;
L_Exit:
    POP R2,R5 FROM [SP];
    RETF;
.ENDP
```

第5章 I/O 端口

5.1 通用 I/O 端口简介

SPMC75 系列微控制器共有 4 个通用 I/O 端口：IOA、IOB、IOC 和 IOD，每个 16 位。每个 I/O 引脚都可通过软件编程进行逐位配置。除端口 D 外，其他端口的 I/O 引脚都可通过编程来实现特殊功能。这些 I/O 端口与许多功能控制信号是复用的，例如端口 A[15：8]就可提供唤醒功能，并可从低功耗模式按键唤醒。

SPMC75 系列微控制器 I/O 口的特殊功能寄存器是通过设置相应的特殊功能寄存器来实现的。当特殊功能有效时，通用 I/O 功能即被禁用。此外，一些特殊功能对 I/O 引脚的功能设置有特殊要求。例如，AD 转换输入引脚和 SPI 接口时，I/O 的方向与属性寄存器应设置为特定的状态。

5.2 I/O 口结构与功能

5.2.1 I/O 口结构

SPMC75 系列微控制器的 I/O 结构如图 5-2-1 所示。主要有 6 个控制寄存器控制：数据、缓冲器、方向、属性、锁存和特殊功能寄存器。寄存器的命名规则如下所示：

➤ 数据寄存器　P_IOx_Data；
➤ 缓冲寄存器　P_IOx_Buffer；
➤ 方向寄存器　P_IOx_Dir；
➤ 属性寄存器　P_IOx_Attrib；
➤ 锁存寄存器　P_IOx_Latch；
➤ 特殊功能寄存器　P_IOA_SPE，P_IOB_SPE，P_IOC_SPE。

SPMC75 系列微控制器的普通 I/O 功能是由 P_IOx_Data、P_IOx_Dir 和 P_IOx_Attrib 这几个控制寄存器来设置的。规则如下，详见表 5-2-1 所列。

➤ 方向寄存器决定引脚是输入还是输出。
➤ 属性寄存器决定引脚的属性。输入为悬浮或上拉/下拉；输出是否为反向。
➤ 数据寄存器决定引脚的初始内容。对于输入，数据设定也决定了上拉或下拉的设定。

例如，设端口 A.0 为下拉输入，则端口 A 的方向、属性和数据控制端口中的第 0 位都应被

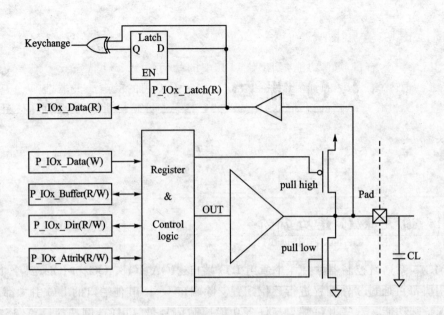

注：操作 P_IOx_Buffer 与 P_IOx_Data 的区别。

① 读取时。读 P_IOx_Data 和读 P_IOx_Buffer 从不同的物理路径读取数据。读 P_IOx_Data 时的内容来自 I/O 端口 A 的引脚电平，而读 P_IOx_Buffer 内容则来自 I/O 端口 x 的输出缓冲寄存器（即得到前一次写入 P_IOx_ Buffer 或 P_IOx_ Data 的值）。

② 写入时。写入 P_IOx_Buffer 或 P_IOx_Data，功能相同。

图 5 - 2 - 1 I/O 结构图

设为 0。如果端口 A.1 为悬浮输入，而且有唤醒功能，则端口 A 的方向、属性和数据控制端口中的第 1 位应相应地赋值为 010。每个端口都具有 16 个方向、属性和数据位，用户在配置I/O 时应特别注意。

表 5 - 2 - 1 I/O 功能配置表

方向 P_IOx_Dir	属性 P_IOx_Attrib	数据 P_IOx_Data	功能	唤醒	描述
0	0	0	下拉 *	是 **	带下拉电阻的输入
0	0	1	上拉	是 **	带上拉电阻的输入
0	1	0	悬浮	是 **	悬浮的输入
0	1	1	悬浮	否	悬浮的输入
1	0	0	反向	否	数据反向输出（在数据端口写入"0"，则在 I/O 端口输出"1"）
1	0	1	反向	否	数据反向输出（在数据端口写入"1"，则在 I/O 端口输出"0"）
1	1	0	非反向	否	缓冲输出（数据不反向）
1	1	1	非反向	否	缓冲输出（数据不反向）

注：* 默认为悬浮的输入。

    ** 只有端口 A[15∶8] 的状态配置为 000、001 和 010，才有唤醒能力。

5.2.2　按键唤醒中断

　　IOA[15∶8]具有键唤醒功能,如果端口其中的任何一个 I/O 状态异于锁存寄存器 P_IOA_Latch 的内容,即发生键唤醒事件。IOA[15∶8]有专用的噪声滤波器,以防止 I/O 引脚的噪声干扰引起键唤醒电路的误动作。图 5－2－2 是一个键唤醒功能的结构框图,图 5－2－3 是系统响应键唤醒中断的时序图。

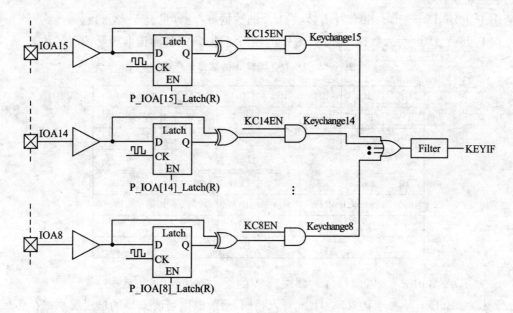

图 5－2－2　键唤醒结构框图

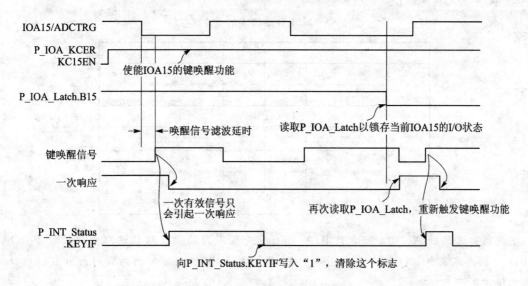

图 5－2－3　键唤醒中断时序图

5.3 I/O 端口 A

端口 A 是一个多功能复用 I/O 端口。端口 A 除了拥有普通的 I/O 功能外,还具有按键中断输入、外部计数时钟输入、PWM 输出和捕获输入功能。端口 A 的所有功能都通过 6 个控制寄存器切换控制。

① P_IOA_Data ($7060H):I/O 端口 A 的数据寄存器(见表 5-3-1)。

向 P_IOA_Data 写入数据,是写入 I/O 的输出缓冲寄存器,而读取则是读引脚状态。

表 5-3-1 I/O 端口 A 的数据寄存器

B15	B14	B13	B12	B11	B10	B9	B8
R/W	R/W	R/W	R/W	R/W	R/W	R/W	R/W
0	0	0	0	0	0	0	0
P_IOA_Data							
B7	B6	B5	B4	B3	B2	B1	B0
R/W	R/W	R/W	R/W	R/W	R/W	R/W	R/W
0	0	0	0	0	0	0	0
P_IOA_Data							

② P_IOA_Buffer ($7061H):I/O 端口 A 的缓冲寄存器(见表 5-3-2)。

P_IOA_Buffer 写入与 P_IOA_Data 写入相同,而读取则是读 I/O 的输出缓冲寄存器。利用这一特性,可实现单个 I/O 口的独立控制。

表 5-3-2 I/O 端口 A 的缓冲寄存器

B15	B14	B13	B12	B11	B10	B9	B8
R/W	R/W	R/W	R/W	R/W	R/W	R/W	R/W
0	0	0	0	0	0	0	0
P_IOA_Buffer							
B7	B6	B5	B4	B3	B2	B1	B0
R/W	R/W	R/W	R/W	R/W	R/W	R/W	R/W
0	0	0	0	0	0	0	0
P_IOA_Buffer							

注意:读 P_IOA_Data 和读 P_IOA_Buffer 是从不同的物理路径读取数据。读 P_IOA_Data 时的内容来自 I/O 端口 A 的引脚电平,而读 P_IOA_Buffer 时的内容则来自 I/O 端口 A 输出缓冲寄存器。

③ P_IOA_Dir ($7062H):I/O 端口 A 的方向寄存器(见表 5-3-3)。

端口 A 各 I/O 的方向设定寄存器。当相应的位为"1"时,I/O 被设为输出状态;当相应的位为"0"时,I/O 被设为输入状态。

表 5 - 3 - 3　I/O 端口 A 的方向寄存器

B15	B14	B13	B12	B11	B10	B9	B8
R/W	R/W	R/W	R/W	R/W	R/W	R/W	R/W
0	0	0	0	0	0	0	0
P_IOA_Dir							
B7	B6	B5	B4	B3	B2	B1	B0
R/W	R/W	R/W	R/W	R/W	R/W	R/W	R/W
0	0	0	0	0	0	0	0
P_IOA_Dir							

④ P_IOA_Attrib（＄7063H）：I/O 端口 A 的属性寄存器（见表 5 - 3 - 4）。

端口 A 各 I/O 的属性设定寄存器同 P_IOA_Dir 和 P_IOA_Data 相互配合，可以将 I/O 设为多种属性。

表 5 - 3 - 4　I/O 端口 A 的属性寄存器

B15	B14	B13	B12	B11	B10	B9	B8
R/W	R/W	R/W	R/W	R/W	R/W	R/W	R/W
1	1	1	1	1	1	1	1
P_IOA_Attrib							
B7	B6	B5	B4	B3	B2	B1	B0
R/W	R/W	R/W	R/W	R/W	R/W	R/W	R/W
1	1	1	1	1	1	1	1
P_IOA_Attrib							

⑤ P_IOA_Latch（＄7064H）：I/O 端口 A 的锁存寄存器（见表 5 - 3 - 5）。

P_IOA_Latch 是为按键唤醒功能服务的专用寄存器。在使用按键唤醒中断时，必须先读取 P_IOA_Latch 一次，以便将当前的 I/O 状态保存。当按键唤醒功能的 I/O 状态发生改变（与读取 P_IOA_Latch 时锁存的数据不相符）时，就会置按键中断标志，以标识这一事件的发生。

表 5 - 3 - 5　I/O 端口 A 的锁存寄存器

B15	B14	B13	B12	B11	B10	B9	B8
R	R	R	R	R	R	R	R
0	0	0	0	0	0	0	0
P_IOA_Latch							
B7	B6	B5	B4	B3	B2	B1	B0
R	R	R	R	R	R	R	R
0	0	0	0	0	0	0	0
保　留							

注意：此外，IOA[15：8]是按键唤醒功能的信号源。为激活按键唤醒功能，必须读取 P_IOA_Latch(R)（$7064H），以锁存 I/O 端口 A 的状态，而且必须在进入 Stand-by 模式之前使能按键唤醒功能。当监测到端口 A 的 I/O 状态发生变化时，唤醒功能被触发。

⑥ P_IOA_SPE（$7080H）：I/O 端口 A 的特殊功能寄存器，如表 5-3-6 所列。

端口 A 特殊功能寄存器用来使能 IOA[14：9]的特殊功能。

表 5-3-6　I/O 端口 A 的特殊功能寄存器

B15	B14	B13	B12	B11	B10	B9	B8
R	R/W	R/W	R/W	R/W	R/W	R/W	R
0	0	0	0	0	0	0	0
保留	TCLKDEN	TCLKCEN	TCLKBEN	TCLKAEN	TIO2BEN	TIO2AEN	保留
B7	B6	B5	B4	B3	B2	B1	B0
R	R	R	R	R	R	R	R
0	0	0	0	0	0	0	0
保留							

第 15 位：保留。

第 14 位　TCLKDEN：外部时钟 D 的输入引脚（通道 1 相位计数模式 D 相位输入）使能。0＝禁止；1＝使能。

第 13 位　TCLKCEN：外部时钟 C 的输入引脚（通道 1 相位计数模式 C 相位输入）使能。0＝禁止；1＝使能。

第 12 位　TCLKBEN：外部时钟 B 的输入引脚（通道 1 相位计数模式 B 相位输入）使能。0＝禁止；1＝使能。

第 11 位　TCLKAEN：外部时钟 A 的输入引脚（通道 1 相位计数模式 A 相位输入）使能。0＝禁止；1＝使能。

第 10 位　TIO2BEN：P_TMR2_TGRB 捕获输入/PWM 输出使能。0＝禁止；1＝使能。

第 9 位　TIO2AEN：P_TMR2_TGRA 输入捕获/PWM 输出使能。0＝禁止；1＝使能。

第 8：0 位：保留。

⑦ P_IOA_KCER（$7084H）：I/O 端口 A 的按键唤醒寄存器（见表 5-3-7）。

P_IOA_KCER 使能 IOA[15：8]的按键中断功能。

第 15 位　KC15EN：端口 A.15 按键唤醒使能。0＝禁止；1＝使能。

第 14 位　KC14EN：端口 A.14 按键唤醒使能。0＝禁止；1＝使能。

第 13 位　KC13EN：端口 A.13 按键唤醒使能。0＝禁止；1＝使能。

第 12 位　KC12EN：端口 A.12 按键唤醒使能。0＝禁止；1＝使能。

第 11 位　KC11EN：端口 A.11 按键唤醒使能。0＝禁止；1＝使能。

第 10 位　KC10EN：端口 A.10 按键唤醒使能。0＝禁止；1＝使能。

第 9 位　KC9EN：端口 A.9 按键唤醒使能。0＝禁止；1＝使能。

第 8 位　KC8EN：端口 A.8 按键唤醒使能。0＝禁止；1＝使能。

第 7：0 位　保留。

表 5 - 3 - 7 I/O 端口 A 的按键唤醒寄存器

B15	B14	B13	B12	B11	B10	B9	B8
R/W	R/W	R/W	R/W	R/W	R/W	R/W	R/W
0	0	0	0	0	0	0	0
KC15EN	KC14EN	KC13EN	KC12EN	KC11EN	KC10EN	KC9EN	KC8EN
B7	B6	B5	B4	B3	B2	B1	B0
R	R	R	R	R	R	R	R
0	0	0	0	0	0	0	0
保留							

端口 A 有以下复用特殊功能：

➤ 模/数转换接口 IOA [7：0]；

➤外部 ADC 触发功能 IOA[15]；

➤ 外部时钟输入 IOA [14：11]；

➤ TMR2 CCP 引脚 IOA[10：9]。

每个特殊功能都有一个使能控制信号，用来将指定的引脚配置成所需的属性。表 5 - 3 - 8
给出了控制信号和对特殊功能的描述。

表 5 - 3 - 8 端口 A 的特殊功能表

端口	特殊功能引脚	类　型	使能位	描　　述
IOA15	ADCETRG	I	ADCEXTRIGEN	A/D 转换的外部触发输入
IOA14	TCLKD	I	TCLKDEN	外部时钟 D 的输入引脚（定时器 PDC1 相位计数模式 D 相位输入）
IOA13	TCLKC	I	TCLKCEN	外部时钟 C 的输入引脚（定时器 PDC1 相位计数模式 C 相位输入）
IOA12	TCLKB	I	TCLKBEN	外部时钟 B 的输入引脚（定时器 PDC0 相位计数模式 B 相位输入）
IOA11	TCLKA	I	TCLKAEN	外部时钟 A 的输入引脚（定时器 PDC0 相位计数模式 A 相位输入）
IOA10	TIO2B	user	TIO2BEN	TGRB_2 捕获输入/PWM 输出引脚 B
IOA9	TIO2A	user	TIO2AEN	TGRA_2 捕获输入/PWM 输出引脚 A
IOA8	—	—	—	—
IOA7	ADCCH7	I	ADCI7EN	ADC 通道 7 的模拟输入
IOA6	ADCCH6	I	ADCI6EN	ADC 通道 6 的模拟输入
IOA5	ADCCH5	I	ADCI5EN	ADC 通道 5 的模拟输入
IOA4	ADCCH4	I	ADCI4EN	ADC 通道 4 的模拟输入
IOA3	ADCCH3	I	ADCI3EN	ADC 通道 3 的模拟输入
IOA2	ADCCH2	I	ADCI2EN	ADC 通道 2 的模拟输入

续表 5 - 3 - 8

端　口	特殊功能引脚	类　型	使能位	描　述
IOA1	ADCCH1	I	ADCI1EN	ADC 通道 1 的模拟输入
IOA0	ADCCH0	I	ADCI0EN	ADC 通道 0 的模拟输入

注：① 类型：引脚的输入、输出类型，user 指用户可设定。

② 使能位：指相应功能寄存器的使能位。

5.4　I/O 端口 B

端口 B 是一个多功能复用 I/O 端口。端口 B 除了拥有普通的 I/O 功能外，还具有 PWM 输出、捕获输入功能和串行通信接口的功能。端口 B 的所有功能都通过 5 个控制寄存器切换控制。

① P_IOB_Data（＄7068H）：I/O 端口 B 的数据寄存器（见表 5 - 4 - 1）。

向 P_IOB_Data 写入数据是写入 I/O 的输出缓冲寄存器，而读取则是读引脚状态。

表 5 - 4 - 1　I/O 端口 B 的数据寄存器

B15	B14	B13	B12	B11	B10	B9	B8
R/W	R/W	R/W	R/W	R/W	R/W	R/W	R/W
0	0	0	0	0	0	0	0
P_IOB_Data							
B7	B6	B5	B4	B3	B2	B1	B0
R/W	R/W	R/W	R/W	R/W	R/W	R/W	R/W
0	0	0	0	0	0	0	0
P_IOB_Data							

② P_IOB_Buffer（＄7069H）：I/O 端口 B 的缓冲寄存器（见表 5 - 4 - 2）。

P_IOB_Buffer 写入与 P_IOB_Data 写入相同，而读取则是读 I/O 的输出缓冲寄存器，利用这一特性，可实现单个 I/O 口的独立控制。

表 5 - 4 - 2　I/O 端口 B 的缓冲寄存器

B15	B14	B13	B12	B11	B10	B9	B8
R/W	R/W	R/W	R/W	R/W	R/W	R/W	R/W
0	0	0	0	0	0	0	0
P_IOB_Buffer							
B7	B6	B5	B4	B3	B2	B1	B0
R/W	R/W	R/W	R/W	R/W	R/W	R/W	R/W
0	0	0	0	0	0	0	0
P_IOB_Buffer							

注意：读 P_IOB_Data 和读 P_IOB_Buffer 从不同的物理路径读取数据。读 P_IOB_Data 时的内容来自 I/O 端口 B 的引脚电平，而读 P_IOB_Buffer 时的内容则来自 I/O 端口 B 的输出缓冲寄存器。

③ P_IOB_Dir（$706AH）：I/O 端口 B 的方向寄存器（见表 5-4-3）。

I/O 端口 B 的方向寄存器是端口 B 各 I/O 的方向设定寄存器。当相应的位为"1"时，I/O 被设为输出状态；当相应的位为"0"时，I/O 被设为输入状态。

表 5-4-3 I/O 端口 B 的方向寄存器

B15	B14	B13	B12	B11	B10	B9	B8
R/W	R/W	R/W	R/W	R/W	R/W	R/W	R/W
0	0	0	0	0	0	0	0
P_IOB_Dir							

B7	B6	B5	B4	B3	B2	B1	B0
R/W	R/W	R/W	R/W	R/W	R/W	R/W	R/W
0	0	0	0	0	0	0	0
P_IOB_Dir							

④ P_IOB_Attrib（$706BH）：I/O 端口 B 的属性寄存器（见表 5-4-4）。

端口 B 各 I/O 的属性设定寄存器同 P_IOB_Dir 和 P_IOB_Data 相互配合可以将 I/O 设为多种属性。

表 5-4-4 I/O 端口 B 的属性寄存器

B15	B14	B13	B12	B11	B10	B9	B8
R/W	R/W	R/W	R/W	R/W	R/W	R/W	R/W
1	1	1	1	1	1	1	1
P_IOB_Attrib							

B7	B6	B5	B4	B3	B2	B1	B0
R/W	R/W	R/W	R/W	R/W	R/W	R/W	R/W
1	1	1	1	1	1	1	1
P_IOB_Attrib							

⑤ P_IOB_SPE（$7081H）：I/O 端口 B 的特殊功能寄存器（见表 5-4-5）。

端口 B 的特殊功能使能寄存器，用来使能 IOB[10:0] 的特殊功能。

第 15:11 位：保留。

第 10 位 TIO0AEN：P_TMR0_TGRA 输入捕获/PWM 输出引脚或位置侦测输入使能。0=禁止； 1=使能。

第 9 位 TIO0BEN：P_TMR0_TGRB 输入捕获/PWM 输出引脚或位置侦测输入使能。0=禁止； 1=使能。

第 8 位 TIO0CEN：P_TMR0_TGRC 输入捕获/PWM 输出引脚或位置侦测输入使能。0=禁止； 1=使能。

表 5-4-5   I/O 端口 B 的特殊功能寄存器

B15	B14	B13	B12	B11	B10	B9	B8
R	R	R	R	R	R/W	R	R/W
0	0	0	0	0	0	0	0
保留					TIO0AEN	TIO0BEN	TIO0CEN
B7	B6	B5	B4	B3	B2	B1	B0
R/W	R/W	R/W	R/W	R/W	R/W	R/W	R/W
0	0	1	1	1	1	1	1
OL1EN	FTIN1EN	U1EN	V1EN	W1EN	U1NEN	V1NEN	W1NEN

第 7 位   OL1EN：过载保护输入 1 使能。0＝禁止；1＝使能。
第 6 位   FTIN1EN：外部故障保护输入 1 使能。0＝禁止；1＝使能。
第 5 位   U1EN：U1 模式选择。0＝GPIO；1＝U1 相。
第 4 位   V1EN：V1 模式选择。0＝GPIO；1＝V1 相。
第 3 位   W1EN：W1 模式选择。0＝GPIO；1＝W1 相。
第 2 位   U1NEN：U1N 模式选择。0＝GPIO；1＝U1N 相。
第 1 位   V1NEN：V1N 模式选择。0＝GPIO；1＝V1N 相。
第 0 位   W1NEN：W1N 模式选择。0＝GPIO；1＝W1N 相。

注意：P_IOB_SPE[5：0]默认为"1"。

端口 B 有以下复用的特殊功能：

➤ SPI 接口/UART1 接口   IOB[13：11]；
➤ 捕获/比较/PWM 引脚   IOB[10：8]；
➤ TMR3 保护   IOB[7：6]；
➤ TMR3 比较输出   IOB[5：0]。

表 5-4-6 给出了控制信号和特殊功能引脚的描述。

表 5-4-6   端口 B 的特殊功能

端 口	特殊功能引脚	类 型	使能位	描 述
IOB[15：14]	—	—	—	—
IOB13	SDO/RXD1	O	SPISDOEB/ UARTX1OEB	SPIEN=1：输出为主从模式 UARTEN=1：通用串口数据发送 UARTX1OEB=1：UART 传输数据输出
IOB12	SDI/TXD1	I	SPIEN / UARTRX1EN	当 SPIEN=1 时数据输入／ 当 UARTRX1EN=1 时 UART 接收数据输入
IOB11	SCK	I/O	SCKOEB	SPIEN=1，从模式为输入而主模式为输出

续表 5 - 4 - 6

端 口	特殊功能引脚	类 型	使能位	描 述
IOB10	TIO0A	user	TIO0AEN	P_TMR0_TGRA 捕获输入引脚/PWM 输出引脚和位置侦测输入引脚
IOB9	TIO0B	user	TIO0BEN	P_TMR0_TGRB 捕获输入引脚/PWM 输出引脚和位置侦测输入引脚
IOB8	TIO0C	user	TIO0CEN	P_TMR0_TGRC 捕获输入引脚/PWM 输出引脚和位置侦测输入引脚
IOB7	OL1	I	OL1EN	过载保护输入 1
IOB6	FTINP1	I	FTIN1EN	外部故障保护输入 1
IOB5	TIO3A	O	TIO3A/U1EN | TIO3HZ	U1 相输出引脚
IOB4	TIO3B	O	TIO3B/V1EN | TIO3HZ	V1 相输出引脚
IOB3	TIO3C	O	TIO3C/W1EN | TIO3HZ	W1 相输出引脚
IOB2	TIO3D	O	TIO3D/U1NEN | TIO3HZ	U1N 相输出引脚
IOB1	TIO3E	O	TIO3E/V1NEN | TIO3HZ	V1N 相输出引脚
IOB0	TIO3F	O	TIO3F/W1NEN | TIO3HZ	W1N 相输出引脚

5.5 I/O 端口 C

端口 C 是一个多功能复用 I/O 端口。端口 C 除了拥有普通的 I/O 功能外,还具有 PWM 输出、捕获输入功能和串行通信接口的功能。端口 C 的所有功能都通过 5 个控制寄存器切换控制。

① P_IOC_Data（＄7070H）：I/O 端口 C 的数据寄存器(见表 5 - 5 - 1)。

向 P_IOC_Data 写入数据是写入 I/O 的输出缓冲寄存器,而读取则是读引脚状态。

② P_IOC_Buffer（＄7071H）：I/O 端口 C 的缓冲寄存器(见表 5 - 5 - 2)。

P_IOC_Buffer 写入与 P_IOC_Data 写入相同,而读取则是读 I/O 的输出缓冲寄存器,利用这一特性,可实现单个 I/O 口的独立控制。

表 5 - 5 - 1   I/O 端口 C 的数据寄存器

B15	B14	B13	B12	B11	B10	B9	B8
R/W	R/W	R/W	R/W	R/W	R/W	R/W	R/W
0	0	0	0	0	0	0	0
P_IOC_Data							
B7	B6	B5	B4	B3	B2	B1	B0
R/W	R/W	R/W	R/W	R/W	R/W	R/W	R/W
0	0	0	0	0	0	0	0
P_IOC_Data							

表 5 - 5 - 2   I/O 端口 C 的缓冲寄存器

B15	B14	B13	B12	B11	B10	B9	B8
R/W	R/W	R/W	R/W	R/W	R/W	R/W	R/W
0	0	0	0	0	0	0	0
P_IOC_Buffer							
B7	B6	B5	B4	B3	B2	B1	B0
R/W	R/W	R/W	R/W	R/W	R/W	R/W	R/W
0	0	0	0	0	0	0	0
P_IOC_Buffer							

注意：读 P_IOC_Data 和读 P_IOC_Buffer 从不同的物理路径读取数据。读 P_IOC_Data 时的内容来自 I/O 端口 C 的引脚电平，而读 P_IOC_Buffer 时的内容，则来自 I/O 端口 C 的输出缓冲寄存器。

③ P_IOC_Dir（＄7072H）：I/O 端口 C 的方向寄存器（见表 5 - 5 - 3）。

I/O 端口 C 的方向寄存器是端口 C 各 I/O 的方向设定寄存器。当相应的位为"1"时，I/O 被设为输出状态；当相应的位为"0"时，I/O 被设为输入状态。

表 5 - 5 - 3   I/O 端口 C 的方向寄存器

B15	B14	B13	B12	B11	B10	B9	B8
R/W	R/W	R/W	R/W	R/W	R/W	R/W	R/W
0	0	0	0	0	0	0	0
P_IOC_Dir							
B7	B6	B5	B4	B3	B2	B1	B0
R/W	R/W	R/W	R/W	R/W	R/W	R/W	R/W
0	0	0	0	0	0	0	0
P_IOC_Dir							

④ P_IOC_Attrib（＄7073H）：I/O 端口 C 的属性寄存器（见表 5 - 5 - 4）。

表 5 - 5 - 4　I/O 端口 C 的属性寄存器

B15	B14	B13	B12	B11	B10	B9	B8
R/W	R/W	R/W	R/W	R/W	R/W	R/W	R/W
1	1	1	1	1	1	1	1
P_IOC_Attrib							
B7	B6	B5	B4	B3	B2	B1	B0
R/W	R/W	R/W	R/W	R/W	R/W	R/W	R/W
1	1	1	1	1	1	1	1
P_IOC_Attrib							

I/O 端口 C 的属性寄存器是端口 C 各 I/O 的属性设定寄存器。它同 P_IOC_Dir 和 P_IOC_Data 相互配合,可以将 I/O 设为多种属性。

⑤ P_IOC_SPE($7082H$):I/O 端口 C 的特殊功能寄存器(见表 5 - 5 - 5)。

端口 C 的特殊功能使能寄存器用来使能 IOC[15:2]的特殊功能。

表 5 - 5 - 5　I/O 端口 C 的特殊功能寄存器

B15	B14	B13	B12	B11	B10	B9	B8
R/W	R/W	R/W	R/W	R/W	R/W	R/W	R/W
1	1	1	1	1	1	0	0
W2NEN	V2NEN	U2NEN	W2EN	V2EN	U2EN	FTIN2EN	OL2EN
B7	B6	B5	B4	B3	B2	B1	B0
R/W	R/W	R/W	R/W	R/W	R/W	R/W	R/W
0	0	0	0	0	0	0	0
TIO1CEN	TIO1BEN	TIO1AEN	保留	EXINT1EN	EXINT0EN	保留	

第 15 位　W2NEN:W2N 引脚模式选择。0 = GPIO;1 = W2N 相。

第 14 位　V2NEN:V2N 引脚模式选择。0 = GPIO;1 = V2N 相。

第 13 位　U2NEN:U2N 引脚模式选择。0 = GPIO;1 = U2N 相。

第 12 位　W2EN:W2 引脚模式选择。0 = GPIO;1 = W2 相。

第 11 位　V2EN:V2 引脚模式选择。0 = GPIO;1 = V2 相。

第 10 位　U2EN:U2 引脚模式选择。0 = GPIO;1 = U2 相。

第 9 位　FTIN2EN:外部故障保护输入 2 使能。0 = 禁止;1 = 使能。

第 8 位　OL2EN:过载保护输入 2 使能。0 = 禁止;1 = 使能。

第 7 位　TIO1CEN:P_TMR1_TGRC 捕获输入/PWM 输出引脚和位置侦测输入使能。0 = 禁止;1 = 使能。

第 6 位　TIO1BEN:P_TMR1_TGRB 捕获输入/PWM 输出引脚和位置侦测输入使能。0 = 禁止;1 = 使能。

第 5 位　TIO1AEN:P_TMR1_TGRA 捕获输入/PWM 输出引脚和位置侦测输入使能。0 = 禁止;1 = 使能。

第 4 位：保留。

第 3 位　EXINT1EN：外部中断输入 1 使能。0＝禁止；1＝使能。

第 2 位　EXINT0EN：外部中断输入 0 使能。0＝禁止；1＝使能。

第 1：0 位：保留。

注意：P_IOC_SPE[15：10]默认为"1"。

端口 C 具有以下特殊功能：

➤ TMR4 比较输出　IOC[15：10]；

　➤ TMR4 保护　IOC[9：8]；

　➤ TMR1 捕获/比较/PWM 引脚　IOC[7：5]；

　➤ 蜂鸣器输出　IOC[4]；

　➤ 外部输入引脚　IOC[3：2]；

　➤ UART 引脚　IOC[1：0]。

表 5-5-6 给出了控制信号与特殊功能引脚的描述。

表 5-5-6　端口 C 的特殊功能表

端　口	特殊功能引脚	类　型	使能位	描　　述
IOC15	TIO4F/W2N	O	TIO4F/W2NEN TIO4HZ	W2N 相输出引脚
IOC14	TIO4E/V2N	O	TIO4E/V2NEN TIO4HZ	V2N 相输出引脚
IOC13	TIO4D/U2N	O	TIO4D/U2NEN TIO4HZ	U2N 相输出引脚
IOC12	TIO4C/W2	O	TIO4C/W2EN TIO4HZ	W2 相输出引脚
IOC11	TIO4B/V2	O	TIO4B/V2EN TIO4HZ	V2 相输出引脚
IOC10	TIO4A/U2	O	TIO4A/U2EN TIO4HZ	U2 相输出引脚
IOC9	FTIN2	I	FTIN2EN	外部故障保护输入引脚 2
IOC8	OL2	I	OL2EN	过载输入引脚 2
IOC7	TIO1C	user	TIO1CEN	TGRC1 捕获输入引脚/PWM 输出引脚或位置侦测输入引脚
IOC6	TIO1B	user	TIO1BEN	TGRB1 输入捕获引脚/PWM 输出引脚或位置侦测输入引脚

续表 5 - 5 - 6

端　口	特殊功能引脚	类　型	使能位	描　述
IOC5	TIO1A	user	TIO1AEN	TGRA1 输入捕获引脚/PWM 输出引脚或位置侦测输入引脚
IOC4	BZO	O	BZOEB	蜂鸣器输出
IOC3	EXINT1	I	EXTINT1EN	外部中断输入 1
IOC2	EXINT0	I	EXTINT0EN	外部中断输入 0
IOC1	TXD2	O	UARTX2OEB	当 UARTEN＝1 时，UART 传输数据输出；当 UARTX2OEB＝1 时，为高阻态
IOC0	RXD2	I	UARTRX2EN	当 UARTRX2EN ＝1 时，UART 接收数据输入

5.6　I/O 端口 D

端口 D 是一个普通 I/O 端口，只有普通 I/O 的功能。但在 SPMC75F2313A 中，IOD[1：0]在 ICE 使能的情况下会用作仿真调试接口。

① P_IOD_Data（＄7078H）：I/O 端口 D 的数据寄存器（见表 5 - 6 - 1）。

向 P_IOD_Data 写入数据是写入 I/O 的输出缓冲寄存器，而读取则是读引脚状态。

表 5 - 6 - 1　I/O 端口 D 的数据寄存器

B15	B14	B13	B12	B11	B10	B9	B8
R/W	R/W	R/W	R/W	R/W	R/W	R/W	R/W
0	0	0	0	0	0	0	0
P_IOD_Data							

B7	B6	B5	B4	B3	B2	B1	B0
R/W	R/W	R/W	R/W	R/W	R/W	R/W	R/W
0	0	0	0	0	0	0	0
P_IOD_ Data							

② P_IOD_Buffer（＄7079H）：I/O 端口 D 的缓冲寄存器（见表 5 - 6 - 2）。

P_IOD_Buffer 写入与 P_IOD_Data 写入相同，而读取则是读 I/O 的输出缓冲寄存器，利用这一特性，可实现单个 I/O 口的独立控制。

表 5 - 6 - 2　I/O 端口 D 的缓冲寄存器

B15	B14	B13	B12	B11	B10	B9	B8
R/W	R/W	R/W	R/W	R/W	R/W	R/W	R/W
0	0	0	0	0	0	0	0
P_IOD_Buffer							
B7	B6	B5	B4	B3	B2	B1	B0
R/W	R/W	R/W	R/W	R/W	R/W	R/W	R/W
0	0	0	0	0	0	0	0
P_IOD_Buffer							

注意：读 P_IOD_Data 和读 P_IOD_Buffer 从不同的物理路径读取数据。读 P_IOD_Data 时的内容来自 I/O 端口 D 的引脚电平，而读 P_IOD_Buffer 时的内容，则来自 I/O 端口 D 的输出缓冲寄存器。

③ P_IOD_Dir（＄707AH）：I/O 端口 D 的方向寄存器（见表 5 - 6 - 3）。

端口 D 各 I/O 的方向设定寄存器。当相应的位为"1"时，I/O 被设为输出状态；当相应的位为"0"时，I/O 被设为输入状态。

表 5 - 6 - 3　I/O 端口 D 的方向寄存器

B15	B14	B13	B12	B11	B10	B9	B8
R/W	R/W	R/W	R/W	R/W	R/W	R/W	R/W
0	0	0	0	0	0	0	0
P_IOD_Dir							
B7	B6	B5	B4	B3	B2	B1	B0
R/W	R/W	R/W	R/W	R/W	R/W	R/W	R/W
0	0	0	0	0	0	0	0
P_IOD_Dir							

④ P_IOD_Attrib（＄707BH）：I/O 端口 D 的属性寄存器（见表 5 - 6 - 4）。

端口 D 各 I/O 的属性设定寄存器同 P_IOC_Dir 和 P_IOC_Data 相互配合，可以将 I/O 设为多种属性。

表 5 - 6 - 4　I/O 端口 D 的属性寄存器

B15	B14	B13	B12	B11	B10	B9	B8
R/W	R/W	R/W	R/W	R/W	R/W	R/W	R/W
1	1	1	1	1	1	1	1
P_IOD_Attrib							
B7	B6	B5	B4	B3	B2	B1	B0
R/W	R/W	R/W	R/W	R/W	R/W	R/W	R/W
1	1	1	1	1	1	1	1
P_IOD_Attrib							

端口 D 的特殊功能如表 5-6-5 所列。

表 5-6-5 端口 D 的特殊功能

端　口	SFR Pin	Type	PHB	PL	OEB	描　述
IOD[15:2]	—	—	—	—	—	—
IOD1	ICESDA	I/O	1	0	ICESDAOEB	ICE 串行地址或数据输入/输出
IOD0	ICECLK	I	1	0	ICECLKEN	ICE 串行时钟输入

5.7 *I/O 端口编程注意事项*

当使用 GPIO 端口时，为确保预期功能的实现，必须认真考虑每个属性的设置。

【例 5-7-1】I/O 编程设计 IOA[3:0] 为下拉，IOA[7:4] 为上拉，IOA[11:8] 为低电平输出，IOA[15:12] 为高电平输出。

P_IOA_SPE ->W = 0x0000；/* 禁止特殊功能 */

P_IOA_Dir ->W = 0xFF00；

P_IOA_Attrib ->W = 0xFF00；

P_IOA_Buffer ->W = 0xF0F0；

P_IOA_Buffer ->B. Bit14 = 1；

【例 5-7-2】I/O 编程设计从 IOA 中读取数据有两种方式：读取 P_IOA_Data 是读取 I/O 引脚的状态；读取 P_IOA_Buffer 是读取在缓冲寄存器上的数据。

Data = P_IOA_Data ->W；

Data = P_IOA_Buffer ->W；

【例 5-7-3】I/O 编程设计：共有两种向 IOA 写入数据的方式，向 P_IOA_Data 写入和向 P_IOA_Buffer 写入。

P_IOA_SPE ->W = 0x0000；/* 禁止特殊功能 */

P_IOA_Data ->W = 0xFFFF；

P_IOA_Data ->B. Bit1 = 0；

P_IOA_Buffer ->W = 0x5555；

P_IOA_Buffer ->B. Bit0 = 0；

5.8 *I/O 初始化*

当发生上电复位、低电压复位、外部复位及 ICE 复位等状态时，I/O 端口将重新初始化，如表 5-8-1 所列。看门狗复位，非法地址、非法指令复位时，I/O 端口会保持初始状态。

表 5 - 8 - 1　复位后的状态

端口名称	寄存器名称	地　址	初始值
IOA 端口 A	P_IOA_Data	$ 7060 H	0000 0000 0000 0000B
	P_IOA_Buffer	$ 7061 H	0000 0000 0000 0000B
	P_IOA_Dir	$ 7062 H	0000 0000 0000 0000B
	P_IOA_Attrib	$ 7063 H	0000 0000 0000 0000B
	P_IOA_Latch	$ 7064 H	0000 0000 0000 0000B
	P_IOA_SPE	$ 7080 H	0000 0000 0000 0000B
	P_IOA_KCER	$ 7084 H	0000 0000 0000 0000B
IOB 端口 B	P_IOB_Data	$ 7068 H	000 0000 0000 0000B
	P_IOB_Buffer	$ 7069 H	000 0000 0000 0000B
	P_IOB_Dir	$ 706AH	000 0000 0000 0000B
	P_IOB_Attrib	$ 706BH	000 0000 0000 0000B
	P_IOB_SPE	$ 7082 H	0000 0000 0011 1111B
IOC 端口 C	P_IOC_Data	$ 7070 H	000 0000 0000 0000B
	P_IOC_Buffer	$ 7071 H	000 0000 0000 0000B
	P_IOC_Dir	$ 7072 H	000 0000 0000 0000B
	P_IOC_Attrib	$ 7073 H	000 0000 0000 0000B
	P_IOC_SPE	$ 7083 H	1111 1100 0000 0000B
IOD 端口 D	P_IOD_Data	$ 7078 H	000 0000 0000 0000B
	P_IOD_Buffer	$ 7079 H	0000 0000 0000 0000B
	P_IOD_Dir	$ 707AH	0000 0000 0000 0000B
	P_IOD_Attrib	$ 707BH	000 0000 0000 0000B

<table>
<tr><td>第
6
章</td><td></td></tr>
</table>

时钟与中断

6.1 时钟模块

SPMC75 系列单片机的时钟发生模块有两个：一是内部 RC 振荡器产生的 1600 kHz 时钟经分频后为系统提供的 200 kHz 辅助时钟源；另一个是系统时钟发生模块，包含一个晶体振荡器和一个四倍频 PLL 模块。当使用无源石英晶体或者陶瓷晶体时（频率范围为 3～6 MHz），晶体振荡器的输出经 PLL 四倍频后输出，供系统使用。SPMC75 系列单片机的时钟发生模块还支持直接外部时钟输入方式，这时的时钟不经过锁相环倍频，直接供系统使用。时钟发生模块的结构如图 6-1-1 所示。

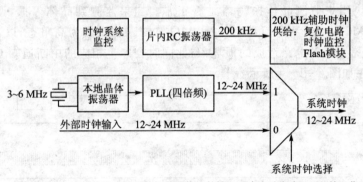

注：PLL模块在本地晶体振荡器停振的情况下会自动产生1 MHz的工作时钟

图 6-1-1 时钟发生模块结构图

6.1.1 RC 振荡器

1600 kHz 的 RC 振荡器为系统提供 200 kHz 的辅助时钟源，并为片内 Flash 模块（片内 Flash 模块的擦除和编程均以此时钟为基准）、系统复位模块和时钟失效检测提供基准时钟。为了节电，在 Stand-by 模式中 RC 振荡器被关闭。

6.1.2 外部时钟输入

使用外部输入时钟作为系统时钟，如图 6-1-2 所示。

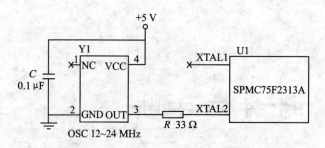

图 6 − 1 − 2 外部时钟输入晶体振荡器

6.1.3 晶体振荡器

使用晶体振荡器作为锁相环时钟输入,经锁相环四倍频后的时钟信号为系统时钟。晶体振荡器和锁相环的稳定需要一定的时间,当上电、系统复位或从 Stand-by 模式唤醒,CPU 将等待 16 384 个辅助时钟周期(约 82 ms),以等待振荡器和锁相环稳定。芯片接晶体振荡器时如图 6 − 1 − 3 所示。在这种方式下,当晶体异常停振时,PLL 模块会提供 1 MHz 的应急时钟供系统使用。

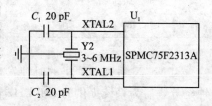

图 6 − 1 − 3 锁相环方式

6.1.4 时钟监控

时钟监控模块用来监测晶体振荡器是否正常。如果监测到晶体停振,则会将定时器 MCP3 和定时器 MCP4 的 PWM(TIO3A~F、TIO4A~F)输出置为高阻态,以避免在电机驱动应用中,时钟异常对驱动电路造成的损坏,与此同时会产生相应的中断通知 CPU。监测振荡器时钟停止时序如图 6 − 1 − 4 所示。

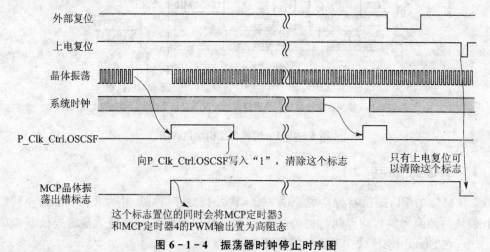

图 6 − 1 − 4 振荡器时钟停止时序图

6.1.5 控制寄存器

用于监视 CPU 时钟状态。

P_Clk_Ctrl($7007)为时钟系统控制寄存器,如表 6 − 1 − 1 所列。

表 6 - 1 - 1　时钟系统控制寄存器

B15	B14	B13	B12	B11	B10	B9	B8
R/W	R/W	R	R	R	R	R	R
0	0	0	0	0	0	0	0
OSCSF	OSCIE	保留					
B7	B6	B5	B4	B3	B2	B1	B0
R	R	R	R	R	R	R	R
0	0	0	0	0	0	0	0
保留							

第 15 位　OSCSF：振荡器状态标志。标识芯片内晶振是否正常。如果振荡器停振，此位将被置"1"，向该位写入"1"将清除该标志。0＝振荡器运行正常；1＝振荡器失效。

第 14 位　OSCIE：振荡器失效中断使能位。0＝禁止；1＝使能。

第 13：0 位：保留。

6.1.6　应用电路

SPMC75 系列单片机系统时钟有两种应用电路。

（1）本机晶体振荡方式

本机晶体振荡方式应用电路如图 6 - 1 - 5 所示。

（2）外部时钟输入

外部时钟输入方式应用电路如图 6 - 1 - 6 所示。

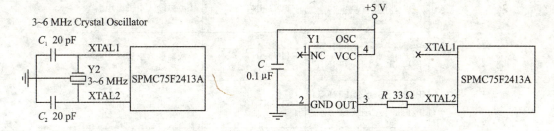

图 6 - 1 - 5　本机晶体振荡方式电路连接　　图 6 - 1 - 6　外部时钟输入方式电路连接

6.1.7　OSF 中断设计示例

下面是一段中断设计示例。

```
P_Clk_Ctrl->B.OSCIE = CB_CLK_OSCIE;           /* 使能振荡器中断 */
if(P_Clk_Ctrl->B.OSCSF & CB_CLK_OSCSF)        /* 查询振荡器状态标志 */
P_Clk_Ctrl->B.OSCSF = CB_CLK_OSCSF;           /* 清除振荡器状态标志 */
```

6.2 中　断

SPMC75 系列微控制器具有 38 个中断源。这些中断源可分为 BREAK、FIQ 和 IRQ0 ～ IRQ7 三类。BREAK、FIQ 和 IRQ 之间的优先级为：BREAK ＞ FIQ＞ IRQ0 ＞ IRQ1 ＞ IRQ2 ＞ IRQ3 ＞ IRQ4 ＞ IRQ5 ＞IRQ6 ＞ IRQ7。

SPMC75 系列微控制器支持两种中断模式：普通中断模式和中断嵌套模式。普通中断模式不支持 IRQ 中断嵌套，即高优先级 IRQ 中断不能打断低优先级中断服务程序的执行，FIQ 和 BREAK 中断可以打断任何 IRQ 中断服务的执行。中断嵌套模式支持 IRQ 中断的嵌套，即高优先级 IRQ 中断可以打断低优先级 IRQ 中断服务程序的执行，而且支持多级嵌套。在中断嵌套模式中，FIQ 和 BREAK 中断仍有最高优先级，可打断任何 IRQ 中断服务的执行。

注意：BREAK 在任何模式下均有最高优先级，而且它在任何模式下都可以打断其他中断服务的执行，包括 FIQ。

6.2.1 IRQ 中断向量分配

SPMC75 系列微控制器的 IRQ 有 IRQ0～IRQ7 共 8 个中断向量。这 8 个中断向量被分配给系统的 35 个中断源。表 6-2-1 概述了每个 IRQ 中断向量的中断源分配情况。

表 6-2-1　IRQ 中断分配表

等级	寄存器查询中断标志	名称	描述
IRQ0 （最高）	P_INT_Status. FTIF 和 P_Fault1_Ctrl. FTPINIF	FTIN1_INT	故障输入引脚 1 中断
	P_INT_Status. FTIF 和 P_Fault2_Ctrl. FTPINIF	FTIN2_INT	故障输入引脚 2 中断
	P_INT_Status. FTIF 和 P_Fault1_Ctrl. OSF	OS1_INT	输出短路 1 中断
	P_INT_Status. FTIF 和 P_Fault2_Ctrl. OSF	OS2_INT	输出短路 2 中断
	P_INT_Status. OLIF 和 P_OL1_Ctrl. OLIF	OL1_INT	过载引脚 1 中断
	P_INT_Status. OLIF 和 P_OL2_Ctrl. OLIF	OL2_INT	过载引脚 2 中断
	P_INT_Status. OSCSF 和 P_Clk_Ctrl. OSCSF	OSCF_INT	振荡器故障中断

续表 6 - 2 - 1

等 级	寄存器查询中断标志	名 称	描 述
IRQ1	P_INT_Status. PDC0IF 和 P_TMR0_Status. TPRIF	TPR0_INT	定时器 PDC0 TPR 中断
	P_INT_Status. PDC0IF 和 P_TMR0_Status. TGAIF	TGRA0_INT	定时器 PDC0 TGRA 中断
	P_INT_Status. PDC0IF 和 P_TMR0_Status. TGBIF	TGRB0_INT	定时器 PDC0 TGRB 中断
	P_INT_Status. PDC0IF 和 P_TMR0_Status. TGCIF	TGRC0_INT	定时器 PDC0 TGRC 中断
	P_INT_Status. PDC0IF 和 P_TMR0_Status. PDCIF	PDC0_INT	定时器 PDC0 位置改变侦测中断
	P_INT_Status. PDC0IF 和 P_TMR0_Status. TCVIF	TCV0_INT	定时器 PDC0 计数器上溢中断
	P_INT_Status. PDC0IF 和 P_TMR0_Status. TCUIF	TUV0_INT	定时器 PDC0 计数器下溢中断
IRQ2	P_INT_Status. PDC1IF 和 P_TMR1_Status. TPRIF	TPR1_INT	定时器 PDC1 TPR 中断
	P_INT_Status. PDC1IF 和 P_TMR1_Status. TGAIF	TPRA1_INT	定时器 PDC1 TPRA 中断
	P_INT_Status. PDC1IF 和 P_TMR1_Status. TGBIF	TPRB1_INT	定时器 PDC1 TPRB 中断
	P_INT_Status. PDC1IF 和 P_TMR1_Status. TGCIF	TPRC1_INT	定时器 PDC1 TPRC 中断
	P_INT_Status. PDC1IF 和 P_TMR1_Status. PDCIF	PDC1_INT	定时器 PDC1 位置改变侦测中断
	P_INT_Status. PDC1IF 和 P_TMR1_Status. TCVIF	TCV1_INT	定时器 PDC1 计数器溢出中断
	P_INT_Status. PDC1IF 和 P_TMR1_Status. TCUIF	TUV1_INT	定时器 PDC1 计数器下溢中断
IRQ3	P_INT_Status. MCP3IF 和 P_TMR3_Status. TPRIF	TPR3_INT	定时器 MCP3 TPR 中断
	P_INT_Status. MCP3IF 和 P_TMR3_Status. TGDIF	TGRD3_INT	定时器 MCP3 TGRD 中断
	P_INT_Status. MCP4IF 和 P_TMR4_Status. TPRIF	TPR4_INT	定时器 MCP4 TPR 中断
	P_INT_Status. MCP4IF 和 P_TMR4_Status. TGDIF	TGRD4_INT	定时器 MCP4 TGRD 中断

等 级	寄存器查询中断标志	名 称	描 述
IRQ4	P_INT_Status. TPM2IF 和 P_TMR2_Status. TPRIF	TPR2_INT	定时器 TPM2 TPR 中断
	IRQ4 P_INT_Status. TPM2IF 和 P_TMR2_Status. TGAIF	TGRA2_INT	定时器 TPM2 TGRA 中断
	P_INT_Status. TPM2IF 和 P_TMR2_Status. TGBIF	TGRB2_INT	定时器 TPM2 TGRB 中断
IRQ5	P_INT_Status. EXT0IF	EXT0_INT	外部中断 0
	P_INT_Status. EXT1IF	EXT1_INT	外部中断 1
IRQ6	P_INT_Status. UARTIF 和 P_UART_Status. RXIF	UART_RX_INT UART	接收完成中断
	P_INT_Status. UARTIF 和 P_UART_Status. TXIF	UART_TX_INT UART	发送就绪中断
	P_INT_Status. SPIIF 和 P_SPI_RxStatus. SPIRXIF	SPI_RX_INT	SPI 接收中断
	P_INT_Status. SPIIF 和 P_SPI_TxStatus. SPITXIF	SPI_TX_INT	SPI 发送中断
IRQ7 (最低)	P_INT_Status. KEYIF	IOKEY_INT	IO 按键唤醒中断
	P_INT_Status. ADCIF 和 P_ADC_Ctrl. ADCIF	ADC_INT	模/数转换完成中断
	P_INT_Status. CMTIF 和 P_CMT_Ctrl. CM0IF	CMT0_INT	比较匹配定时器 CMT0 中断
	P_INT_Status. CMTIF 和 P_CMT_Ctrl. CM1IF	CMT1_INT	比较匹配定时器 CMT1 中断

6.2.2 控制寄存器

SPMC75 系列微控制器的中断控制模块共有 3 个控制寄存器,如表 6 - 2 - 2 所列。通过这 3 个控制寄存器可以完成中断控制模块所有功能的控制。

表 6 - 2 - 2 中断控制模块的控制寄存器

地 址	寄存器	名 称
70A0h	P_INT_Status	中断状态标志寄存器
70A4h	P_INT_Priority	IRQ 与 FIQ 优先级选择寄存器
70A8h	P_MisINT_Ctrl	综合中断控制寄存器

① P_INT_Status($ 70A0):中断状态标志寄存器(见表 6 - 2 - 3)。

该寄存器标识了按键唤醒、UART、SPI、EXT1、EXT0、模/数转换器、TMR4、TMR3、TMR2、TMR1、TMR0、比较匹配定时器、振荡器状态的中断源的中断状态,可查询是否发生

表 6 - 2 - 3   中断状态标志寄存器

B15	B14	B13	B12	B11	B10	B9	B8
R/W	R	R	R	R	R	R	R
0	0	0	0	0	0	0	0
KEYIF	UARTIF	SPIIF	EXT1IF	EXT0IF	ADCIF	MCP4IF	MCP3IF
B7	B6	B5	B4	B3	B2	B1	B0
R/W	R	R	R	R	R	R	R
0	0	0	0	0	0	0	0
TPM2IF	PDC1IF	PDC0IF	CMTIF	保留	OLIF	OSCSF	FTIF

相应的中断事件。

第 15 位   KEYIF：按键唤醒中断状态标志，指示按键唤醒中断是否发生，写入"1"可清除此标志。0＝未发生；   1＝已发生。

第 14 位   UARTIF：UART 中断状态标志，指示 UART 中断是否发生。0＝未发生；   1＝已发生。

第 13 位   SPIIF：SPI 中断状态标志，指示 SPI 中断是否发生。0＝未发生；   1＝已发生。

第 12 位   EXT1IF：外部中断 1 的状态标志，指示外部中断 1 是否发生，写入"1"可清除此标志。0＝未发生；   1＝已发生。

第 11 位   EXT0IF：外部中断 0 的状态标志，指示外部中断 0 是否发生，写入"1"可清除此标志。0＝未发生；   1＝已发生。

第 10 位   ADCIF：模/数转换器中断的状态标志，指示模/数转换器中断是否发生。0＝未发生；   1＝已发生。

此位也储存在 ADC 模块中。

第 9 位   MCP4IF：定时器 MCP4 中断的状态标志，指示定时器 MCP4 中断是否发生。0＝未发生；   1＝已发生。

第 8 位   MCP3IF：定时器 MCP3 中断的状态标志，指示定时器 MCP3 中断是否发生。0＝未发生；   1＝已发生。

第 7 位   TPM2IF：定时器 TPM2 中断的状态标志，指示定时器 TPM2 中断是否发生。0＝未发生；   1＝已发生。

第 6 位   PDC1IF：定时器 PDC1 中断的状态标志，指示定时器 PDC1 中断是否发生。0＝未发生定时器 PDC1 的中断；   1＝已发生定时器 PDC1 的中断。

第 5 位   PDC0IF：定时器 PDC0 中断的状态标志，指示定时器 PDC0 中断是否发生。读出：0＝未发生定时器 PDC0 的中断；   1＝已发生定时器 PDC0 的中断。

第 4 位   CMTIF：比较匹配定时器 CMT 中断的状态标志，指示比较匹配定时器中断是否发生。0＝未发生 CMT 中断；   1＝已发生 CMT 中断。

第 3 位：保留。

第 2 位   OLIF：过载中断的状态标志，指示是否发生过载。0＝未发生 CMT 中断；   1＝已发生 CMT 中断。

第 1 位　OSCSF：振荡器的状态标志，指示芯片内晶体振荡器或外部输入时钟是否正常运行，如果振荡器或外部时钟输入停止，此位被置位"1"。0＝振荡器运行正常；　1＝振荡器故障。

将此位写为"1"可清除此标志。

第 0 位　FTIF：故障保护中断的状态标志，指示故障保护中断是否发生。

共有 4 个可能的中断源：FTINP1、FTINP2、TIO3A～F 输出短路和 TIO4A～F 输出短路。如果以上 4 个中断标志中的任何一个被置"1"，此标志的读取值为"1"。0＝未发生；1＝已发生。

② P_INT_Priority($ 70A4)：IRQ 与 FIQ 优先级选择寄存器（见表 6-2-4）。

该寄存器用来设置各外设中断源的优先级，可将中断源设为 IRQ 或 FIQ，默认中断等级为 IRQ。在 P_INT_Priority 中，同时只能有一个中断源被设为 FIQ。

表 6-2-4　IRQ 与 FIQ 优先级选择寄存器

B15	B14	B13	B12	B11	B10	B9	B8
R/W	R/W	R/W	R	R/W	R/W	R/W	R/W
0	0	0	0	0	0	0	0
KEYIP	UARTIP	SPIIP	保留	EXTIP	ADCIP	MCP4IP	MCP3IP
B7	B6	B5	B4	B3	B2	B1	B0
R/W	R/W	R/W	R/W	R	R	R/W	R/W
0	0	0	0	0	0	0	0
TPM2IP	PDC1IP	PDC0IP	CMTIP	保留	OLIP	OSCIP	FTIP

第 15 位　KEYIP：按键唤醒中断优先权选择位，可选择按键唤醒中断优先权。0＝IRQ7；　1＝FIQ。

第 14 位　UARTIP：UART 中断优先权选择位，可选择 UART 中断优先权。0＝IRQ7；1＝FIQ。

第 13 位　SPIIP：SPI 中断优先权选择位，可选择 SPI 中断优先权。0＝IRQ6；　1＝FIQ。

第 12 位：保留。

第 11 位　EXTIP：外部中断优先权选择位，可选择外部中断优先权。0＝IRQ5；　1＝FIQ。

第 10 位　ADCIP：ADC 中断优先权选择位，可选择 ADC 中断优先权 0＝IRQ7；　1＝FIQ。

第 9 位　MCP4IP：定时器 MCP4 的中断优先权选择位，可选择定时器 MCP4 的中断优先权。0＝IRQ3；　1＝FIQ。

第 8 位　MCP3IP：定时器 MCP3 的中断优先权选择位，可选择定时器 MCP3 的中断优先权。0＝IRQ3；　1＝FIQ。

第 7 位　TPM2IP：定时器 TPM2 的中断优先权选择位，可选择定时器 TPM2 的中断优先权。0＝IRQ4；　1＝FIQ。

第 6 位　PDC1IP：定时器 PDC1 的中断优先权选择位，可选择定时器 PDC1 的中断优先权。0＝IRQ2；　1＝FIQ。

第 5 位　PDC0IP：定时器 PDC0 的中断优先权选择位，可选择定时器 PDC0 的中断优先权。0＝IRQ1；　1＝FIQ。

第 4 位　CMTIP：CMT 中断优先权选择位，可选择 CMT 中断优先权。0＝IRQ7；　1＝FIQ。

第 3 位：保留。

第 2 位　OLIP：过载中断优先权选择位，可选择过载中断优先权。0＝IRQ0；　1＝FIQ。

第 1 位　OSCIP：振荡器故障中断优先权选择位，可选择振荡器故障中断优先权。0＝IRQ0；　1＝FIQ。

第 0 位　FTIP：故障保护中断优先权选择位。此位可以选择故障保护中断优先权。0＝IRQ0；　1＝FIQ。

③ P_MisINT_Ctrl(＄70A8)：综合中断控制寄存器(见表 6－2－5)。

该寄存器用来使能按键唤醒中断、外部中断 0 和外部中断 1，还用作设置外部中断的触发边沿。

表 6－2－5　综合中断控制寄存器

B15	B14	B13	B12	B11	B10	B9	B8
R/W	R/W	R/W	R/W	R/W	R	R	R
0	0	0	0	0	0	0	0
KEYIE	EXT1MS	EXT0MS	EXT1IE	EXT0IE	保留		
B7	B6	B5	B4	B3	B2	B1	B0
R	R	R	R	R	R	R	R
0	0	0	0	0 ·	0	0	0
保留							

第 15 位　KEYIE：按键唤醒中断允许位写入。0＝禁止；　1＝允许。

第 14 位　EXT1MS：外部中断 1 触发器边沿选择位，可选择 EXINT1 的触发器边沿。0＝上升沿触发器；　1＝下降沿触发器。

第 13 位　EXT0MS：外部中断 0 边沿触发器选择位，可选择 EXINT1 的触发器边沿。0＝上升沿触发；　1＝下降沿触发。

第 12 位　EXT1IE：外部中断 1 的允许位。外部中断输入 EXINT1 按 $f_{sys}/2$ 时钟频率取样。任何小于 4 倍取样时钟频率的脉冲都会被忽略。0＝禁止；　1＝允许。

第 11 位　EXT0IE：外部中断 0 的允许位。外部中断输入 EXINT0 按 $f_{sys}/2$ 时钟频率取样。任何小于 4 倍取样时钟频率的脉冲都会被忽略。0＝禁止；　1＝允许。

第 10：0 位：保留。

6.2.3　中断模型

在中断过程中，返回的 PC 值与 SR 寄存器由 CPU 自动保存到堆栈。典型用法是：用户应该在中断发生时保存关键寄存器的值,如 R1～R5 寄存器,由软件编程来实现。保存信息的动作通常被称为"入栈",而在中断返回前的恢复动作通常被称为"出栈"。任何中断都应由"RETI"指令返回,否则堆栈溢出,与数据区重叠,系统会发生崩溃。

中断时的堆栈响应如图 6-2-1 所示。

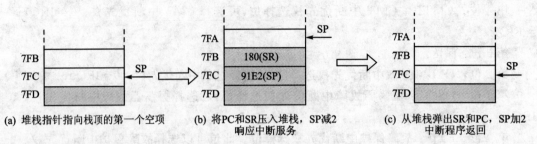

(a) 堆栈指针指向栈顶的第一个空项　　(b) 将PC和SR压入堆栈,SP减2　　(c) 从堆栈弹出SR和PC,SP加2
　　　　　　　　　　　　　　　　　响应中断服务　　　　　　　　　中断程序返回

图 6-2-1　中断时的堆栈响应

保护和恢复 R1～R5 寄存器代码如下:

```
push r1,r5 to [sp]
⋮
pop r1,r5 from [sp]
reti
```

下面的指令给出了 SPMC75 系列微控制器中断服务程序的框架结构。中断入口的名称由编译器保留,不要更改入口的名称。

(1) 使用汇编语言

```
//********************************************
//Function：Fast Interrupt Service routine Area
//Service for (1) FIQ
//(2) IRQ 0～IRQ 7
//Users FIQ must hook on here
//_FIQ：//快速中断入口
//_IRQ1：//中断入口
//_IRQ2：//中断入口
//_IRQ3：//中断入口
//_IRQ4：//中断入口
//_IRQ5：//中断入口
//_IRQ6：//中断入口
//_IRQ7：//中断入口
//********************************************
.include SPMC75F2413A.inc //包含寄存器定义和常数定义
.TEXT
.public _BREAK;
.public _FIQ;
.public _IRQ0,_IRQ1,_IRQ2,_IRQ3,_IRQ4,_IRQ5,_IRQ6,_IRQ7
//==============================================
//功能：中断服务子程序区域
//FIQ 服务子程序
```

```
// ================================================
_FIQ:
push r1,r5 to [sp];
//------------------------------------------------
//Add FIQ Function
//------------------------------------------------
pop r1,r5 from [sp];
reti;
// ================================================
//功能：中断服务子程序区域
//IRQ1~IRQ7 服务子程序
//用户的 IRQ 必须在这里调用
// ================================================
_BREAK:
push r1,r5 to [sp];
//------------------------------------------------
//加入中断服务程序
//------------------------------------------------
pop r1,r5 from [sp];
reti;
// ================================================
_IRQ0:
push r1,r5 to [sp];
//------------------------------------------------
//Add FTINT function
//------------------------------------------------
pop r1,r5 from [sp];
reti;
// ================================================
_IRQ1:
push r1,r5 to [sp];
//------------------------------------------------
//加入 PDC0 中断函数
//------------------------------------------------
pop r1,r5 from [sp];
reti;
// ================================================
_IRQ2:
push r1,r5 to [sp];
//------------------------------------------------
//加入 PDC1 中断函数
//------------------------------------------------
pop r1,r5 from [sp];
reti;
// ================================================
_IRQ3:
push r1,r5 to [sp];
```

```
//──────────────────────────────────────────────
//加入 MCP3 和 MCP4 中断函数
//──────────────────────────────────────────────
pop r1,r5 from [sp];
reti;
//================================================
_IRQ4:
push r1,r5 to [sp];
//──────────────────────────────────────────────
//加入 TPM2 中断函数
//──────────────────────────────────────────────
pop r1,r5 from [sp];
reti;
//================================================
_IRQ5:
push r1,r5 to [sp];
//──────────────────────────────────────────────
//加入外部中断(EXINT)函数
//──────────────────────────────────────────────
pop r1,r5 from [sp];
reti;
//================================================
_IRQ6:
push r1,r5 to [sp];
//──────────────────────────────────────────────
//加入 UART 和 SPI 函数
//──────────────────────────────────────────────
pop r1,r5 from [sp];
reti;
//================================================
_IRQ7:
push r1,r5 to [sp];
//──────────────────────────────────────────────
//加入  KEYINT、ADCINT、CMTINT 函数
//──────────────────────────────────────────────
pop r1,r5 from [sp];
reti;
//================================================
//End of isr.asm
//================================================
```

(2) 使用 C 语言

```
void BREAK(void) __attribute__ ((ISR));
void BREAK(void)
{
}
void FIQ(void) __attribute__ ((ISR));
```

```
void FIQ(void)
{
}
void IRQ0(void) __attribute__ ((ISR));
void IRQ0(void)
{
}
void IRQ1(void) __attribute__ ((ISR));
void IRQ1(void)
{
}
void IRQ2(void) __attribute__ ((ISR));
void IRQ2(void)
{
}
void IRQ3(void) __attribute__ ((ISR));
void IRQ3(void)
{
}
void IRQ4(void) __attribute__ ((ISR));
void IRQ4(void)
{
}
void IRQ5(void) __attribute__ ((ISR));
void IRQ5(void)
{
}
void IRQ6(void) __attribute__ ((ISR));
void IRQ6(void)
{
}
void IRQ7(void) __attribute__ ((ISR));
void IRQ7(void)
{
}
```

6.2.4 中断程序设计

当使用中断时,必须遵循下面给出的步骤:

① 通过 P_MisINT_Ctrl 控制寄存器或外设控制寄存器允许中断;

② 设置 P_INT_Priority($7061),以便对中断的 IRQ 与 FIQ 选择进行配置;

③ 使用下列指令来允许或禁止 IRQ 和 FIQ 中断:

a. IRQ on //打开 IRQ 中断

b. FIQ on //打开 FIQ 中断

c. INT IRQ //允许 IRQ 中断,禁止 FIQ

d. INT FIQ //允许 FIQ 中断,禁止 IRQ

e. INT FIQ,IRQ //同时允许 IRQ 和 FIQ 中断

f. IRQ off //禁止 IRQ 中断

g. FIQ off //禁止 FIQ 中断

【例 6 - 2 - 1】按键唤醒中断程序设计

```
/* 将 IOA[15]设置键唤醒中断源并使能该中断 */
P_IOA_SPE ->W = 0x0000;           /* 禁止 IOA 特殊功能 */
P_IOA_Dir ->W = 0x0000;           /* 置为输入 */
P_IOA_Attrib ->W = 0x0000;        /* 非悬浮输入 */
P_IOA_Buffer ->W = 0x0000;        /* 下拉 */
P_IOA_KCER ->B.KC15EN = 1;        /* 设置键唤醒源 */
P_MisINT_Ctrl ->B.KEYIE = 1;      /* 使能键唤醒中断 */
Data = P_IOA_Latch ->W;
INT_IRQ();
void IRQ7(void) __attribute__ ((ISR));
void IRQ7(void)
{
if(P_INT_Status ->B.KEYIF)        /* 清除键唤醒状态标志 */
P_INT_Status ->B.KEYIF = 1;
}
```

【例 6 - 2 - 2】外部中断程序设计

```
/* 将 IOC[2] 设置为外部中断源并使能该中断 */
P_IOC_SPE ->B.EXINT0EN = 1;       /* 使能外部中断 0 引脚 */
P_MisINT_Ctrl ->B.EXT0IE = 1;     /* 使能外部中断 0 */
INT_IRQ();
void IRQ5(void) __attribute__ ((ISR));
void IRQ5(void)
{
if(P_INT_Status ->B.EXT0IF)
P_INT_Status ->B.EXT0IF = 1;
}
```

第7章

定时器及应用

7.1 PDC 定时器模块

SPMC75 系列微控制器提供了 PDC0 和 PDC1 两个 PDC 定时器,用于捕获功能和产生 PWM 波形输出,具有侦测无刷直流电机位置改变的特性。PDC 定时器非常适用于机械速度的计算,如交流感应电机和无刷直流电机,侦测无刷直流电机(转子)位置而控制其变换电流。定时器 PDC0 和 PDC 1 的整体框图如图 7-1-1 所示。PDC 定时器的详细规格说明如表 7-1-1 所列。

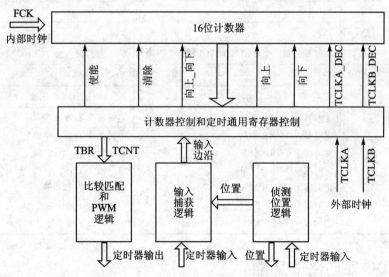

图 7-1-1 PDC 定时器功能示意框图

表 7-1-1 PDC 定时器规格

功 能	PDC 定时器 0	PDC 定时器 1
时钟源	内部时钟:$f_{CK}/1$、$f_{CK}/4$、$f_{CK}/16$、$f_{CK}/64$、$f_{CK}/256$、$f_{CK}/1024$ 外部时钟:TCLKA、TCLKB	内部时钟:$f_{CK}/1$、$f_{CK}/4$、$f_{CK}/16$、$f_{CK}/64$、$f_{CK}/256$、$f_{CK}/1024$ 外部时钟:TCLKA、TCLKB
IO 引脚	TIO0A、TIO0B、TIO0C	TIO1A、TIO1B、TIO1C
定时通用寄存器	P_TMR0_TGRA、P_TMR0_TGRB、P_TMR0_TGRC	P_TMR1_TGRA、P_TMR1_TGRB、P_TMR1_TGRC

续表 7 - 1 - 1

功　能		PDC 定时器 0	PDC 定时器 1
定时缓冲寄存器		P_TMR0_TBRA、P_TMR0_TBRB、P_TMR0_TBRC	P_TMR1_TBRA、P_TMR1_TBRB、P_TMR1_TBRC
定时周期和计数寄存器		P_TMR0_TPR、P_TMR0_TCNT	P_TMR1_TPR、P_TMR1_TCNT
捕获采样时钟		内部时钟：$f_{CK}/1$、$f_{CK}/2$、$f_{CK}/4$、$f_{CK}/8$	内部时钟：$f_{CK}/1$、$f_{CK}/2$、$f_{CK}/4$、$f_{CK}/8$
计数边沿		上升、下降、双沿计数	上升、下降、双沿计数
计数清除源		根据 P_TMR0_TGRA、P_TMR0_TGRB、P_TMR0_TGRC 捕获输入清除 根据 P_POS0_DectData 侦测位置改变数据变化清除 根据 P_TMR0_TPR 比较匹配清除	根据 P_TMR1_TGRA、P_TMR1_TGRB、P_TMR1_TGRC 捕获输入清除 根据 P_POS1_DectData 侦测位置改变数据变化清除 根据 P_TMR1_TPR 比较匹配清除
输入捕获功能		Yes	Yes
PWM 比较匹配 输出功能	1 输出	Yes	Yes
	0 输出	Yes	Yes
	输出保持	Yes	Yes
边沿 PWM		Yes	Yes
中心 PWM		Yes	Yes
相位计数模式		Yes，相位输入为 TCLKA/TCLKB	Yes，相位输入为 TCLKC/TCLKD
定时器缓冲操作		Yes	Yes
A/D 转换触发		P_TMR0_TGRA 比较匹配	P_TMR1_TGRA 比较匹配
中断源		定时器 0 TPR 中断 定时器 0 TGRA 中断 定时器 0 TGRB 中断 定时器 0 TGRC 中断 定时器 0 PDC 中断 定时器 0 上溢中断 定时器 0 下溢中断	定时器 1 TPR 中断 定时器 1 TGRA 中断 定时器 1 TGRB 中断 定时器 1 TGRC 中断 定时器 1 PDC 中断 定时器 1 上溢中断 定时器 1 下溢中断

7.1.1　PDC 定时器的功能

1. PDC 定时器的功能

PDC 定时器有如下功能：

➤ 能够处理总计 6 路捕获，或霍尔信号输入，或输出 6 路 PWM 波形；

➤ 6 个定时通用寄存器（TGRAx/TGRBx/TGRCx，x＝0，1），每个通道各有 3 个寄存器作为 PWM 输出或输入捕获功能；

➤ 6 个定时缓冲寄存器（TBRAx/TBRBx/TBRCx，x＝0，1），每个通道各有 3 个缓冲寄存器作为 PWM 缓冲输出或输入捕获功能；

➤ 8 个可编程的时钟源，6 个内部时钟源（$f_{CK}/1$、$f_{CK}/4$、$f_{CK}/16$、$f_{CK}/64$、$f_{CK}/256$、$f_{CK}/1024$）和 2 个外部时钟源（TCLKA 和 TCLKB）。

2. 可编程的定时器操作模式

(1) 定时计数模式

① 标准计数模式：连续递增计数。

② PWM 功能：在比较匹配和输出保持时既可以选择输出 0，也可以选择输出 1。

③ 输入捕获功能：选择由上升沿、下降沿、双沿（上升、下降）触发捕获或位置改变侦测。

(2) PWM 模式

每个定时器能输出 3 个独立的占空比可设定的 PWM。

(3) 边沿 PWM 波形发生模式

PWM 以标准递增计数方式输出。

(4) 中心(Center – aligned)PWM 波形发生模式

PWM 以递增/递减模式输出。

(5) 侦测位置改变模块(PDC)

可编程的位置信号输入采样时钟：4 个内部时钟源（$f_{CK}/4$，$f_{CK}/8$，$f_{CK}/32$ 和 $f_{CK}/128$）。

可编程的位置采样模式：PWM 有输出时采样、周期性采样、下相(UN、VN、WN)导通时采样。

可编程的位置信号采样计数：以便避免脉冲干扰位置数据。

3. 总计 14 个中断源

➤ 定时器周期寄存器比较匹配中断和计数器上溢/下溢中断源；

➤ 3 个 TGR 寄存器比较匹配中断源；

➤ 侦测位置改变中断源。

4. 定时器缓冲操作

输入捕获寄存器可以构成双缓冲器。PWM 占空比寄存器(TGRA/B/C)会在周期中断时同步更新。

➤ 定时器比较匹配和周期初始值可以任意设定。

➤ 只读 16 位递增/递减计数寄存器：P_TMRx_TCNT（x=0,1）。

➤ 16 位可读/写周期寄存器：P_TMRx_TPR（x=0,1），提供系统时间基准。

➤ 3 个 16 位定时通用寄存器：P_TMRx_TGRA、P_TMRx_TGRB、P_TMRx_TGRC（x=0,1），用于输入捕获和 PWM 输出。

➤ 3 个只读定时缓冲寄存器：P_TMRx_TBRA、P_TMRx_TBRB、P_TMRx_TBRC（x=0,1），是以上提到的定时通用寄存器缓冲器。

➤ 16 位可读/写定时控制寄存器 P_TMRx_Ctrl 和输入/输出控制寄存器 P_TMRx_IOC-trl（x=0,1），后者是进行捕获输入或者 PWM 输出模式的选择。

➤ 16 位可读/写定时中断使能寄存器 P_TMRx_INT，提供 7 个中断源；一个 16 位可读可写中断状态寄存器 P_TMRx_Status（x=0,1），记录中断的标志。

➤ 16 位可读/写位置侦测控制寄存器 P_POSx_DectCtrl 和位置侦测数据寄存器 P_POSx_DectData（x=0,1），用于位置信号反馈。

7.1.2 PDC 定时器输入/输出特殊功能引脚

PDC 定时器输入/输出特殊功能引脚功能说明如表 7 – 1 – 2 所列。

表 7 - 1 - 2　PDC 定时器输入/输出特殊功能引脚功能说明

通　道	引脚名称	I/O	功　能
定时器 PDC 外部 时钟输入	TCLKA	输入	外部时钟 A 输入(定时器 PDC0 相位计数模式 A 相输入)
	TCLKB	输入	外部时钟 B 输入(定时器 PDC0 相位计数模式 B 相输入)
	TCLKC	输入	外部时钟 C 输入(定时器 PDC1 相位计数模式 C 相输入)
	TCLKD	输入	外部时钟 D 输入(定时器 PDC1 相位计数模式 D 相输入)
定时器 PDC0	TIO0A	I/O	P_TMR0_TGRA 输入捕获/PWM 输出引脚
	TIO0B	I/O	P_TMR0_TGRB 输入捕获/PWM 输出引脚
	TIO0C	I/O	P_TMR0_TGRC 输入捕获/PWM 输出引脚
定时器 PDC1	TIO1A	I/O	P_TMR1_TGRA 输入捕获/PWM 输出引脚
	TIO1B	I/O	P_TMR1_TGRB 输入捕获/PWM 输出引脚
	TIO1C	I/O	P_TMR1_TGRC 输入捕获/PWM 输出引脚

7.1.3　PDC 定时器的工作模式

SPMC75 系列微控制器内 PDC 定时器具有以下 5 种工作模式,P_TMRx_Ctrl(x=0,1)寄存器中 MODE 的值决定了 PDC 定时计数的模式。当定时器启动寄存器 P_TMR_Start 相应位置 1 时,定时器就从 0x0000 开始计数。P_TMRx_Ctrl(x=0,1)寄存器中的 CCLS 位的值决定了计数清除源。

标准操作(普通的递增计数):

➢ 相位计数模式 1～4;

➢ 依靠外部时钟输入引脚 TCLKA 或 TCLKB 计数;

➢ 边沿 PWM 模式(连续计数,PWM 输出模式);

➢ 中心 PWM 模式(递增/递减计数,PWM 输出模式)。

1. 连续递增计数和边沿 PWM 输出模式

每个 PDC 定时器都可由 P_TMRx_Ctrl(x=0,1)寄存器的 MODE 位设置为边沿 PWM 输出模式或没有任何 PWM 输出的标准操作模式。计数器从 0x0000 开始以递增方式计数,一直计数到与定时周期寄存器的设定值匹配为止。在这种模式下,用户需要设定 P_TMRx_TPR(x=0,1)寄存器,并将计数清除源(CCLS)设置成由周期比较匹配来清除。

PDC 定时器进行连续递增计数,其输入时钟源依据相应定时控制寄存器中 TMRPS 的值所决定。当定时器计数的值与定时器周期寄存器的值相等时,周期比较匹配中断标志 TPRIF 置位,定时计数器清零。如果 P_TMRx_INT(x=0,1)寄存器中的 TPRIE 位使能,则产生周期中断请求;如果 P_TMRx_INT(x=0,1)寄存器中的下溢中断使能 TCUIE 置位,计数寄存器变化到 0x0000 时,将产生计数下溢中断请求;如果 P_TMRx_INT(x=0,1)寄存器中的上溢中断使能

TCVIE 置位,计数寄存器递增到 0xFFFF 时,将产生计数上溢中断请求;如果定时计数器的值与 TGRA、TGRB 或 TGRC 匹配上后,就发生了通用寄存器比较匹配事件;如果定时中断控制寄存器的相应位 TGAIE、TGBIE 或 TGCIE 为使能状态,则产生通用寄存器比较匹配中断。P_TMRx _TPR (x=0,1)的初始值可以是 0x0000~0xFFFF 之间的任何数值。定时器的时钟源既可以选择外部时钟输入,也可以选择内部时钟源。PDC 定时器的标准递增计数模式如图 7-1-2 所示。

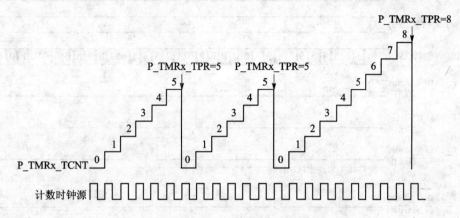

图 7-1-2　连续递增计数模式

在边沿 PWM 模式下,用户必须设置 P_TMRx_TPR (x= 0,1)周期寄存器和 P_TMRx_ TGRy (y =A,B,C)通用寄存器,然后将计数清除,源设置为定时器周期,比较匹配事件清除。比较匹配输出状态设置是在 P_TMRx_IOCtrl (x= 0,1)控制寄存器中。定时器 PDC0 的边沿 PWM 标准连续递增计数模式如图 7-1-3 所示,图 7-1-4 描述边沿 PWM 输出模式的时序。

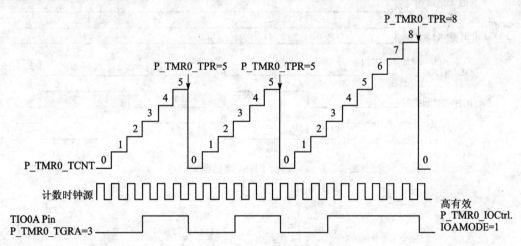

图 7-1-3　边沿 PWM 模式

2. 连续递增/递减计数和中心 PWM 输出模式

连续递增/递减计数模式的操作与递增计数模式基本相同,唯一不同的是,定时器周期寄存器设置了整个计数过程的中间过渡点,计数过程中先递增,当达到定时周期寄存器设定值后开始递减。定时器的周期是寄存器 P_TMRx_TPR (x=0,1)中设置值的 2 倍。连续递增/递减计数模式如图 7-1-5 所示。

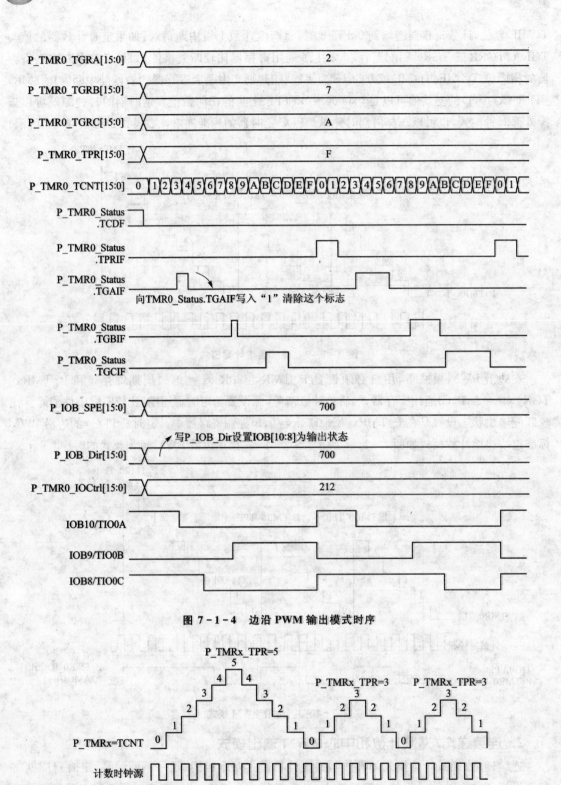

图 7 - 1 - 4 边沿 PWM 输出模式时序

图 7 - 1 - 5 连续递增/递减计数模式

PDC 定时器周期寄存器的初始值可以是 0x0000～0xFFFF 中的任何数值,当计数寄存器的值与周期定时寄存器的值相等的时候,PDC 定时器开始递减计数,直到零。在该过程中,上溢、下溢中断的发生情况与递增计数模式的描述相同。计数的方向由 P_TMRx_Status（x＝0,1)寄存器的 TCDF 位显示。定时器的时钟源既可以选择外部时钟输入,也可以选择内部时钟源。如图 7-1-6 所示为定时器 PDC0 在递增/递减计数模式下的中心 PWM 模式。

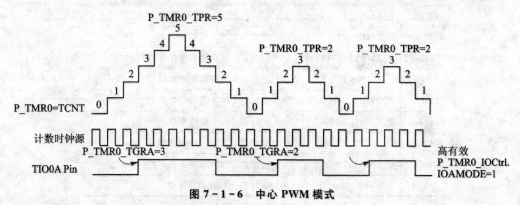

图 7-1-6 中心 PWM 模式

7.1.4 PDC 定时器控制寄存器

SPMC75 系列微控制器的 PDC0 和 PDC1 模块共有 29 个控制寄存器,如表 7-1-3 所列。通过这 29 个控制寄存器可以完成 PDC0 和 PDC1 模块所有功能的控制。

表 7-1-3 定时器 PDC0 和 PDC1 的控制寄存器

地　址	寄存器	名　称
7400h	P_TMR0_Ctrl	定时器 PDC0 控制寄存器
7410h	P_TMR0_IOCtrl	定时器 PDC0 输入/输出控制寄存器
7420h	P_TMR0_INT	定时器 PDC0 中断使能寄存器
7425h	P_TMR0_Status	定时器 PDC0 中断状态寄存器
7462h	P_POS0_DectCtrl	定时器 PDC0 位置侦测控制寄存器
7464h	P_POS0_DectData	定时器 PDC0 位置侦测数据寄存器
7430h	P_TMR0_TCNT	定时器 PDC0 计数寄存器
7435h	P_TMR0_TPR	定时器 PDC0 周期寄存器
7440h	P_TMR0_TGRA	定时器 PDC0 通用寄存器 A
7441h	P_TMR0_TGRB	定时器 PDC0 通用寄存器 B
7442h	P_TMR0_TGRC	定时器 PDC0 通用寄存器 C
7450h	P_TMR0_TBRA	定时器 PDC0 缓冲寄存器 A
7451h	P_TMR0_TBRB	定时器 PDC0 缓冲寄存器 B
7452h	P_TMR0_TBRC	定时器 PDC0 缓冲寄存器 C
7401h	P_TMR1_Ctrl	定时器 PDC1 控制寄存器
7411h	P_TMR1_IOCtrl	定时器 PDC1 输入/输出寄存器
7421h	P_TMR1_INT	定时器 PDC1 中断使能寄存器

地　址	寄存器	名　称
7436h	P_TMR1_Status	定时器 PDC1 中断状态寄存器
7463h	P_POS1_DectCtrl	定时器 PDC1 位置侦测控制寄存器
7465h	P_POS1_DectData	定时器 PDC1 位置侦测数据寄存器
7431h	P_TMR1_TCNT	定时器 PDC1 计数寄存器
7436h	P_TMR1_TPR	定时器 PDC1 周期寄存器
7443h	P_TMR1_TGRA	定时器 PDC1 通用寄存器 A
7444h	P_TMR1_TGRB	定时器 PDC1 通用寄存器 B
7445h	P_TMR1_TGRC	定时器 PDC1 通用寄存器 C
7453h	P_TMR1_TBRA	定时器 PDC1 缓冲寄存器 A
7454h	P_TMR1_TBRB	定时器 PDC1 缓冲寄存器 B
7455h	P_TMR1_TBRC	定时器 PDC1 缓冲寄存器 C
7405h	P_TMR_Start	定时器计数启动寄存器

寄存器 P_TMRx_Ctrl（x＝0,1）设置时钟源的选择、计数时钟边沿、计数器清除源、计数器清除边沿、输入捕获采样时钟和时钟操作模式。TCLKA 和 TCLKB 引脚的时钟输入将由系统时钟 f_{CK} 采样，任何小于四倍采样时钟脉冲宽度的信号都会被忽略。当设置为双沿触发计数时，输入时钟频率加倍。每个定时器 PDC 都可由 P_TMRx_Ctrl（x＝0,1）寄存器的 MODE 位设置为 PWM 输出模式或没有 PWM 输出的标准操作模式。当 MODE 位设置为相位计数模式时，则 PDC0 的输入是 TCLKA/TCLKB 的信号，PDC1 的输入是 TCLKC/TCLKD 的信号。相位计数模式下时钟源应为内部时钟。

➤ P_TMR0_Ctrl（＄7400）：PDC0 控制寄存器；

➤ P_TMR1_Ctrl（＄7401）：PDC1 控制寄存器。

PDC 定时器的控制寄存器如表 7 - 1 - 4 所列。

表 7 - 1 - 4　PDC 定时器的控制寄存器

B15	B14	B13	B12	B11	B10	B9	B8
R/W	R/W	R/W	R/W	R/W	R/W	R/W	R/W
0	0	0	0	0	0	0	0
SPCK		MODE				CLEGS	

B7	B6	B5	B4	B3	B2	B1	B0
R/W	R/W	R/W	R/W	R/W	R/W	R/W	R/W
0	0	0	0	0	0	0	0
CCLS		CKEGS			TMRPS		

第 15：14 位　SPCK：捕获输入采样时钟选择位，用于选择捕获输入的采样时钟，大于采样时钟频率 1/4 的输入将被忽略。$00＝f_{CK}/1$；$01＝f_{CK}/2$；$10＝f_{CK}/4$；$11＝f_{CK}/8$。

第 13：10 位　MODE：模式选择位，用于选择定时器操作模式。0000＝标准模式（连续递增计数）；0100＝相位计数模式 1；0101＝相位计数模式 2；0110＝相位计数模式 3；0111＝相位计数模式 4;1x0x＝边沿 PWM 模式(连续递增计数,PWM 输出);1x1x＝中心 PWM 模式(连续递增/递减计数,PWM 输出)。

第 9:8 位　CLEGS:计数器清除边沿选择位,用于输入捕获模式下选择计数器清除边沿。00＝不清除;01＝上升沿;10＝下降沿;11＝双沿。

第 7:5 位　CCLS:计数器清除源选择位,用于选择 TCNT 的计数清除源。000＝禁止进行 TCNT 清除;001＝由 P_TMRx_TGRA (x=0,1)比较匹配或捕获输入清除 TCNT;010＝由 P_TMRx_TGRB (x=0,1)比较匹配或捕获输入清除 TCNT;011＝由 P_TMRx_TGRC (x=0,1)比较匹配或捕获输入清除 TCNT;100＝每 6 次 P_POSx_DectData(x=0,1)变化清除 1 次 TCNT;101＝每 3 次 P_POSx_DectData(x=0,1)变化清除 1 次 TCNT;110＝每次 P_POSx_DectData(x=0,1)变化清除 1 次 TCNT;111＝P_TMRx_TPR (x=0,1)比较匹配事件发生,清除 1 次 TCNT。

第 4:3 位　CKEGS:时钟边沿选择位,用于选择输入的时钟边沿触发方式。当输入时钟为双沿计数时,相当于输入时钟频率加倍。若选择 $f_{CK}/1$ 为计数时钟,如果为双沿触发,那么计数器将以上升沿方式工作。00＝上升沿计数;01＝下降沿计数;1x＝双沿计数。

第 2:0 位　TMRPS:定时器分频选择,用于选择 TCNT 计数时钟源。每个通道可分别选择不同的时钟源。000＝$f_{CK}/1$ 下计数;001＝$f_{CK}/4$ 下计数;010＝$f_{CK}/16$ 下计数;011＝$f_{CK}/64$ 下计数;100＝$f_{CK}/256$ 下计数;101＝$f_{CK}/1\,024$ 下计数;110＝以 TCLKA 引脚输入时钟计数;111＝以 TCLKB 引脚输入时钟计数。

1. PDC 定时器的输入/输出控制寄存器

P_TMRx_IOCtrl (x＝0,1)寄存器控制着 TIOxA、TIOxB 和 TIOxC (x=0,1)引脚上的 PWM 输出或捕获输入操作方式。通过设置位于 P_TMRx_Ctrl (x=0,1)寄存器中的 CCLS 位和 MODE 位可以确定定时器输入/输出动作的模式;当选择 PWM 输出模式时,IOAMODE/IOBMODE/IOCMODE 这些位决定着波形输出模式;当选择捕获输入模式时,IOAMODE/IOBMODE/IOCMODE 这些位则对包括侦测位置改变事件在内的捕获操作进行设置。

➢ P_TMR0_IOCtrl ($7410):定时器 PDC0 输入/输出控制寄存器;
➢ P_TMR1_IOCtrl ($7411):定时器 PDC1 输入/输出控制寄存器。

PDC 定时器的输入/输出控制寄存器如表 7-1-5 所列。

表 7-1-5　PDC 定时器的输入/输出控制寄存器

B15	B14	B13	B12	B11	B10	B9	B8
R	R	R	R	R/W	R/W	R/W	R/W
0	0	0	0	0	0	0	0
保留				IOCMODE			

B7	B6	B5	B4	B3	B2	B1	B0
R/W	R/W	R/W	R/W	R/W	R/W	R/W	R/W
0	0	0	0	0	0	0	0
IOBMODE				IOAMODE			

第 15：12 位：保留。

第 11：8 位　IOCMODE：选择定时器 PDC0/定时器 PDC1 端口 C 设置。

第 7：4 位　IOBMODE：选择定时器 PDC0/定时器 PDC1 端口 B 设置。

第 3：0 位　IOAMODE：选择定时器 PDC0/定时器 PDC1 端口 A 设置。

PWM 比较匹配输出模式：0000＝初始输出 0，当比较匹配时输出 0；0001＝初始输出 0，当比较匹配时输出 1；0010＝初始输出 1，当比较匹配时输出 0；0011＝初始输出 1，当比较匹配时输出 1；101xx＝输出保持。

输入捕获模式：

1000＝上升沿发生捕获事件中断；1001＝下降沿发生捕获事件中断；101x＝双沿发生捕获事件中断；11xx＝当侦测到位置改变时捕获输入（捕获 TCNT 寄存器值；到 TGR 寄存器）并产生中断（仅适用于 TGRA 寄存器）。

2. PDC 定时器的中断使能寄存器

P_TMRx_INT（x＝0,1）寄存器用来设置以下功能：当 TGRA 比较匹配完成后是否启动 A/D 转换、发生侦测位置改变中断请求、TCNT 上溢/下溢、TGRA、TGRB、TGRC 周期寄存器比较匹配和输入捕获/比较匹配中断请求。

➢ P_TMR0_INT（$7420）：定时器 PDC0 中断使能寄存器；

➢ P_TMR1_INT（$7421）：定时器 PDC1 中断使能寄存器。

PDC 定时器的中断使能寄存器如表 7－1－6 所列。

表 7－1－6　PDC 定时器的中断使能寄存器

B15	B14	B13	B12	B11	B10	B9	B8
R	R	R	R	R	R	R	R/W
0	0	0	0	0	0	0	0
保留							PDCIE

B7	B6	B5	B4	B3	B2	B1	B0
R/W	R/W	R/W	R/W	R	R/W	R/W	R/W
0	0	0	0	0	0	0	0
TADSE	TCUIE	TCVIE	TPRIE	保留	TGCIE	TGBIE	TGAIE

第 15：9 位：保留。

第 8 位　PDCIE：侦测位置改变中断使能位。使能或禁止来自 P_POSx_DectData（x＝0,1）寄存器的侦测位置改变中断请求。0＝禁止；1＝使能。

第 7 位　TADSE：A/D 转换启动请求使能位。使能或禁止当 TGRA 比较匹配完成后是否需要进行 A/D 转换。0＝禁止；1＝使能。

第 6 位　TCUIE：下溢中断使能位。使能或禁止由计数器下溢产生的中断请求。0＝禁止；1＝使能。

第 5 位　TCVIE：上溢中断使能位。使能或禁止由计数器上溢产生的中断请求。0＝禁止；1＝使能。

第 4 位　TPRIE：定时器周期寄存器中断使能位。使能或禁止由 TPR 寄存器比较匹配产生的中断请求。0＝禁止； 1＝使能。

第 3 位：保留。

第 2 位　TGCIE：定时器通用寄存器 C 中断使能位。使能或禁止由 TGRC 寄存器的输入捕获或比较匹配产生的中断请求。0＝禁止； 1＝使能。

第 1 位　TGBIE：定时器通用寄存器 B 中断使能位。使能或禁止由 TGRB 寄存器的输入捕获或比较匹配产生的中断请求。0＝禁止； 1＝使能。

第 0 位　TGAIE：定时器通用寄存器 A 中断使能位。使能或禁止由 TGRA 寄存器的输入捕获或比较匹配产生的中断请求。0＝禁止； 1＝使能。

3. PDC 定时器的中断状态寄存器

中断状态寄存器指明了如下事件的发生：侦测位置改变，TCNT 下溢/上溢，周期寄存器比较匹配和 TGRA、TGRB、TGRC 的输入捕获/比较匹配等事件。这些标志指出了中断源。当 P_TMRx_INT(x＝0,1)中相应中断使能位设置后，就可产生中断。TCDF 位表示在中心 PWM 模式或相位计数模式下计数器的计数方向。

➤ P_TMR0_Status（$7425）：定时器 PDC0 中断状态寄存器；

➤ P_TMR1_Status（$7426）：定时器 PDC1 中断状态寄存器。

PDC 定时器的中断状态寄存器如表 7-1-7 所列。

表 7-1-7　PDC 定时器的中断状态寄存器

B15	B14	B13	B12	B11	B10	B9	B8
R	R	R	R	R	R	R	R/W
0	0	0	0	0	0	0	0
保留							PDCIF
B7	B6	B5	B4	B3	B2	B1	B0
R/W	R/W	R/W	R/W	R	R/W	R/W	R/W
0	0	0	0	0	0	0	0
TCDF	TCUIF	TCVIF	TPRIF	保留	TGCIF	TGBIF	TGAIF

第 15：9 位：保留。

第 8 位　PDCIF：侦测位置改变标志。该状态标志指明位置侦测寄存器内容是否有所变化。写入"1"可清除该标志。0 ＝位置无变化； 1 ＝位置有变化。

第 7 位　TCDF：定时计数器方向标志，表示 TCNT 计数时的方向。0 ＝递增计数； 1 ＝递减计数。

第 6 位　TCUIF：定时计数器下溢标志，表示在相位计数模式下 TCNT 是否发生数据下溢。写入"1"可清除该标志。0 ＝未发生下溢； 1 ＝发生下溢。

第 5 位　TCVIF：定时计数器上溢标志，表示在相位计数模式下 TCNT 是否发生数据上溢。写入"1"可清除该标志。0 ＝未发生上溢； 1 ＝发生上溢。

第 4 位　TPRIF：定时器周期寄存器比较匹配标志，表示 TPR 寄存器的比较匹配事件是否发生。写入"1"可清除该标志。0 ＝未发生比较匹配事件； 1 ＝发生比较匹配事件。

第 3 位：保留。

第 2 位　TGCIF：定时器通用寄存器 C 输入捕获/比较匹配标志,表示了 TGRC 寄存器输入捕获或者比较匹配事件是否发生。写入"1"可清除该标志。0 ＝未发生输入捕获/比较匹配； 1 ＝发生输入捕获/比较匹配。

第 1 位　TGBIF：定时器通用寄存器 B 输入捕获/比较匹配标志,表示了 TGRB 寄存器输入捕获或者比较匹配事件是否发生。写入"1"可清除该标志。0 ＝未发生输入捕获/比较匹配； 1 ＝发生输入捕获/比较匹配。

第 0 位　TGAIF：定时器通用寄存器 A 输入捕获/比较匹配标志,表示了 TGRA 寄存器输入捕获或者比较匹配事件是否发生。写入"1"可清除该标志。0 ＝未发生输入捕获/比较匹配； 1 ＝发生输入捕获/比较匹配。

4. 定时器启动寄存器

P_TMR_Start 寄存器用来启动/停止 P_TMRx_TCNT（x＝0~4）的计数。一旦停止工作,P_TMRx_TCNT（x＝0 - 4）会自动清零。将 TMR0ST 或 TMR1ST 位写入 1 将会立即启动 P_TMR0_TCNT 或 P_TMR1_TCNT,反之,写入 0,则立即停止 P_TMR0_TCNT 或 P_TMR1_TCNT。

P_TMR_Start（＄7405）：定时器计数启动寄存器。

定时器计数启动寄存器如表 7 - 1 - 8 所列。

表 7 - 1 - 8　定时器计数启动寄存器

B15	B14	B13	B12	B11	B10	B9	B8
R	R	R	R	R	R	R	R
0	0	0	0	0	0	0	0
保留							
B7	B6	B5	B4	B3	B2	B1	B0
R	R	R	R/W	R/W	R/W	R/W	R/W
0	0	0	0	0	0	0	0
保留			TMR4ST	TMR3ST	TMR2ST	TMR1ST	TMR0ST

第 15：5 位：保留。

第 4 位　TMR4ST：定时器 MCP4 计数启动设置。0＝停止计数； 1＝开始计数。

第 3 位　TMR3ST：定时器 MCP3 计数启动设置。0＝停止计数； 1＝开始计数。

第 2 位　TMR2ST：定时器 TPM2 计数启动设置。0＝停止计数； 1＝开始计数。

第 1 位　TMR1ST：定时器 PDC1 计数启动设置。0＝停止计数； 1＝开始计数。

第 0 位　TMR0ST：定时器 PDC0 计数启动设置。0＝停止计数； 1＝开始计数。

5. PDC 定时器的侦测位置改变控制寄存器

在 SPMC75 系列微控制器中有两个位置侦测控制寄存器：PDC0 的 P_POS0_DectCtrl 和定时器 PDC1 的 P_POS1_DectCtrl。这两个寄存器控制了来自 TIOxA、TIOxB 和 TIOxC（x＝0,1）引脚上的位置侦测信号采样的设定。采样参数包括采样时钟、有效采样计数选择和采样延时,均可编程。

SPLMOD 位决定着位置信号的采样条件,有 3 种模式可选择：PWM 有输出时采样、周期性采样、下相(UN、VN、WN)导通时采样。SPLCNT 位选择采样的延时,用于在采样完成,但 PWM 仍有输出或下相(UN、VN、WN)导通的情况下,防止功率管导通的瞬态干扰造成的错误侦测。

➤ P_POS0_DectCtrl（＄7462）：PDC0 位置侦测控制寄存器;

➤ P_POS1_DectCtrl（＄7463）：PDC1 位置侦测控制寄存器。

PDC 定时器的侦测位置改变控制寄存器如表 7－1－9 所列。

表 7－1－9　PDC 定时器的侦测位置改变控制寄存器

B15	B14	B13	B12	B11	B10	B9	B8
R/W	R/W	R/W	R/W	R/W	R/W	R/W	R/W
0	0	0	0	0	0	0	0
SPLCK		SPLMOD		SPLCNT			

B7	B6	B5	B4	B3	B2	B1	B0
R/W	R/W	R/W	R/W	R/W	R/W	R/W	R/W
0	0	0	0	0	0	0	0
PDEN	SPDLY						

第 15：14 位　SPLCK：采样时钟选择位。$00 = f_{CK}/4$；$01 = f_{CK}/8$；$10 = f_{CK}/32$；$11 = f_{CK}/128$。

第 13：12 位 SPLMOD：采样模式选择位。$00 =$ 在 Ux、Vx、Wx、UxN、VxN、WxN 有效并延迟 SPDLY 个计数周期后采样;$01 =$ 立即采样,不管采样延迟计数器 SPDLY 的设置;$10 =$ 下相(UxN、VxN、WxN)导通并延迟 SPDLY 个计数周期后采样;$11 =$ 保留。

第 11：8 位　SPLCNT：采样次数设置。用来设置侦测位置信号时的采样次数。外部位置信号必须连续采样 SPLCNT 次才算作有效的位置信号,采样次数的有效值为 1～15 次。0 和 1 都是 1 次。

第 7 位　PDEN：位置侦测使能位,用于使能/禁止来自 TIOA－C 引脚的位置输入信号的位置侦测功能。使能时,对这些引脚上的输入信号进行采样,将结果锁存入 POS_DectData 寄存器的 PDR[2：0]位中,一旦禁止该功能,PDR[2：0]中仍保持先前的状态。$0 =$ 禁止;　$1 =$ 使能。

第 6：0 位　SPDLY：采样延时计数设置。用于避免在 PWM 输出开启瞬间的噪声干扰导致的侦测错误。这个计数器在 Ux、Vx、Wx、UxN、VxN、WxN 有效后开始工作。

6. PDC 定时器的位置侦测数据寄存器

当前采集到的经过噪声滤波的位置侦测数据锁存在位置侦测数据寄存器里。可以在位置侦测控制寄存器 P_POSx_DectCtrl(x＝0,1)里进行采样设定。

➤ P_POS0_DectData（＄7464）：PDC0 位置侦测数据寄存器;

➤ P_POS1_DectData（＄7465）：PDC1 位置侦测数据寄存器。

PDC 定时器的位置侦测数据寄存器如表 7－1－10 所列。

表 7 - 1 - 10　PDC 定时器的位置侦测数据寄存器

B15	B14	B13	B12	B11	B10	B9	B8
R	R	R	R	R	R	R	R
0	0	0	0	0	0	0	0
保留							
B7	B6	B5	B4	B3	B2	B1	B0
R	R	R	R	R	R	R	R
0	0	0	0	0	0	0	0
保留					PDR		

第 15：3 位：保留。

第 2：0 位　PDR：PDR[2] = 来自引脚 TIO0C 的经过噪声滤波的位置侦测数据输入；PDR[1] = 来自引脚 TIO0B 的经过噪声滤波的位置侦测数据输入；PDR[0] = 来自引脚 TIO0A 的经过噪声滤波的位置侦测数据输入。

7. PDC 定时器的计数寄存器

PDC 定时器有两个 16 位只读 TCNT 计数器（P_TMR0_TCNT 和 P_TMR1_TCNT），可以根据输入时钟进行递增/递减计数，分别负责 PDC0 和 PDC1 的计数。

用相应的定时控制寄存器的 TMRPS 位选择输入时钟及分频，在中心 PWM 模式下 P_TMR0_TCNT 和 P_TMR1_TCNT 为递增/递减计数；在其他模式下，只能递增计数。TCNT 计数器重新清零，继续递增计数，计数清除源包括 TGRA、TGRB、TGRC 和 P_TMR0_TPR 寄存器，或者侦测到在 P_POSx_DectData（x=0 ,1)中有数据变化。当 TCNT 计数器发生上溢时，相应通道的中断状态寄存器中的 TCUIF 标志位置 1。

➤ P_TMR0_TCNT（＄7430）：PDC0 计数寄存器；

➤ P_TMR1_TCNT（＄7431）：PDC1 计数寄存器。

PDC 定时器的计数寄存器如表 7 - 1 - 11 所列。

表 7 - 1 - 11　PDC 定时器的计数寄存器

B15	B14	B13	B12	B11	B10	B9	B8
R	R	R	R	R	R	R	R
0	0	0	0	0	0	0	0
TMRCNT							
B7	B6	B5	B4	B3	B2	B1	B0
R	R	R	R	R	R	R	R
0	0	0	0	0	0	0	0
TMRCNT							

8. PDC 定时器的通用寄存器

TGRA、TGRB、TGRC 是 16 位寄存器。PDC 定时器有 6 个定时通用寄存器，PDC0 和 PDC1 各占 3 个。TGR 寄存器为可读可写的 16 位双功能寄存器，既可作为 PWM 输出，也可作为捕获输入。TGR 与 TCNT 的值不断比较，当 TGR 寄存器用作 PWM 输出寄存器功能时，一旦两值相等，相应定时器中断状态寄存器里的 TGAIF、TGBIF、TGCIF 置位 1。比较匹配的输出可以由 P_TMRx_IOCtrl（x= 0,1）中的 IOAMODE、IOBMODE 和 IOCMODE 来选择。当 TGR 寄存器用于输入捕获寄存器时，TCNT 的值会在外部信号侦测后存储下来，这时，相应定时器中断状态寄存器里的 TGAIF、TGBIF、TGCIF 置位 1。捕获输入的侦测边沿可以由 TIOxA、TIOxB 和 TIOxC（x=0,1）进行选择并且可通过 P_TMRx_Ctrl（x=0,1）寄存器里的 CCLS 位进行编程。

在 PWM 模式下，无论选择边沿 PWM 模式或中心 PWM 模式，TGR 寄存器都用作占空比值寄存器。复位时，TGR 寄存器初始值为 0x0000。

当 CCLS 置位成 100'b、101'b、110'b 时，PDC 计数器有位置捕获计数功能，主要用于驱动无刷直流电机。霍尔位置信号连接到 TIOxA,TIOxB,TIOxC（x=0,1）引脚上。TCNT 寄存器的值根据 CCLS 的设置情况存入 TGRA 寄存器，且 CLEGS 位应设置在双沿清除。当发生侦测位置改变事件时，TCNT 寄存器的值被锁存入 TGRA，同时 TCNT 寄存器被复位为 0x0000。用户可用该信息读出 TGRA 的正确值并计算出电机的速度。

➤ P_TMR0_TGRA（$7440）：PDC0 通用寄存器 A；
➤ P_TMR0_TGRB（$7441）：PDC0 通用寄存器 B；
➤ P_TMR0_TGRC（$7442）：PDC0 通用寄存器 C；
➤ P_TMR1_TGRA（$7443）：PDC1 通用寄存器 A；
➤ P_TMR1_TGRB（$7444）：PDC1 通用寄存器 B；
➤ P_TMR1_TGRC（$7445）：PDC1 通用寄存器 C。

PDC 定时器的通用寄存器如表 7-1-12 所列。

表 7-1-12　PDC 定时器的通用寄存器

B15	B14	B13	B12	B11	B10	B9	B8
R/W	R/W	R/W	R/W	R/W	R/W	R/W	R/W
0	0	0	0	0	0	0	0
TMRGLR							
B7	B6	B5	B4	B3	B2	B1	B0
R/W	R/W	R/W	R/W	R/W	R/W	R/W	R/W
0	0	0	0	0	0	0	0
TMRGLR							

9. PDC 定时器的缓冲寄存器

输入捕获寄存器由 TBRA、TBRB、TBRC 和 TGRA、TGRB、TGRC 构成双缓冲结构。PWM 比较匹配寄存器可被同步更新。

P_TMR0_TBRA（$7450）：PDC0 缓冲寄存器 A；

P_TMR0_TBRB（＄7451）：PDC0 缓冲寄存器 B；

P_TMR0_TBRC（＄7452）：PDC0 缓冲寄存器 C；

P_TMR1_TBRA（＄7453）：PDC1 缓冲寄存器 A；

P_TMR1_TBRB（＄7454）：PDC1 缓冲寄存器 B；

P_TMR1_TBRC（＄7455）：PDC1 缓冲寄存器 C。

PDC 定时器的缓冲寄存器如表 7-1-13 所列。

表 7-1-13　PDC 定时器的缓冲寄存器

B15	B14	B13	B12	B11	B10	B9	B8
R	R	R	R	R	R	R	R
0	0	0	0	0	0	0	0
TMRBUF							
B7	B6	B5	B4	B3	B2	B1	B0
R	R	R	R	R	R	R	R
0	0	0	0	0	0	0	0
TMRBUF							

10. PDC 定时器的周期寄存器

P_TMRx_TPR（x=0,1）是一个 16 位可读/可写寄存器，用于设定定时器的计数周期。当 P_TMRx_TCNT（x=0,1）寄存器的计数达到 P_TMRx_TPR（x=0,1）寄存器的值时，P_TMRx_TCNT（x=0,1）寄存器会根据 P_TMRx_Ctrl（x=0,1）寄存器中的模式位清除计数器（递增计数模式）或转为向下计数（连续递增/递减计数模式）。P_TMRx_TPR（x=0,1）的默认值是 0xFFFF，当它的值设定为 0x0000 时，P_TMRx_TCNT（x=0,1）计数器会停止计数并保持 0x0000 的值。

➤ P_TMR0_TPR（＄7435）：PDC0 周期寄存器；

➤ P_TMR1_TPR（＄7436）：PDC1 周期寄存器。

PDC 定时器的周期寄存器如表 7-1-14 所列。

表 7-1-14　PDC 定时器的周期寄存器

B15	B14	B13	B12	B11	B10	B9	B8
R/W	R/W	R/W	R/W	R/W	R/W	R/W	R/W
1	1	1	1	1	1	1	1
TMRPRD							
B7	B6	B5	B4	B3	B2	B1	B0
R/W	R/W	R/W	R/W	R/W	R/W	R/W	R/W
1	1	1	1	1	1	1	1
TMRPRD							

7.1.5 PDC 定时器的标准计数操作

P_TMRx_TCNT（x＝0,1）的初始值是 0x0000,P_TMRx_TPR（x＝0,1）的初始值是 0xFFFF。当 TMR0ST 或 TMR1ST 位置 1,PDC 定时器相应的 P_TMRx_TCNT 寄存器就开始递增计数。计数器上溢后 P_TMRx_Status（x＝0,1）中的 TCVIF 位会置 1,同时 PDC 定时器会产生一个中断请求。溢出后,P_TMRx_TCNT（x ＝0,1）寄存器会重新从 0x0000 开始递增计数。当 P_TMRx_TCNT（x ＝0,1）寄存器选择一个周期匹配事件作为清除源时,计数器以周期性计数方式操作。通过将 CCLS 设定为 111'b,设置 P_TMRx_TPR（x＝0,1）寄存器的周期值和清除源。设置后,当 TMR0ST 或 TMR1ST 位置 1,计数器开始作周期递增的操作,当计数值达到 P_TMRx_TPR（x＝0,1）寄存器设置的值后,PDC 定时器中断状态寄存器的 TPRIF 位变为 1 且计数寄存器复位为 0x0000。如果 P_TMRx_INT（x＝0,1）寄存器中的 TPRIE 位为使能,则发生 PDC 定时器中断请求。PDC 定时器标准计数操作的程序流程图如图 7-1-7 所示。

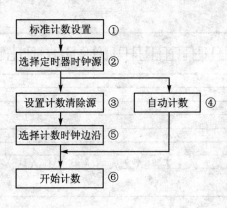

描述:
① 将控制寄存器中的MODE位设置为 0000'b;

② 通过TMRPS位选择定时器时钟源为外部时钟或内部时钟;

③ 设置P_TMRx_TPR(x=0, 1)并且CCLS位设置为111'b;

④ CCLS采用默认设置000'b, 即禁止进行TCNT清除, 计数器计数到0xFFFF溢出后重新从0x0000开始计数;

⑤ 通过控制寄存器中的CKEGS位选择计数边沿;

⑥ 通过P_TMR_Start寄存器中的TMR0ST或TMR1ST的置位, 启动计数器工作。

图 7-1-7 标准计数操作的程序流程图

7.1.6 PDC 定时器的 PWM 比较匹配输出操作

PDC 定时器有 2 个通道可完成总计 6 路 PWM 比较匹配输出功能。当 P_TMRx_TCNT（x ＝0,1）与 P_TMRx_TGRA、P_TMRx_TGRB、P_TMRx_TGRC（x＝0,1）寄存器比较匹配时,TIOxA、TIOxB、TIOxC（x＝0,1）引脚输出的 PWM 波形可为高有效、低有效、输出保持。如图 7-1-8 所示为 PWM 比较匹配操作的编程流程图。图 7-1-9 描述了比较匹配输出和中断。

7.1.7 PDC 定时器的输入捕获操作

输入捕获操作可对连接在 TIOxA、TIOxB、TIOxC（x＝0,1）引脚上的信号进行测量,信号在上升沿时计数寄存器 P_TMRx_TCNT 的值将被存入 P_TMRx_TGRA、P_TMRx_TGRB 或 P_TMRx_TGRC 中;在下降沿时,计数寄存器 P_TMRx_TCNT 的值将被存入 P_TMRx_TBRA、P_TMRx_TBRB 或 P_TMRx_TBRC 中。

通过设置 P_TMRx_Ctrl（x＝0,1）中的 CLEGS 位,选择计数清除边沿,设置 CCLS 位设

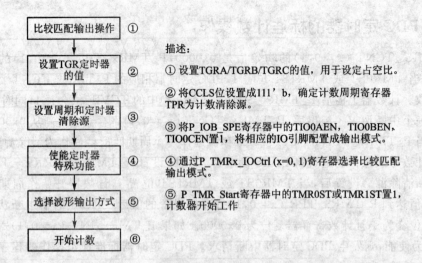

图 7 - 1 - 8　PWM 比较匹配输出操作的编程流程

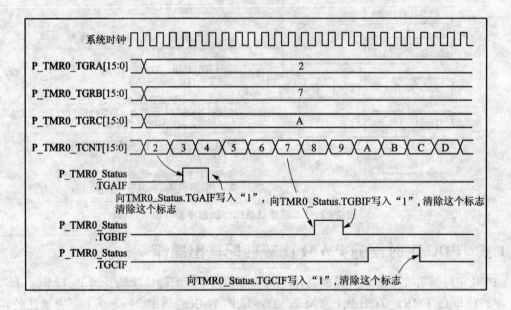

图 7 - 1 - 9　比较匹配输出和中断

置计数清除源,通过 P_TMRx_IOCtrl(x=0,1)寄存器的 IOAMODE、IOBMODE 和 IOC-MODE 位选择捕获边沿为上升沿、下降沿或者双沿。图 7 - 1 - 10 显示了捕获应用,信号连接 TIO0A。

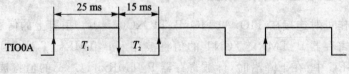

图 7 - 1 - 10　连接到 TIO0A 输入捕获信号

设置为输入捕获时,可以测量输入信号的脉宽和周期。图 7 - 1 - 11 所示为输入捕获信号脉宽和周期测量。表 7 - 1 - 15 显示了输入捕获的设置和结果。

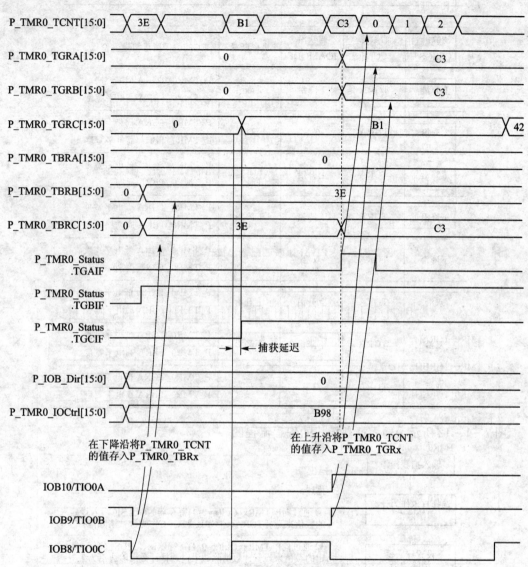

注：这里设置了P_TMR2_Ctrl.CCLS[2:0]，选择P_TMR0_TCRA输入为计数器清除源。

图 7 - 1 - 11   输入捕获信号脉宽和周期测量

表 7 - 1 - 15   捕获单路信号的设置及结果

设　置			结　果	
清除沿 CLEGS	清除源 CCLS	捕获沿 IOAMODE	进中断沿	测量结果
上升沿	TGRA	上升沿	上升沿	P_TMR0_TGRA 周期 P_TMR0_TBRA 高电平宽度

续表 7 – 1 – 15

设 置			结 果	
清除沿 CLEGS	清除源 CCLS	捕获沿 IOAMODE	进中断沿	测量结果
上升沿	TGRA	下降沿	下降沿	P_TMR0_TGRA 周期 P_TMR0_TBRA 高电平宽度
上升沿	TGRA	双沿	双沿	P_TMR0_TGRA 周期 P_TMR0_TBRA 高电平宽度
下降沿	TGRA	上升沿	上升沿	P_TMR0_TGRA 低电平宽度 P_TMR0_TBRA 周期
下降沿	TGRA	下降沿	下降沿	P_TMR0_TGRA 低电平宽度 P_TMR0_TBRA 周期
下降沿	TGRA	双沿	双沿	P_TMR0_TGRA 低电平宽度 P_TMR0_TBRA 周期
双沿	TGRA	上升沿	上升沿	P_TMR0_TGRA 低电平宽度 P_TMR0_TBRA 高电平宽度
双沿	TGRA	下降沿	下降沿	P_TMR0_TGRA 低电平宽度 P_TMR0_TBRA 高电平宽度
双沿	TGRA	双沿	双沿	P_TMR0_TGRA 低电平宽度 P_TMR0_TBRA 高电平宽度

图 7 – 1 – 12 所示为输入捕获模式的编程流程图。

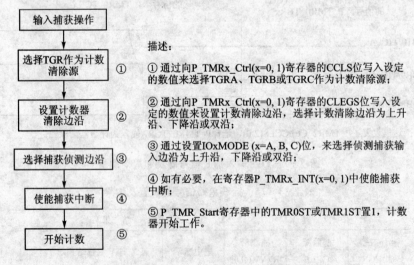

描述：

① 通过向 P_TMRx_Ctrl(x=0, 1) 寄存器的 CCLS 位写入设定的数值来选择 TGRA、TGRB 或 TGRC 作为计数清除源；

② 通过向 P_TMRx_Ctrl(x=0, 1) 寄存器的 CLEGS 位写入设定的数值来设置计数清除边沿，选择计数清除边沿为上升沿、下降沿或双沿；

③ 通过设置 IOxMODE (x=A, B, C) 位，来选择侦测捕获输入边沿为上升沿，下降沿或双沿；

④ 如有必要，在寄存器 P_TMRx_INT(x=0, 1) 中使能捕获中断；

⑤ P_TMR_Start 寄存器中的 TMR0ST 或 TMR1ST 置1，计数器开始工作。

图 7 – 1 – 12　输入捕获模式的编程流程示例

7.1.8　PDC 定时器的侦测位置改变模式操作

PDC 定时器模块内部集成了 BLDC(直流无刷电机)驱动用的位置侦测传感器接口电路，

为 BLDC 驱动提供便利。当 P_TMRx_Ctrl（x＝0,1）寄存器的 CCLS 位设置成 100'b、101'b 或 110'b 时，在操作过程中 P_TMRx_TCNT（x＝0,1）的值自动传递给 TGRA，寄存器 P_TMRx_TCNT(x＝0,1)即可将每隔 6 次、3 次或每次将位置数据存入 TGRA。只要有侦测位置改变事件发生，寄存器 P_TMRx_TCNT（x＝0,1）就将数据传到 TGRA，将 PDCIF 中断标志位置 1，之后复位为 0x0000。如果将在 P_TMRx_INT（x＝0,1）中的位置侦测中断使能位 PDCIE 置 1，则 PDC 向 CPU 发出 PDC 中断请求。

通过对 SPLCNT、SPLCK 和 SPLMOD 位的值进行设置，可避免在霍尔信号输入和位置侦测数据寄存器 P_POS0_DectData 中的噪声干扰，以使 P_POS0_DectData 能够锁存正确的位置数据。PDC 模式的编程流程图如图 7-1-13 所示，噪声滤波位置侦测时序如图 7-1-14 所示。

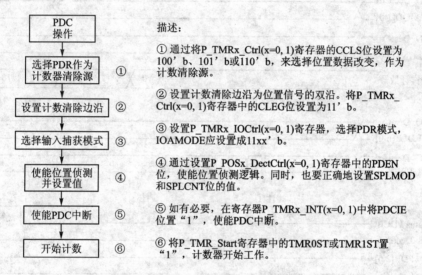

图 7-1-13　PDC 定时器操作的编程流程示例

7.1.9　PDC 定时器的相位计数模式操作

SPMC75 系列微控制器的 PDC 定时器支持 4 种相位计数模式。在相位计数模式中，如果两个外部时钟的输入不同，将会被侦测出，并且计数器会根据时钟相位关系递增或递减计数。该模式可以在 PDC0 和 PDC1 中设置，这种模式通常用于两相积分编码器脉冲输入。PDC0 的时钟源是 TCLKA 和 TCLKB 引脚，PDC1 的时钟源是 TCLKC 和 TCLKD 引脚。

1. 相位计数模式 1

在相位计数模式 1 中，当时钟源 TCLKB/TCLKD 滞后 TCLKA/TCLKC 90°时，P_TMRx_TCNT(x＝0,1)将一直向上计数；当时钟源 TCLKB/TCLKD 超前 TCLKA/TCLKC 90°时，P_TMRx_TCNT（x＝0,1)将一直向下计数。这种模式适用于带编码器的电机。

表 7-1-16 列出了相位计数模式 1 的关系。相位的分辨率将解码器解析扩大 4 倍（脉冲/解析）。如图 7-1-15 为相位计数模式 1 示例。

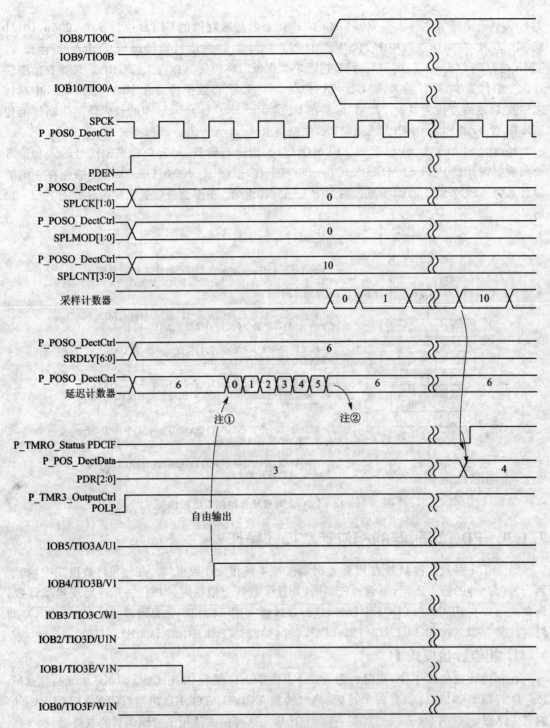

注：① 如果 P_POS0_DectCtrlSPLMOD=0,延迟计数器将在 MCP 定时器 3 根据 P_TMR3_Out-
putCtrl POLP 的设置输出真值后自动清零。

② 采样电路在延迟计数器计数到 P_POS0_DectCtrl SRDLY 的设置值之后将不会工作。

图 7－1－14 噪声滤波位置侦测时序

表 7 - 1 - 16　相位计数模式 1 的关系

TCLKA (PDC0) TCLKC (PDC1)	TCLKB (PDC0) TCLKD (PDC1)	计数操作	TCLKA (PDC0) TCLKC (PDC1)	TCLKB (PDC0) TCLKD (PDC1)	计数操作
H	上升	递增	H	下降	递减
L	下降		L	上升	
上升	L		上升	H	
下降	H		下降	L	

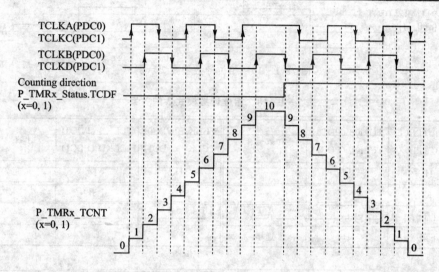

图 7 - 1 - 15　相位计数模式 1 示例

2. 相位计数模式 2

在相位计数模式 2 中,P_TMRx_TCNT(x=0,1)计数方向由 TCLKB/TCLKD 的逻辑电平决定。当 TCLKB/TCLKD 为逻辑高电平时,计数器向上计数;若 TCLKB/TCLKD 为逻辑低电平时,计数器向下计数。关系如表 7 - 1 - 17 所列。计数器的动作与 TCLKA/TCLKC 的下降沿同步。图 7 - 1 - 16 为相位计数模式 2 示例。

表 7 - 1 - 17　相位计数模式 2 的关系

TCLKA (PDC0) TCLKC (PDC1)	TCLKB (PDC0) TCLKD (PDC1)	计数操作	TCLKA (PDC0) TCLKC (PDC1)	TCLKB (PDC0) TCLKD (PDC1)	计数操作
H	上升	—	H	下降	—
L	下降	—	L	上升	—
上升	L	—	上升	H	—
下降	H	递增	下降	L	递减

3. 相位计数模式 3

在相位计数模式 3 中,当 TCLKB/TCLKD 保持逻辑高电平时,在 TCLKA/TCLKC 的下降沿 P_TMRx_TCNT(x=0,1)递增计数;当 TCLKA/TCLKC 保持逻辑高电平状态时,在 TCLKB/TCLKD 的下降沿 P_TMRx_TCNT(x=0,1)递减计数。关系如表 7 - 1 - 18 所列,

图 7-1-17 为相位计数模式 3 示例。

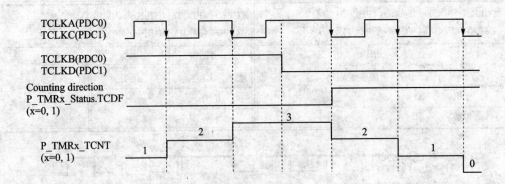

图 7-1-16 相位计数模式 2 示例

表 7-1-18 相位计数模式 3 的关系

TCLKA (PDC0) TCLKC (PDC1)	TCLKB (PDC0) TCLKD (PDC1)	计数操作	TCLKA (PDC0) TCLKC (PDC1)	TCLKB (PDC0) TCLKD (PDC1)	计数操作
H	上升	—	H	下降	递减
L	下降	—	L	上升	—
上升	L	—	上升	H	—
下降	H	递增	下降	L	—

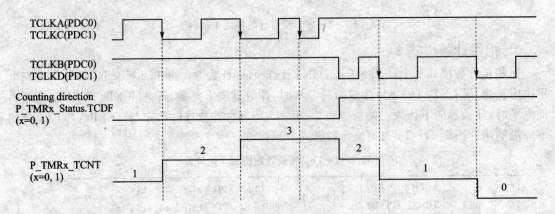

图 7-1-17 相位计数模式 3 示例

4. 相位计数模式 4

在相位计数模式 4 中,P_TMRx_TCNT (x=0,1)计数方向由 TCLKx (x=A,B,C,D)的逻辑电平和边沿的选择联合决定。当 TCLKx (x=A,C)为逻辑高/低电平,TCLKy (y=B,D)为时钟上升/下降沿时,触发计数器向上计数;当 TCLKx (x=A,C)为逻辑高/低电平,TCLKy (y=B,D)为时钟下降/上升沿时,触发计数器向下计数。关系如表 7-1-19 所列,图 7-1-18 为相位计数模式 4 示例。

表 7 - 1 - 19　相位计数模式 4 的关系

TCLKA (PDC0) TCLKC (PDC1)	TCLKB (PDC0) TCLKD (PDC1)	计数操作	TCLKA (PDC0) TCLKC (PDC1)	TCLKB (PDC0) TCLKD (PDC1)	计数操作
H	上升	递增	H	下降	递减
L	下降	递增	L	上升	递减
上升	L	—	上升	H	—
下降	H	—	下降	L	—

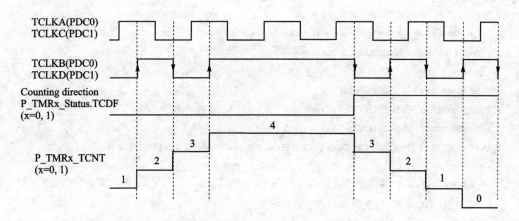

图 7 - 1 - 18　相位计数模式 4 示例

图 7 - 1 - 19 是相位计数模式编辑流程示例。

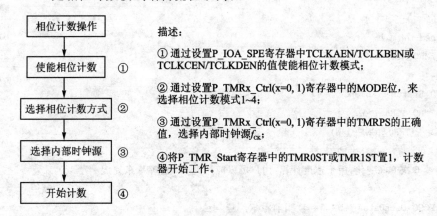

描述:

① 通过设置P_IOA_SPE寄存器中TCLKAEN/TCLKBEN或TCLKCEN/TCLKDEN的值使能相位计数模式;

② 通过设置P_TMRx_Ctrl(x=0, 1)寄存器中的MODE位,来选择相位计数模式1~4;

③ 通过设置P_TMRx_Ctrl(x=0, 1)寄存器中的TMRPS的正确值,选择内部时钟源f_{CK};

④将P_TMR_Start寄存器中的TMR0ST或TMR1ST置1,计数器开始工作。

图 7 - 1 - 19　相位计数模式编程流程示例

7.1.10　设计参考

【例 7 - 1 - 1】以下演示了一个无刷直流电机驱动中 PDC 位置侦测和速度计算的编程过程。

```
/******************************************************/
/* Init_PDC0():初始化 PDC0 模块并使能 PDC 中断 */
/* 侦测控制用来预防信号干扰 */
```

```
/**********************************************/
void Init_PDC0(void)
{
P_TMR0_Ctrl->W = CW_TMR0_TMRPS_FCK div64 | CW_TMR0_CCLS_PDR6 | \
CW_TMR0_CLEGS_Both | CW_TMR0_MODE_Normal;
    /* 上升沿计数,每 6 次 PDR 变化清除一次 */
    /* 以 f_CK/64 频率计数,上升沿 */
    /* 标准计数模式 */
P_TMR0_IOCtrl->W = CW_TMR0_IOAMODE_Capture_PDR;
P_TMR0_INT->W = CW_TMR0_PDCIE_ENABLE;            /* 使能 PDC0 中断 */
    /* ============================== */
    /* Position detection control 0 setup */
    /* ============================== */
P_POS0_DectCtrl->B.PDEN = 1;                      /* 使能侦测位置 */
P_POS0_DectCtrl->B.SPLMOD = 1;                    /* 周期采样 */
P_POS0_DectCtrl->B.SPLCNT = 15;
P_POS0_DectCtrl->W |= CW_TMR0_PDCR_SPLCK_FCKdiv128; /* Init_PDC0() */
}
/**********************************************/
/* IRQ1() : PDC 中断,用于换流和速度计算 */
/**********************************************/
void IRQ1(void) __attribute__ ((ISR));
void IRQ1(void)
{
unsigned int n,h;
if(P_TMR0_Status->B.PDCIF)
{
P_TMR0_Status->B.PDCIF = 1;
n = P_TMR0_TGRA->W;
if(n > P_TMR0_TCNT->W)
{
/* 连续 6 次 PDR 变化,用于速度计算,用户可以应用 P_TMR0_TGRA 来完成 */
}
h = P_POS0_DectData->W; /* 读当前霍尔信号 */
//do BLDC motor phase commutation
}
} /* IRQ1() */
```

【例 7-1-2】通过中断程序取得位置侦测数据并读取自霍尔传感信号输入的捕获计数器的值。位置侦测中断和捕获模块是两个不同且分别独立的外设功能。因此二者可同时有效。捕获计数值只存储在 TGRA 中,同时向 CPU 发出中断请求。以下是具体编码范例。

```
# include "Spmc75_regs.h"
# include "unspmacro.h"
```

```c
int main(void)
{
disable_FIQ_IRQ();
Init_TMR3 ();                                        /* 初始化 MCP3 模块 */
P_IOB_SPE->W = 0x003F;                               /* 使能 UVW-1 输出特殊功能 */
P_TMR3_IOCtrl->W = 0x0111;                           /* TIO3A ～TIO3F 输出使能 */
P_TMR3_OutputCtrl->B.DUTYMODE = 0;                   /* 三相共用 TGRA 寄存器 */
P_TMR3_OutputCtrl->B.POLP = CB_TMR3_POLP_Active_High; /* 高有效 */
P_POS0_DectCtrl->W = 0x0000;                         /* 采样时钟 = $f_{CK}/4$ */
P_POS0_DectCtrl->B.SPLMOD = 1;                       /* 周期采样 */
/* TMR0 CCP special function Enable */
P_TMR0_INT->B.PDCIE = 1;                             /* 使能位置改变中断 */
P_POS0_DectCtrl->B.PDEN = 1;                         /* 使能位置侦测 */
P_POS0_DectCtrl->B.SPLMOD = 1;                       /* 周期采样 */
P_TMR0_IOCtrl->W = CW_TMR0_IOAMOD_Capture_PDR;
/* 当 PDR 内容发生变化时进行输入捕获 */
P_TMR0_Ctrl->B.TMRPS = 1;                            /* 计数频率 $f_{CK}/4$ */
P_TMR0_Ctrl->B.CCLS = 6;                             /* TCNT 由侦测位置改变清除 */
P_TMR0_Ctrl->B.CLEGS = 1;                            /* TCNT 在上升沿清除 */
P_TMR3_IOCtrl->W = 0x0111;
P_TMR_Start->W = CW_TMR_TMR3ST_Start;                /* 启动 MCP3 */
P_TMR_Start->W |= CW_TMR_TMR0ST_Start;               /* 启动 PDC0 */
INT_FIQ_IRQ();                                       /* 使能 FIQ/IRQ 通道中断 */
}
/* ********************************************** */
void IRQ1(void) __attribute__ ((ISR));
void IRQ1(void)
{
unsigned int cap_fifo;                               /* TGRA 寄存器的捕获值 */
unsigned int pdr_fido;                               /* 位置侦测数据 */
if(P_INT_Status->B.PDC0IF)
{
if(P_TMR0_Status->B.PDCIF)
{
P_TMR0_Status->B.PDCIF = CB_TMR0_PDCIF_Enable;
pdr_fifo = P_POS0_DectData->W;
cap_fifo = P_TMR0_TGRA->W;
//其他与 PDR 变化相关的任务
}
}
}
```

7.2 TPM 定时器模块

SPMC75 系列微控制器有一个 16 位通用定时器 TPM2，它支持捕获输入和 PWM 输出功能。TPM2 为捕获输入和 PWM 输出操作提供 2 个输入/输出引脚。图 7-2-1 为 TPM2 的结构框图，详细规格如表 7-2-1 所列。

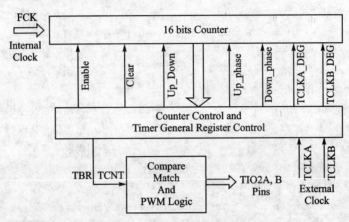

图 7-2-1 定时器 TPM2 的结构框图

表 7-2-1 定时器 TPM2 的规格

功 能		定时器 TPM2
时钟源		内部时钟：$f_{CK}/1$、$f_{CK}/4$、$f_{CK}/16$、$f_{CK}/64$、$f_{CK}/256$、$f_{CK}/1024$
		外部时钟：TCLKA、TCLKB
I/O 引脚		TIO2A、TIO2B
定时器通用寄存器		P_TMR2_TGRA、P_TMR2_TGRB
定时器缓冲寄存器		P_TMR2_TBRA、P_TMR2_TBRB
定时器周期与计数器寄存器		P_TMR2_TPR、P_TMR2_TCNT
捕获采样时钟		内部时钟：$f_{CK}/1$、$f_{CK}/2$、$f_{CK}/4$、$f_{CK}/8$
计数边沿		在上升沿、下降沿、双沿(上升、下降)计数
计数器清除源		在 P_TMR2_TGRA、P_TMR2_TGRB 捕获输入时清除 在 P_TMR2_TPR 比较匹配时清除
输入捕获功能		Yes
PWM 比较匹配 输出功能	输出 1	Yes
	输出 0	Yes
	输出保持	Yes
边沿 PWM		Yes
中心 PWM		Yes
定时器缓冲操作		Yes
A/D 转换触发		P_TMR2_TGRA 比较匹配
中断源		定时器 TPM2 TPR 中断、定时器 TPM2 TGRA 中断、定时器 TPM2 TGRB 中断

7.2.1 TPM2 的功能

TPM2 的功能如下：

① 能够处理两路捕获输入或 PWM 输出操作。

② 有两个通用寄存器(P_TMR2_TGRA、P_TMR2_TGRB)，为 PWM 比较匹配输出或捕获输入之用。

③ 有两个定时缓冲寄存器(P_TMR2_TBRA、P_TMR2_TBRB)，用作 PWM 缓冲或捕获输入缓冲。

④ 有 8 个可编程的时钟源，其中有 6 个内部时钟($f_{CK}/1$、$f_{CK}/4$、$f_{CK}/16$、$f_{CK}/64$、$f_{CK}/256$、$f_{CK}/1024$)，2 个外部时钟(TCLKA 和 TCLKB)。

⑤ 有可编程的定时器操作模式。

a. 定时计数模式

➤ 标准计数模式。连续递增计数。

➤ PWM 比较匹配输出功能。在比较匹配和输出保持时，既可以选择输出 0，也可以选择输出 1。

➤ 输入捕获功能。选择由上升沿、下降沿、双沿(上升、下降)事件捕获和侦测位置改变触发 PWM 模式。

➤ 两个独立的 PWM 波形，以设定的占空比输出。

b. 边沿 PWM 波形发生模式

➤ PWM 以标准递增计数方式输出。

c. 中心 PWM 波形发生模式

➤ PWM 以递增/递减模式输出。

⑥ 共有 3 个中断源。

➤ 一个定时器周期比较匹配中断源；

➤ 定时器通用寄存器 P_TMR2_TGRA 匹配中断源；

➤ 定时器通用寄存器 P_TMR2_TGRB 匹配中断源。

⑦ 定时器缓冲操作

➤ 输入捕获寄存器由 TBRA、TBRB 和 TGRA、TGRB 构成双缓冲结构。PWM 占空比寄存器(TGRA/B)会在周期中断时同步更新。

⑧ 定时器的比较匹配和周期初始值可以任意设定。

⑨ 只读的 16 位递增/递减计数寄存器 P_TMR2_TCNT。

⑩ 16 位可读/写的定时周期寄存器 P_TMR2_TPR，提供系统时间基准。

⑪ 两个可读/写的 16 位定时通用寄存器：P_TMR2_TGRA、P_TMR2_TGRB，用于输入捕获。

⑫ 两个只读定时缓冲寄存器：P_TMR2_TBRA、P_TMR2_TBRB，是以上提到的定时通用寄存器的缓冲器。

⑬ 16 位可读/写定时控制寄存器 P_TMR2_Ctrl 和输入/输出控制寄存器 P_TMR2_IOCtrl，后者是进行捕获输入或者 PWM 输出模式的选择。

⑭ 16 位可读/写定时中断使能寄存器 P_TMR2_INT，提供 3 个中断源和 1 个 16 位只读

中断状态寄存器 P_TMR2_Status,它可记录中断的标志。

7.2.2 定时器 TPM2 的输入/输出特殊功能引脚

定时器 TPM2 的输入/输出特殊功能引脚说明如表 7 - 2 - 2 所列。

表 7 - 2 - 2 定时器 TPM2 的输入/输出特殊功能引脚功能说明

通　道	引脚名称	输入/输出	功　能
外部时钟输入	TCLKA	输入	外部时钟 A 输入引脚
	TCLKB	输入	外部时钟 B 输入引脚
捕获输入 PWM 输出	TIO2A	输入/输出	P_TMR2_TGRA 输入捕获/PWM 比较匹配输出引脚
	TIO2B	输入/输出	P_TMR2_TGRB 输入捕获/PWM 比较匹配输出引脚

7.2.3 定时器 TPM2 的计数操作

定时器 TPM2 是具有输入捕获和 PWM 比较匹配输出功能的通用定时器。定时器 TPM2 有以下几种计数操作模式:

➤ 标准操作(标准递增计数);

➤ 依靠外部时钟输入 TCLKA 或 TCLKB 计数;

➤ 边沿 PWM 模式(连续递增计数,PWM 输出模式);

➤ 中心 PWM 模式(递增/递减计数,PWM 输出模式)。

P_TMR2_Ctrl 寄存器中的 MODE 位的值决定定时器 TPM2 计数的模式。当定时器启动寄存器 P_TMR_Start 中的 TMR2ST 位置 1 时,定时器从 0x0000 开始计数。CCLS 位的值决定计数器的清除源。

1. 边沿 PWM 输出方式的连续递增计数模式

定时器 TPM2 可由 P_TMR2_Ctrl 寄存器的 MODE 位设置为边沿 PWM 输出模式或没有任何 PWM 输出的标准操作模式。在此模式下,定时器从 0x0000 开始以递增方式计数,一直计数到与周期寄存器的设定值匹配为止。用户必须设定 P_TMR2_TPR 寄存器,并将计数清除源设置成由周期比较匹配来清除。

定时器 TPM2 进行连续递增计数,其输入时钟源依据相应定时控制寄存器中 TMRPS 的值所决定。当定时器计数的值与定时器周期寄存器的值相等并且周期比较匹配中断标志 TPRIF 置 1 时,定时计数器清零。如果 P_TMR2_INT 中 PPRIE 使能,产生周期中断请求。当定时器计数器寄存器与 TGRA 或 TGRB 寄存器匹配时,发生通用寄存器比较匹配事件。如果相应的定时器中断,使能寄存器中的 TGAIE 或 TGBIE 使能,则产生通用寄存器比较匹配中断。

P_TMR2_TPR 的初始值可为 0x0000～0xFFFF 之间的任何数值。定时器的时钟源既可选择外部时钟输入,也可选择内部时钟源 f_{CK}。标准连续递增计数模式适用于数字电机控制系统中边沿触发或异步 PWM 和周期采样。图 7 - 2 - 2 为一个 TPM2 连续递增计数模式。

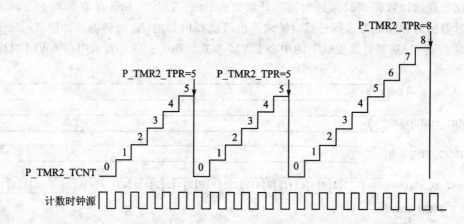

图 7-2-2　TPM2 连续递增计数模式

在边沿 PWM 模式下,用户需要设置 P_TMR2_TPR 周期寄存器和 P_TMR2_TGRx (x=A,B)通用寄存器,然后将周期比较匹配事件设置成计数器清除源(CCLS)。比较匹配输出状态设置在 P_TMR2_IOCtrl 寄存器中。TPM2 的边沿 PWM 标准连续递增计数模式如图 7-2-3所示,如图 7-2-4 为边沿 PWM 时序。

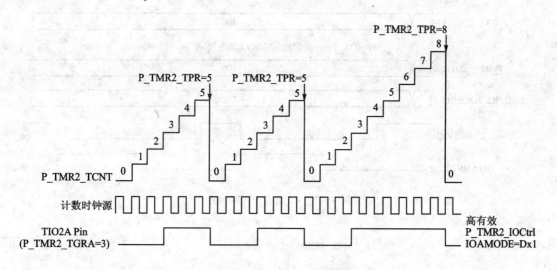

图 7-2-3　边沿 PWM 标准连续递增模式

2. 中心 PWM 输出的连续递增/递减计数模式

连续递增/递减计数模式的操作与递增计数模式基本相同,唯一不同的是:定时器周期寄存器设定了整个计数过程的中间过渡点,计数过程中先递增,当达到定时周期寄存器设定值后开始递减。

设置寄存器 P_TMR2_Ctrl 中 CKEGS 位,TPM2 定时器的周期是寄存器 P_TMR2_TPR 计算刻度的两倍。连续递增/递减计数模式的运行如图 7-2-5 所示。

TPM2 周期寄存器的初始值可为 0x0000~0xFFFF 中的任何数值,当定时计数寄存器的值与周期定时寄存器的值相等时,TPM2 开始递减计数,直到零。在这个过程中,周期中断的发生情况与递增计数模式的描述相同。计数方向由 P_TMR2_Status 寄存器的 TCDF 位显示。定时器的时钟源既可选择外部时钟输入也可选择内部的 f_{sys} 时钟源。如图 7-2-6 所示为 TPM2 在递增/递减计数模式下的中心 PWM 模式。图 7-2-7 表示中心 PWM 时序。

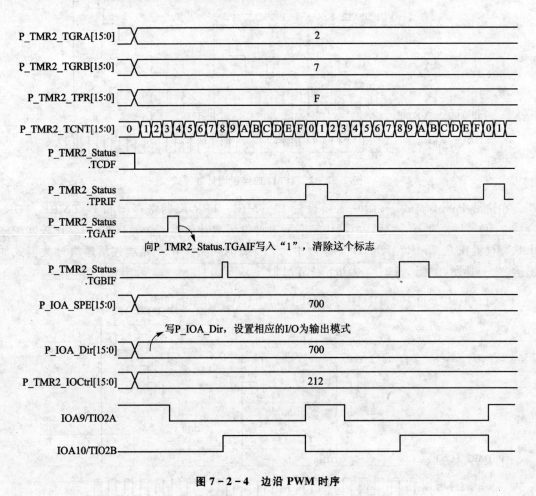

图 7-2-4 边沿 PWM 时序

图 7-2-5 连续递增/递减计数模式

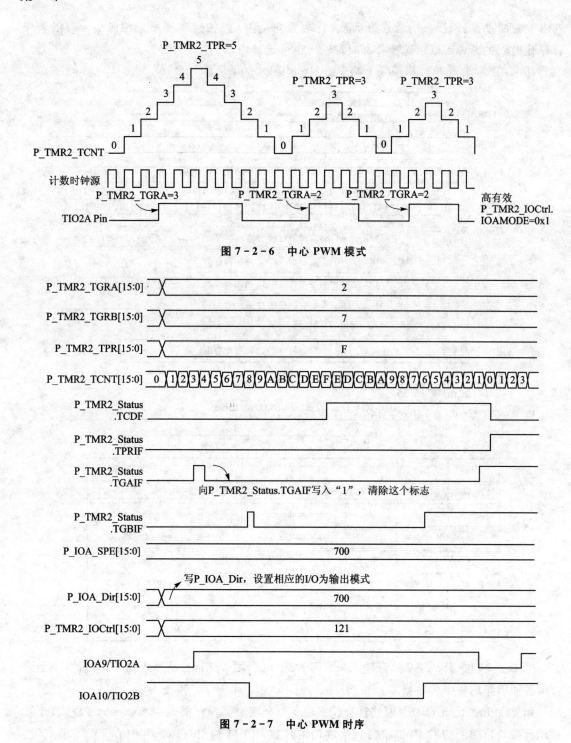

图 7 - 2 - 6 中心 PWM 模式

图 7 - 2 - 7 中心 PWM 时序

7.2.4 比较匹配定时器寄存器

比较匹配定时器寄存器(见表 7 - 2 - 3)中配置了时钟源的选择、计数时钟边沿、计数器清除源、计数器清除边沿、输入捕获采样时钟和时钟操作模式等信息。TCLKA、TCLKB 时钟输

入由系统时钟 f_{CK} 采样。当设置为双沿触发计数时,输入时钟频率加倍。任何小于四倍采样时钟脉冲宽度的信号都会被忽略。

表 7 − 2 − 3　比较匹配定时器寄存器

地　址	寄存器	名　称
7402h	P_TMR2_Ctrl	定时器 TPM2 控制寄存器
7412h	P_TMR2_IOCtrl	定时器 TPM2 输入/输出控制寄存器
7422h	P_TMR2_INT	定时器 TPM2 中断使能寄存器
7427h	P_TMR2_Status	定时器 TPM2 中断状态寄存器
7432h	P_TMR2_TCNT	定时器 TPM2 计数寄存器
7405h	P_TMR_Start	定时器计数启动寄存器
7446h	P_TMR2_TGRA	定时器 TPM2 通用寄存器 A
7447h	P_TMR2_TGRB	定时器 TPM2 通用寄存器 B
7456h	P_TMR2_TBRA	定时器 TPM2 缓冲寄存器 A
7457h	P_TMR2_TBRB	定时器 TPM2 缓冲寄存器 B
7437h	P_TMR2_TPR	定时器 TPM2 周期寄存器

1. TPM2 控制寄存器

P_TMR2_Ctrl（＄7402）：TPM2 控制寄存器(见表 7 − 2 − 4)。

表 7 − 2 − 4　TPM2 控制寄存器

B15	B14	B13	B12	B11	B10	B9	B8
R/W	R/W	R/W	R/W	R/W	R/W	R/W	R/W
0	0	0	0	0	0	0	0
SPCK		MODE				CLEGS	

B7	B6	B5	B4	B3	B2	B1	B0
R/W	R/W	R/W	R/W	R/W	R/W	R/W	R/W
0	0	0	0	0	0	0	0
CCLS			CKEGS			TMRPS	

第 15：14 位　SPCK：捕获输入采样时钟选择位,用于选择捕获输入的采样时钟,小于采样时钟四倍频的频率将被滤掉。$00 = f_{CK}/1$；$01 = f_{CK}/2$；$10 = f_{CK}/4$；$11 = f_{CK}/8$。

第 13：10 位　MODE：模式选择位。用于选择定时器操作模式。0xxx＝标准模式(连续递增计数)；1x0x＝边沿 PWM 模式(连续递增计数,PWM 输出)；1x1x＝中心 PWM 模式(连续递增/递减计数,PWM 输出)。

第 9：8 位　CLEGS：计数器清除边沿选择位,用于输入捕获模式下清除源的计数清除边沿触发方式。00＝不清除；01＝上升沿；10＝下降沿；11＝上升/下降沿。

第 7：5 位　CCLS：计数器清除源选择位,用于选择 TCNT 的计数清除源位置。000＝

禁止进行 TCNT 清除;001＝由 P_TMR2_TGRA 比较匹配或捕获输入清除 TCNT;010＝由 P_TMR2_TGRB 比较匹配或捕获输入清除 TCNT;011＝保留;100＝保留;101＝保留;110＝保留;111＝由 P_TMR2_TPR 比较匹配清除 TCNT。

第 4:3 位　CKEGS:时钟边沿选择位,用于选择输入的时钟边沿触发方式。当输入时钟为双沿计数时,输入时钟周期会减半。若选择 $f_{CK}/1$ 为计数时钟,如果为双沿触发,那么计数器将以上升沿方式工作。00＝上升沿计数;01＝下降沿计数;1x＝双沿计数。

第 2:0 位　TMRPS:定时器分频选择,用于选择 TCNT 计数时钟源。每个通道可分别选择不同时钟源。

000＝$f_{CK}/1$ 下计数;001＝$f_{CK}/4$ 下计数;010＝$f_{CK}/16$ 下计数;011＝$f_{CK}/64$ 下计数;100＝$f_{CK}/256$ 下计数;101＝$f_{CK}/1\,024$ 下计数;110＝以 TCLKA 引脚输入时钟计数;111＝以 TCLKB 引脚输入时钟计数。

2. TPM2 输入/输出控制寄存器

P_TMR2_IOCtrl 寄存器控制 TIO2A 与 TIO2B 引脚上的 PWM 输出和捕获输入操作方式。通过设置位于 P_TMR2_Ctrl 寄存器里的 CCLS 位和 MODE 位可确定定时器输入/输出操作的模式。选择 PWM 比较匹配输出模式时,IOAMODE/IOBMODE 位决定波形的跳变时序。选择捕获输入模式时,IOAMODE/IOBMODE 位对捕获事件进行设置。

P_TMR2_IOCtrl（＄7412）:TPM2 输入/输出控制寄存器（见表 7－2－5）。

表 7－2－5　TPM2 输入/输出控制寄存器

B15	B14	B13	B12	B11	B10	B9	B8
R	R	R	R	R	R	R	R
0	0	0	0	0	0	0	0
保留							
B7	B6	B5	B4	B3	B2	B1	B0
R/W	R/W	R/W	R/W	R/W	R/W	R/W	R/W
0	0	0	0	0	0	0	0
IOBMODE				IOAMODE			

第 15:8 位:保留。

第 7:4 位　IOBMODE:选择定时器 TPM2 的 IOB 配置。

第 3:0 位　IOAMODE:选择定时器 TPM2 的 IOA 配置。

（1）PWM 比较匹配输出模式

0000＝初始输出 0,当比较匹配时输出 0;0001＝初始输出 0,当比较匹配时输出 1;0010＝初始输出 1,当比较匹配时输出 0;0011＝初始输出 1,当比较匹配时输出 1;01xx＝输出保持。

（2）输入捕获模式

1000＝上升沿发生捕获事件中断;1001＝下降沿发生捕获事件中断;101x＝双沿发生捕获事件中断;11xx＝保留。

3. TPM2 中断使能寄存器

P_TMR2_INT 寄存器用于使能或禁止以下中断请求：TGRA 寄存器发生比较匹配中断时是否进行 A/D 转换的中断请求、周期寄存器比较匹配的中断请求、TGRA 或 TGRB 的输入捕获/比较匹配的中断请求。

P_TMR2_INT（＄7422）：TPM2 中断使能寄存器（见表 7 - 2 - 6）。

表 7 - 2 - 6　TPM2 中断使能寄存器

B15	B14	B13	B12	B11	B10	B9	B8
R	R	R	R	R	R	R	R
0	0	0	0	0	0	0	0
保留							

B7	B6	B5	B4	B3	B2	B1	B0
R/W	R	R	R/W	R	R	R/W	R/W
0	0	0	0	0	0	0	0
TADSE	保留		TPRIE	保留		TGBIE	TGAIE

第 15：8 位：保留。

第 7 位 TADSE：A/D 转换启动请求使能位。使能或禁止当 TGRA 比较匹配完成后是否启动 A/D 转换。0＝禁止；　1＝使能。

第 6：5 位：保留。

第 4 位　TPRIE：定时器周期寄存器中断使能位。使能或禁止 TPR 寄存器比较匹配需要的中断。0＝禁止；　1＝使能。

第 3：2 位：保留。

第 1 位　TGBIE：定时器通用寄存器 B 中断使能位。使能或禁止 TGRB 寄存器比较匹配发生的中断。0＝禁止；　1＝使能。

第 0 位　TGAIE：定时器通用寄存器 A 中断使能位。使能或禁止 TGRA 寄存器比较匹配发生的中断。0＝禁止；　1＝使能。

4. TPM2 中断状态寄存器

中断状态寄存器表明如下事件的发生：周期寄存器比较匹配和 TGRA 或 TGRB 的输入捕获/比较匹配等事件，这些标志表明中断源。P_TMR2_INT 寄存器中相应中断使能位被置位后，产生中断。TCDIF 位表明在中心 PWM 模式下计数器的计数方向。

P_TMR2_Status（＄7427）：TPM2 中断状态寄存器（见表 7 - 2 - 7）。

第 15：8 位：保留。

第 7 位　TCDF：定时计数器方向标志，表示 TCNT 计数时的方向。0＝递增计数；　1＝递减计数。

第 6：5 位：保留。

表 7 - 2 - 7　TPM2 中断状态寄存器

B15	B14	B13	B12	B11	B10	B9	B8
R	R	R	R	R	R	R	R
0	0	0	0	0	0	0	0
保留							
B7	B6	B5	B4	B3	B2	B1	B0
R/W	R	R	R/W	R	R	R/W	R/W
0	0	0	0	0	0	0	0
TCDF	保留		TPRIF	保留		TGBIF	TGAIF

第 4 位　TPRIF：定时器周期寄存器比较匹配标志,表示 TPR 寄存器的比较匹配事件是否发生。写入"1",可清除该标志。0＝未发生比较匹配事件;　1＝发生比较匹配事件。

第 3 : 2 位:保留。

第 1 位　TGBIF：定时器通用寄存器 B 输入捕获/比较匹配标志,表示 TGRB 寄存器输入捕获或者比较匹配事件是否发生。写入"1"可清除该标志。0＝未发生输入捕获/比较匹配;　1＝发生输入捕获/比较匹配。

第 0 位　TGAIF：定时器通用寄存器 B 输入捕获/比较匹配标志,表示 TGRA 寄存器输入捕获或者比较匹配事件是否发生。写入"1"可清除该标志。0＝未发生输入捕获/比较匹配;　1＝发生输入捕获/比较匹配。

5. 定时器计数启动寄存器

P_TMR_Start 寄存器用来启动/停止 P_TMR2_TCNT 的计数。一旦计数器停止工作,它的内容即被清除。TMR2ST 置 1,将立即启动 P_TMR2_TCNT,反之写入 0,则立即停止 P_TMR2_TCNT。

P_TMR_Start（＄7405）:定时器计数启动寄存器(见表 7 - 2 - 8)。

表 7 - 2 - 8　定时器计数启动寄存器

B15	B14	B13	B12	B11	B10	B9	B8
R	R	R	R	R	R	R	R
0	0	0	0	0	0	0	0
保留							
B7	B6	B5	B4	B3	B2	B1	B0
R	R	R	R/W	R/W	R/W	R/W	R/W
0	0	0	0	0	0	0	0
保留			TMR4ST	TMR3ST	TMR2ST	TMR1ST	TMR0ST

第 15 : 5 位:保留。

第 4 位　TMR4ST：定时器 MCP4 计数启动设置。0＝停止计数;　1＝开始计数。

第 3 位 TMR3ST：定时器 MCP3 计数启动设置。0＝停止计数； 1＝开始计数。

第 2 位 TMR2ST：定时器 TPM2 计数启动设置。0＝停止计数； 1＝开始计数。

第 1 位 TMR1ST：定时器 PDC1 计数启动设置。0＝停止计数； 1＝开始计数。

第 0 位 TMR0ST：定时器 PDC0 计数启动设置。0＝停止计数； 1＝开始计数。

6. TPM2 计数寄存器

TPM2 有 1 个 16 位可读计数寄存器 P_TMR2_TCNT,可根据输入时钟进行递增/递减计数。相应定时器控制寄存器中 TMRPS 位可选择输入时钟。在中心 PWM 模式下,P_TMR2_TCNT 可递增/递减计数;其他模式下,只能递增计数。当 P_TMR2_TCNT 寄存器与相应的 TGRA、TGRB 发生比较匹配,P_TMR2_TCNT 复位为 0x0000,或在输入捕获时,P_TMR2_TCNT 存入 TGRA、TGRB。

P_TMR2_TCNT（＄7432）：TPM2 计数寄存器。

TPM2 计数寄存器如表 7-2-9 所列。

表 7-2-9 TPM2 计数寄存器

B15	B14	B13	B12	B11	B10	B9	B8
R	R	R	R	R	R	R	R
0	0	0	0	0	0	0	0
TMRCNT							
B7	B6	B5	B4	B3	B2	B1	B0
R	R	R	R	R	R	R	R
0	0	0	0	0	0	0	0
TMRCNT							

7. TPM2 通用寄存器

TPM2 有 2 个 16 位通用寄存器 TGRA、TGRB。TGR 寄存器为可读可写的 16 位双功能寄存器,既可以作为 PWM 输出,也可以作为捕获输入。TGR 寄存器用作 PWM 比较匹配输出寄存器时,TGR 与 TCNT 的值不断互相比较,两值相等时,相应定时器中断状态寄存器中的 TGAIF 或 TGBIF 置 1。比较匹配的输出有 TIO2A 和 TIO2B。当 TGR 寄存器用于输入捕获寄存器时,外部信号侦测后,TCNT 的值被存储,相应定时器中断状态寄存器中的 TGAIF 或 TGBIF 置 1。捕获输入方式可以通过设置 TIO2A 或 TIO2B 的捕获边沿和通过设置 P_TMR2_Ctrl 寄存器里的 CCLS 位进行。

在 PWM 模式下,无论选择边沿 PWM 模式或中心 PWM 模式,TGR 寄存器都用作占空比周期寄存器。通过复位,TGR 寄存器将初始化为 0x0000。

P_TMR2_TGRA（＄7446）：TPM2 通用寄存器 A；

P_TMR2_TGRB（＄7447）：TPM2 通用寄存器 B。

TPM2 通用寄存器如表 7-2-10 所列。

表 7 – 2 – 10　TPM2 通用寄存器

B15	B14	B13	B12	B11	B10	B9	B8
R/W	R/W	R/W	R/W	R/W	R/W	R/W	R/W
0	0	0	0	0	0	0	0
TMRGLR							
B7	B6	B5	B4	B3	B2	B1	B0
R/W	R/W	R/W	R/W	R/W	R/W	R/W	R/W
0	0	0	0	0	0	0	0
TMRGLR							

8. TPM2 缓冲寄存器

输入捕获寄存器由 TBRA、TBRB 和 TGRA、TGRB 构成双缓冲结构。PWM 比较匹配寄存器可被自动更新。

P_TMR2_TBRA（＄7456）：TPM2 缓冲寄存器 A；

P_TMR2_TBRB（＄7457）：TPM2 缓冲寄存器 B。

TPM2 缓冲寄存器如表 7 – 2 – 11 所列。

表 7 – 2 – 11　TPM2 缓冲寄存器

B15	B14	B13	B12	B11	B10	B9	B8
R/W	R/W	R/W	R/W	R/W	R/W	R/W	R/W
0	0	0	0	0	0	0	0
TMRBUF							
B7	B6	B5	B4	B3	B2	B1	B0
R/W	R/W	R/W	R/W	R/W	R/W	R/W	R/W
0	0	0	0	0	0	0	0
TMRBUF							

9. TPM2 周期寄存器

P_TMR2_TPR 是一个 16 位可读/可写寄存器，用于设定 PWM 波形的周期。当 P_TMR2_TCNT 寄存器的计数达到 P_TMR2_TPR 寄存器的值的时候，P_TMR2_TCNT 寄存器会根据 P_TMR2_Ctrl 寄存器中的模式位的编程清 0x0000（递增计数模式）或者转为向下计数（连续递增/递减计数模式）。

P_TMR2_TPR 的默认值是 0xFFFF，设定为 0x0000 时，P_TMR2_TCNT 寄存器计数器停止计数并保持 0x0000 的值。

P_TMR2_TPR（＄7437）：TPM2 周期寄存器。

TPM2 周期寄存器如表 7 – 2 – 12 所列。

表 7 – 2 – 12　TPM2 周期寄存器

B15	B14	B13	B12	B11	B10	B9	B8
R/W	R/W	R/W	R/W	R/W	R/W	R/W	R/W
1	1	1	1	1	1	1	1
TMRPRD							
B7	B6	B5	B4	B3	B2	B1	B0
R/W	R/W	R/W	R/W	R/W	R/W	R/W	R/W
1	1	1	1	1	1	1	1
TMRPRD							

7.2.5　TPM2 的操作

1. 标准计数操作

P_TMR_Start 寄存器的 TMR2ST 位置 1，定时器相应 P_TMR2_TCNT 寄存器开始递增计数。计数寄存器的工作方式同自动计数的计数器，在计数递增到 0xFFFF 后复位为 0x0000。通过将 CCLS 位配置成 111'b，定时器被设置成周期性计数器。在定时寄存器达到 P_TMR2_TPR 寄存器中的数值时，将会复位为 0x0000。定时器 TPM2 的标准计数操作程序流程图如图 7 – 2 – 8 所示。

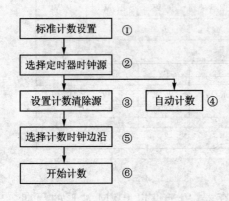

描述：

① 将定时器控制寄存器中的 MODE 位设为 0000'b；

② 通过设定 TMRPS 位来选择定时器的内部或外部时钟源；

③ 设定 P_TMR2_TPR 并将 CCLS 位设为 111'b；

④ CCLS 采用默认设置 000'b，即禁止进行 TCNT 清除，计数器计到 0xFFFF，溢出后重新从 0x0000 开始计数；

⑤ 通过定时器控制寄存器中的 CKEGS 位来选择计数边沿；

⑥ P_TMR_Start 寄存器中的 TMR2ST 位被设定后，开始计数。

图 7 – 2 – 8　标准计数操作的程序流程图示例

P_TMR2_TCNT 的初始值是 0x0000，P_TMR2_TPR 的初始值是 0xFFFF。当定时器开始位 TMR2ST 置 1 时，P_TMR2_TCNT 为自动计数。当计数器溢出时，P_TMR2_TCNT 寄存器从 0x0000 开始重新递增计数。

当选择一个周期匹配事件作为 P_TMR2_TCNT 的清除源时，计数器为周期计数。用 P_TMR2_TPR 寄存器设置周期事件和通过设置 CCLS 位为 111'b 来设定计数清除源。设置后，当定时器开始位 TMR2ST 置 1，计数器开始作周期递增操作。当计数值达到 P_TMR2_TPR 寄存器设置的值，定时器中断状态寄存器的 TPRIF 位置 1，如果 P_TMR2_INT 寄存器

TPRIE 位置 1,就发生一次 TPM2 的中断请求,计数器复位清零。

2. PWM 比较匹配输出操作

TPM2 模块可完成共两路 PWM 比较匹配输出功能。当分别与 P_TMR2_TGRA 和 P_TMR2_TGRB 寄存器比较匹配时,相应 TIO2A 和 TIO2B 输出引脚输出的 PWM 波形有高有效、低有效、输出保持。图 7-2-9 为 PWM 比较匹配输出操作的编程流程图,图 7-2-10 为 PWM 比较匹配输出操作的中断时序。

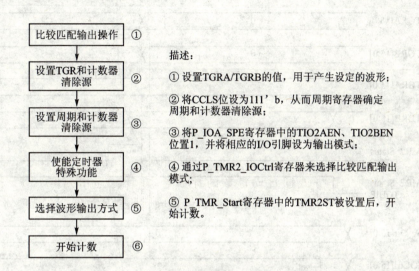

描述:

① 设置TGRA/TGRB的值,用于产生设定的波形;

② 将CCLS位设为111'b,从而周期寄存器确定周期和计数器清除源;

③ 将P_IOA_SPE寄存器中的TIO2AEN、TIO2BEN位置1,并将相应的I/O引脚设为输出模式;

④ 通过P_TMR2_IOCtrl寄存器来选择比较匹配输出模式;

⑤ P_TMR_Start寄存器中的TMR2ST被设置后,开始计数。

图 7-2-9 PWM 比较匹配输出操作的程序流程图示例

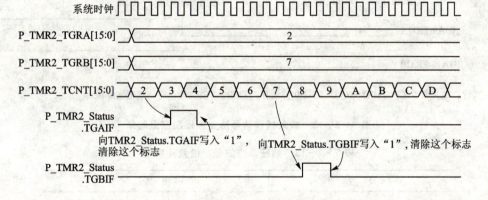

图 7-2-10 PWM 比较匹配输出操作中断时序

3. 输入捕获操作

依据 P_TMR2_Ctrl 寄存器 CCLS 的设置,P_TMR2_TCNT 计数寄存器的值将被存入 TGRA、TGRB 中。通过 P_TMR2_IOCtrl 寄存器的 IOAMODE、IOBMODE 位选择捕获边沿为上升沿、下降沿或者双沿。

图 7-2-11 为 TIO2A 输入捕获信号,图 7-2-12 所示为输入捕获信号脉宽和周期测量时序,表 7-2-13 描述了输入捕获的设置及结果。

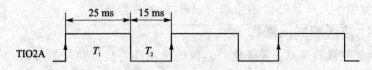

图 7－2－11　TIO2A 输入捕获信号

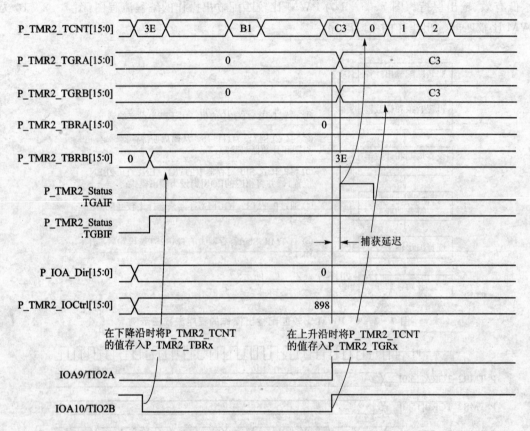

注：这里设置了 P_TMR2_Ctrl.CCLS[2:0]，选择 P_TMR2_TGRA 输入为计数器清除源。

图 7－2－12　输入捕获信号脉宽和周期测量时序

表 7－2－13　捕获单路信号的设置及结果

设　置			结　果	
清除沿 CLEGS	清除源 CCLS	捕获沿 IOAMODE	进中断沿	测量结果
上升沿	TGRA	上升沿	上升沿	P_TMR2_TGRA 周期； P_TMR2_TBRA 高电平宽度
上升沿	TGRA	下降沿	下降沿	P_TMR2_TGRA 周期； P_TMR2_TBRA 高电平宽度
上升沿	TGRA	双沿	双沿	P_TMR2_TGRA 周期； P_TMR2_TBRA 高电平宽度

续表 7 - 2 - 13

设 置			结 果	
清除沿 CLEGS	清除源 CCLS	捕获沿 IOAMODE	进中断沿	测量结果
下降沿	TGRA	上升沿	上升沿	P_TMR2_TGRA 低电平宽度；P_TMR2_TBRA 周期
下降沿	TGRA	下降沿	下降沿	P_TMR2_TGRA 低电平宽度；P_TMR2_TBRA 周期
下降沿	TGRA	双沿	双沿	P_TMR2_TGRA 低电平宽度；P_TMR2_TBRA 周期
双沿	TGRA	上升沿	上升沿	P_TMR2_TGRA 低电平宽度；P_TMR2_TBRA 高电平宽度
双沿	TGRA	下降沿	下降沿	P_TMR2_TGRA 低电平宽度；P_TMR2_TBRA 高电平宽度
双沿	TGRA	双沿	双沿	P_TMR2_TGRA 低电平宽度；P_TMR2_TBRA 高电平宽度

输入捕获模式的编程流程图如图 7 - 2 - 13 所示。

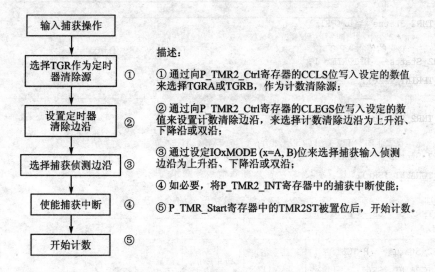

描述：

① 通过向 P_TMR2_Ctrl 寄存器的 CCLS 位写入设定的数值来选择 TGRA 或 TGRB，作为计数清除源；

② 通过向 P_TMR2_Ctrl 寄存器的 CLEGS 位写入设定的数值来设置计数清除边沿，来选择计数清除边沿为上升沿、下降沿或双沿；

③ 通过设定 IOxMODE (x=A, B) 位来选择捕获输入侦测边沿为上升沿、下降沿或双沿；

④ 如必要，将 P_TMR2_INT 寄存器中的捕获中断使能；

⑤ P_TMR_Start 寄存器中的 TMR2ST 被置位后，开始计数。

图 7 - 2 - 13　输入捕获操作的程序流程图示例

7.2.6　程序设计

【例 7 - 2】下面给出如何产生 TPM2 的周期中断和 P_TMR2_TGRA 、P_TMR2_TGRB 比较匹配中断的例子。

```
# include "Spmc75_regs.h"
# include "Spmc_typedef.h"
```

```
void Init_TMR2(void)
{
P_TMR2_Ctrl->W = CW_TMR2_CKEGS_Rising | CW_TMR2_CCLS_TPR;
P_TMR2_Ctrl->W |= CW_TMR2_MODE_PWM_Edge;
P_TMR2_TPR->W = 24000000 / 4000; /* PWM 载波频率 = 4000 Hz */
P_TMR2_Ctrl->W |= CW_TMR2_TMRPS_FCKdiv1;
P_IOA_SPE->B.TIO2AEN = 1;
P_IOA_SPE->B.TIO2BEN = 1;
P_IOA_Dir->B.bit9 = 1;
P_IOA_Dir->B.bit10 = 1;
P_TMR2_IOCtrl->W = CW_TMR2_IOAMOD_Output_01 | CW_TMR2_IOBMOD_Output_01;
P_TMR2_INT->W = CW_TMR2_TPRIE_Enable;
P_TMR2_INT->W |= (CW_TMR2_TGAIE_Enable | CW_TMR2_TGBIE_Enable);
P_TMR_Start->B.TMR2ST = 1;
} /* Init_TMR2() */
/***********************************************/
/* IRQ4():中断源为 TPM2IF 的 IRQ4 中断服务子程序 */
/***********************************************/
void IRQ4(void) __attribute__ ((ISR));
void IRQ4(void)
{
if(P_TMR2_Status->B.TPRIF)
{
P_TMR2_Status->B.TPRIF = 1;
TPM2_TPRINT_ISR();
}
if(P_TMR2_Status->B.TGAIF)
{
P_TMR2_Status->B.TGAIF = 1;
TPM2_TGRAINT_ISR();
}
if(P_TMR2_Status->B.TGBIF)
{
P_TMR2_Status->B.TGBIF = 1;
TPM2_TGRBINT_ISR();
}
} /* IRQ4() */
/***********************************************/
/* TPM2_TPRINT_ISR():定时器 TPM2 周期中断 */
/***********************************************/
void TPM2_TPRINT_ISR(void)
{
P_TMR2_TGRA->W = (5 * P_TMR2_TPR->W) / 100; /* 5 % 占空比 */
```

```
P_TMR2_TGRB ->W = (95L * P_TMR2_TPR ->W) / 100; /* 95 % 占空比 */
} /* TPM2_TPRINT_ISR() */
/******************************************************/
/* TPM2_TGRAINT_ISR() : TPM2 general register A compare match interrupt */
/******************************************************/
void TPM2_TGRAINT_ISR(void)
{
P_TMR2_TGRA ->W = (5 * P_TMR2_TPR ->W) / 100; /* 5 % 占空比 */
} /* TPM2_TGRAINT_ISR */
/******************************************************/
/* TPM2_TGRBINT_ISR() : TPM2 general register B compare match interrupt */
/******************************************************/
void TPM2_TGRBINT_ISR(void)
{
P_TMR2_TGRB ->W = (95L * P_TMR2_TPR ->W) / 100; /* 95 % 占空比 */
} /* TPM2_TGRBINT_ISR */
```

7.3 MCP 定时器模块简介

SPMC75 系列微控制器提供 2 个 MCP 定时器：MCP3 和 MCP4。MCP 定时器有两套独立的三相 6 路 PWM 波形输出。MCP3 与 PDC0 联合、MCP4 与 PDC1 联合能完成无刷直流电机和交流感应电机应用中的速度反馈环控制。

MCP 模块有总计 12 路定时器输出，用作电机控制操作。如图 7 - 3 - 1 所示为 MCP3 和 MCP4 的整体框图。详细规格说明见表 7 - 3 - 1。

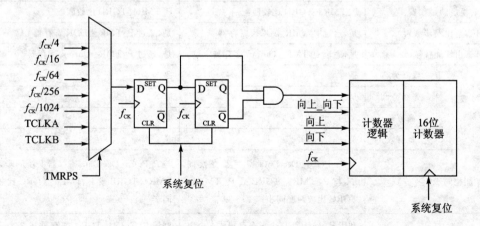

图 7 - 3 - 1　定时器 MCP3 和 MCP4 结构框图

表 7 - 3 - 1　MCP3 和 MCP4 规格说明

功　能		定时器 MCP3	定时器 MCP4
时钟源		内部时钟：$f_{CK}/1$、$f_{CK}/4$、$f_{CK}/16$、$f_{CK}/64$、$f_{CK}/256$、$f_{CK}/1024$ 外部时钟：TCLKA、TCLKB	内部时钟：$f_{CK}/1$、$f_{CK}/4$、$f_{CK}/16$、$f_{CK}/64$、$f_{CK}/256$、$f_{CK}/1024$ 外部时钟：TCLKA、TCLKB
输出引脚		TIO3A/U1、TIO3B/V1、TIO3C/W1、TIO3D/U1N、TIO3E/V1N、TIO3F/W1N	TIO4A/U2、TIO4B/V2、TIO4C/W2、TIO4D/U2N、TIO4E/V2N、TIO4F/W2N
定时通用寄存器		P_TMR3_TGRA、P_TMR3_TGRB、P_TMR3_TGRC、P_TMR3_TGRD	P_TMR4_TGRA、P_TMR4_TGRB、P_TMR4_TGRC、P_TMR4_TGRD
定时缓冲寄存器		P_TMR3_TBRA、P_TMR3_TBRB、P_TMR3_TBRC	P_TMR4_TBRA、P_TMR4_TBRB、P_TMR4_TBRC
中断周期		每 1、2、4、8 个周期发生中断	每 1、2、4、8 个周期发生中断
计数边沿		上升、下降、双沿计数	上升、下降、双沿计数
计数清除源		P_TMR3_TPR 比较匹配后清除	P_TMR4_TPR 比较匹配后清除
PWM 比较匹配 输出功能	1 输出	是	是
	0 输出	是	是
	输出保持	是	是
直流无刷电机 PWM 驱动		是	是
交流感应电机 PWM 驱动		是	是
边沿 PWM		是	是
中心 PWM		是	是
互补 PWM		是	是
定时缓冲操作		是，但除了 P_TMR3_TGRD	是，但除了 P_TMR4_TGRD
A/D 转换启动触发器		P_TMR3_TGRD 比较匹配	P_TMR4_TGRD 比较匹配
PWM 占空比同步载入		是，通过 P_TMR_LDOK 寄存器	是，通过 P_TMR_LDOK 寄存器
PWM 输出使能控制		是，通过 P_TMR_ Output 寄存器	是，通过 P_TMR_ Output 寄存器
PWM 波形 控制	强制为高	是	是
	强制为低	是	是
	高有效	是	是
	低有效	是	是
UVW 相位同步		与 P_POS0_DectData 寄存器变换同步，与 P_TMR3_TGRB 或 P_TMR3_TGRC 比较匹配同步	与 P_POS1_DectData 寄存器变换同步，与 P_TMR4_TGRB 或 P_TMR4_TGRC 比较匹配同步
占空模式		利用 P_TMR3_TGRA 寄存器或 3 个定时通用寄存器	利用 P_TMR4_TGRA 寄存器或 3 个定时通用寄存器
TPM 寄存器写保护		是，通过 P_TPWM_Write 寄存器	是，通过 P_TPWM_Write 寄存器
外部错误输入引脚		FTIN1	FTIN2

功 能	定时器 MCP3	定时器 MCP4
外部过载输入引脚	OL1	OL2
中断源	P_TMR3_TPR 比较匹配中断 P_TMR3_TGRD 比较匹配中断 外部错误输入 1 中断 外部过载输入 1 中断 定时器 MCP3 PWM 输出短路中断	P_TMR4_TPR 比较匹配中断 P_TMR4_TGRD 比较匹配中断 外部错误输入 2 中断 外部过载输入 2 中断 定时器 MCP4 PWM 输出短路中断

7.3.1 MCP3 和 MCP4 的特性

① 能够产生 12 路可编程的 PWM 波形。

② 有 6 个通用定时寄存器(TGRAx/TGRBx/TGRCx,x=3,4):每个定时器有 3 个独立的寄存器,用于 PWM 比较匹配输出功能。

③ 有 6 个定时缓冲寄存器(TBRAx/TBRBx/TBRCx,x=3,4):每个定时器有 3 个独立的缓冲寄存器,负责 PWM 输出缓冲操作。

④ 为了防止 PWM 占空比载入不完整产生的问题,提供一个载入控制寄存器,保证旋波 PWM 占空比值可以同时载入。

⑤ 可选择 8 个可编程的时钟源:6 个内部时钟($f_{CK}/1$、$f_{CK}/4$、$f_{CK}/16$、$f_{CK}/64$、$f_{CK}/256$、$f_{CK}/1024$),2 个外部时钟(TCLKA 和 TCLKB)。

⑥ 可编程的定时器操作模式:

a. 定时器计数模式

➤ 标准计数模式:递增计数;

➤ PWM 比较匹配功能:在比较匹配时和输出保持时,可以选择输出 0 或 1PWM 模式;

➤ 两套独立可设置占空比的 6 路 PWM 输出。

b. 边沿 PWM 发生模式

➤ PWM 输出,以标准和递增计数方式操作,中心 PWM 发生模式;

➤ PWM 以递增/递减模式输出。

⑦ 共 10 个中断源,每个定时器 5 个。

➤ 定时周期比较匹配中断;

➤ TGRD 寄存器比较匹配中断;

➤ 外部错误输入中断;

➤ 外部过载输入中断;

➤ PWM 输出短路保护中断。

⑧ UVW 相位输出同步源选择:与位置数据寄存器 P_POSx_DectData(x=0,1)变化同步,与 TGRB 或 TGRC 寄存器的比较匹配同步。

⑨ PWM 占空比选择:共同利用 TGRA 或者 3 个相位各自独立选择。

⑩ 定时器缓冲操作:比较匹配寄存器可自动更新。

⑪ 比较匹配定时器周期初始值可任意设定。

⑫ 只读的 16 位递增和递增/递减计数寄存器 P_TMRx_TCNT(x=3,4)。

⑬ 可读/可写的 16 位定时周期寄存器：P_TMRx_TPR（x＝3,4），提供 MCPx（x＝3,4）的时间基准。

⑭ 4 个可读/可写的 16 位定时通用寄存器：P_TMRx_TGRA、P_TMRx_TGRB、P_TM-Rx_TGRC、P_TMRx_TGRD（x＝3,4），用于 PWM 的比较匹配输出。

⑮ 3 个只读定时缓冲寄存器：P_TMRx_TBRA、P_TMRx_TBRB、P_TMRx_TBRC（x＝3,4），是以上提到的定时器的通用缓冲寄存器。

⑯ 可读/可写 16 位定时控制寄存器：P_TMRx_Ctrl 和输入/输出控制寄存器 P_TMRx_IOCtrl（x＝3,4），用于模式的选择：PWM 比较匹配输出模式。

⑰ 可读/可写 16 位定时器输出控制寄存器 P_TMRx_OutputCtrl（x＝3,4），决定了 PWM 的发生模式。

⑱ 可读/可写 16 位定时器中断使能寄存器 P_TMRx_INT，提供 2 个中断源和 1 个 16 位只读中断状态寄存器 P_TMRx_Status（x＝3,4），其中记录各中断标志。

⑲ 可读/可写 16 位死区设置和控制寄存器 P_TMRx_DeadTime（x＝3,4）。

⑳ 可读/可写 16 位输入错误控制寄存器：P_Faultx_Ctrl（x＝1,2），错误释放寄存器 P_Faultx_Release（x＝1,2）和过载保护寄存器 P_OLx_Ctrl（x＝1,2）。

7.3.2 MCP3 和 MCP4 输入/输出特殊功能引脚

MCP3 和 MCP4 输入/输出特殊功能引脚说明如表 7-3-2 所列。

表 7-3-2 MCP3 和 MCP4 输入/输出特殊功能引脚说明

通 道	引脚名称	I/O	功 能
外部时钟输入	TCLKA	输入	外部时钟 A 输入引脚
	TCLKB	输入	外部时钟 B 输入引脚
定时器 MCP3	TIO3A	输出	P_TMR3_TGRA PWM 比较匹配输出引脚
	TIO3B	输出	P_TMR3_TGRB PWM 比较匹配输出引脚
	TIO3C	输出	P_TMR3_TGRC PWM 比较匹配输出引脚
	TIO3D	输出	通过 P_TMR3_OutputCtrl 寄存器和 TIO3A 状态编程
	TIO3E	输出	通过 P_TMR3_OutputCtrl 寄存器和 TIO3B 状态编程
	TIO3F	输出	通过 P_TMR3_OutputCtrl 寄存器和 TIO3C 状态编程
	FTIN1	输入	外部错误输入引脚 1
	OL1	输入	外部过载输入引脚 1
定时器 MCP4	TIO4A	输出	P_TMR4_TGRA PWM 比较匹配输出引脚
	TIO4B	输出	P_TMR4_TGRB PWM 比较匹配输出引脚
	TIO4C	输出	P_TMR4_TGRC PWM 比较匹配输出引脚
	TIO4D	输出	通过 P_TMR4_OutputCtrl 寄存器和 TIO4A 状态编程
	TIO4E	输出	通过 P_TMR4_OutputCtrl 寄存器和 TIO4B 状态编程
	TIO4F	输出	通过 P_TMR4_OutputCtrl 寄存器和 TIO4C 状态编程
	FTIN2	输入	外部错误输入引脚 2
	OL2	输入	外部过载输入引脚 2

7.3.3 MCP 定时器的计数操作

SPMC75 系列微控制器的 MCP 定时器有以下 5 种计数操作方式：

➤ 标准操作(标准递增计数)；

➤ 根据外部时钟引脚 TCLKA 或 TCLKB 计数；

➤ 边沿 PWM 模式(连续递增计数,PWM 输出模式)；

➤ 中心 PWM 模式(递增/递减计数,PWM 输出模式)；

➤ PWM 互补模式和死区时间控制。

P_TMRx_Ctrl (x＝3,4)寄存器中的 MODE 位的值决定 MCP 定时器计数方式。P_TMR_Start 寄存器相应启动位置1,MCP 定时器从 0x0000 开始计数。P_TMRx_Ctrl (x＝3,4)寄存器的 CCLS 位决定计数器的清除源,P_TMRx_Ctrl (x＝3,4)寄存器中的 PRDINT 位选择中断的频率。

1. 边沿 PWM 的连续递增计数模式

MCP 定时器的每个通道都可由 P_TMRx_Ctrl (x＝3,4)寄存器的 MODE 位设置为 PWM 输出模式或没有任何 PWM 输出的标准操作模式。在此模式下,定时器从 0x0000 开始递增计数,直到与周期寄存器设置值相等为止。用户须配置 P_TMRx_TPR (x＝3,4)寄存器,将计数器清除源位设置成由定时器周期比较匹配清除,对 P_TMRx_Ctrl (x＝3,4)的 PRDINT 位选择恰当的值。

MCP 连续递增计数的频率来自输入的时钟源,该时钟源由 P_TMRx_Ctrl(x＝3,4)中 TMRPS 位区域选择。计数器连续计数,计数值与周期定时寄存器的值相匹配时,计数器清零,周期比较匹配事件中断标志"TPRIF"置位。如果 P_TMRx_INT (x＝3,4)寄存器中的 TPRIE 位为使能状态,则发生周期中断请求。

定时计数器的内容与 P_TMRx_TGRD (x＝3,4)比较匹配时,比较匹配事件发生,可以启动 A/D 转换。

P_TMRx_TPR (x＝3,4)的初始值可以是 0x0000～0xFFFF 之间的任意值。定时器的时钟源可选择外部时钟输入也可以选择内部时钟源 f_{CK}。标准连续递增计数模式适用于数字电机控制系统中的边沿触发或异步 PWM 以及周期采样。如图 7－3－2 为 MCP 定时器的标准递增计数模式。

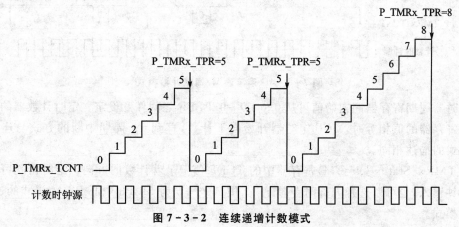

图 7－3－2 连续递增计数模式

在边沿 PWM 模式中,用户必须设置 P_TMRx_TPR (x= 3,4)周期寄存器和 P_TMRx_TGRy (y =A,B,C)通用寄存器的值,并将计数清除源位设置成定时器周期清除。比较匹配输出模式在 P_TMRx_IOCtrl (x= 3,4)寄存器中设置。图 7-3-3 为 MCP 定时器的边沿 PWM 标准连续递增计数模式。

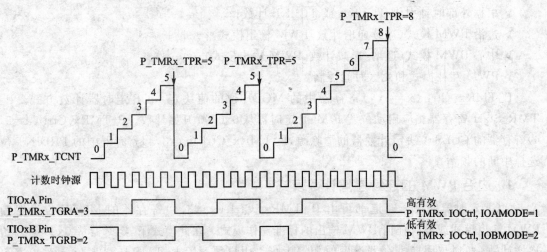

图 7-3-3　边沿 PWM 模式

2. 中心 PWM 的连续递增/递减计数模式

连续递增/递减计数模式的操作与递增计数模式基本相同,唯一不同的是:定时器周期寄存器定义了整个计数过程的中间过渡点,计数过程中先递增,当达到定时周期寄存器设定值后开始递减。

MCP 定时器的周期是寄存器 P_TMRx_TPR (x=3,4)设定值的两倍。图 7-3-4 为连续递增/递减计数模式的操作。

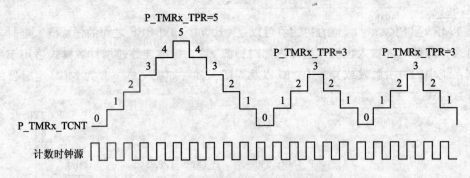

图 7-3-4　连续递增/递减计数模式

定时器周期寄存器的初始值可从 0x0000～0xFFFF 之间任意设定。定时计数器的值与周期定时寄存器的值相等时,MCP 定时器开始向下计数,直到 0。周期中断的方式与连续递增计数方式的描述相同。

P_TMRx_Status (x=3,4)寄存器中的 TCDF 位记录着计数的方向。定时器既可以选择外部时钟输入,也可以选择内部时钟源 f_{CK}。图 7-3-5 为 MCP3 中心 PWM 模式的递增/递减计数模式。

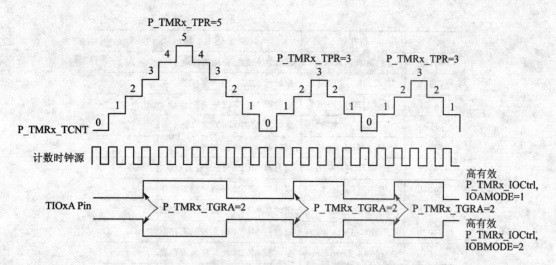

图 7 - 3 - 5　中心 PWM 模式

7.3.4　MCP 定时器控制寄存器

　　SPMC75 系列微控制器的 MCP3 和 MCP4 模块共有 40 个控制寄存器,如表 7 - 3 - 3 所列。通过这 40 个控制寄存器可以完成 MCP3 和 MCP4 模块所有功能的控制。

表 7 - 3 - 3　定时器 MCP3 和 MCP4 的控制寄存器

地　址	寄存器	名　称
7405h	P_TMR_Start	定时器计数启动寄存器
7406h	P_TMR_Output	MCP 定时器输出使能寄存器
7409h	P_TPWM_Write	MCP 定时器 PWM 模块写使能控制寄存器
740Ah	P_TMR_LDOK	MCP 定时器载入完成寄存器
7403h	P_TMR3_Ctrl	定时器 MCP3 控制寄存器
7413h	P_TMR3_IOCtrl	定时器 MCP3 输入/输出控制寄存器
7423h	P_TMR3_INT	定时器 MCP3 中断使能寄存器
7428h	P_TMR3_Status	定时器 MCP3 中断状态寄存器
7407h	P_TMR3_OutputCtrl	定时器 MCP3 输出控制寄存器
7460h	P_TMR3_DeadTime	定时器 MCP3 死区控制寄存器
7466h	P_Fault1_Ctrl	错误输入 1 控制/状态寄存器
746Ah	P_Fault1_Release	错误 1 标志释放寄存器
7468h	P_OL1_Ctrl	过载保护输入 1 控制/状态寄存器
7433h	P_TMR3_TCNT	定时器 MCP3 计数寄存器
7438h	P_TMR3_TPR	定时器 MCP3 周期寄存器
7448h	P_TMR3_TGRA	定时器 MCP3 通用寄存器 A
7449h	P_TMR3_TGRB	定时器 MCP3 通用寄存器 B
744Ah	P_TMR3_TGRC	定时器 MCP3 通用寄存器 C

续表 7-3-3

地 址	寄存器	名 称
744Bh	P_TMR3_TGRD	定时器 MCP3 通用寄存器 D
7458h	P_TMR3_TBRA	定时器 MCP3 缓冲寄存器 A
7459h	P_TMR3_TBRB	定时器 MCP3 缓冲寄存器 B
745Ah	P_TMR3_TBRC	定时器 MCP3 缓冲寄存器 C
7404h	P_TMR4_Ctrl	定时器 MCP4 控制寄存器
7414h	P_TMR4_IOCtrl	定时器 MCP4 输入/输出控制寄存器
7424h	P_TMR4_INT	定时器 MCP4 中断使能寄存器
7429h	P_TMR4_Status	定时器 MCP4 中断状态寄存器
7408h	P_TMR4_OutputCtrl	定时器 MCP4 输出控制寄存器
7461h	P_TMR4_DeadTime	定时器 MCP4 死区控制寄存器
7467h	P_Fault2_Ctrl	错误输入 2 控制/状态寄存器
746Bh	P_Fault2_Release	错误 2 标志释放寄存器
7469h	P_OL2_Ctrl	过载保护输入 2 控制/状态寄存器
7434h	P_TMR4_TCNT	定时器 MCP4 计数寄存器
7439h	P_TMR4_TPR	定时器 MCP4 周期寄存器
744Ch	P_TMR4_TGRA	定时器 MCP4 通用寄存器 A
744Dh	P_TMR4_TGRB	定时器 MCP4 通用寄存器 B
744Eh	P_TMR4_TGRC	定时器 MCP4 通用寄存器 C
744Fh	P_TMR4_TGRD	定时器 MCP4 通用寄存器 D
745Ch	P_TMR4_TBRA	定时器 MCP4 缓冲寄存器 A
745Dh	P_TMR4_TBRB	定时器 MCP4 缓冲寄存器 B
745Eh	P_TMR4_TBRC	定时器 MCP4 缓冲寄存器 C

1. MCP 定时器控制寄存器

MCP 定时器控制寄存器 P_TMRx_Ctrl（x=3,4）配置了时钟源的选择、计数时钟边沿、计数器清除源、TPR 中断频率和定时器操作模式。TCLKA、TCLKB 时钟输入由系统时钟 f_{CK} 采样获得，并忽略脉冲宽度小于采样时钟 4 倍的脉冲。MCP3 和 MCP4 不支持输入捕获。当定时器处于双沿计数状态时，计数时钟是输入时钟的 2 倍频。

P_TMR3_Ctrl（$7403）：MCP3 控制寄存器；

P_TMR4_Ctrl（$7404）：MCP4 控制寄存器。

MCP 定时器控制寄存器如表 7-3-4 所列。

第 15:14 位　PRDINT：TPR 中断频率选择。00=每个周期中断一次；01=每 2 个周期中断一次；10=每 4 个周期中断一次；11=每 8 个周期中断一次。

第 13:10 位　MODE：模式选择，用于选择定时器 MCP 操作模式。0xxx=标准操作（连续递增计数）；1x0x=边沿 PWM 模式（连续递增计数，PWM 输出）；1x1x=中心 PWM 模式（递增/递减计数，PWM 输出）。

第 9:8 位：保留。

表 7 - 3 - 4　MCP 定时器控制寄存器

B15	B14	B13	B12	B11	B10	B9	B8
R/W	R/W	R/W	R/W	R/W	R/W	R/W	R/W
0	0	0	0	0	0	0	0
PRDINT		MODE				保留	
B7	B6	B5	B4	B3	B2	B1	B0
R/W	R/W	R/W	R/W	R/W	R/W	R/W	R/W
0	0	0	0	0	0	0	0
CCLS		CKEGS			TMRPS		

第 7：5 位　CCLS：定时清除源选择。用于选择 TCNT(x＝3,4)计数清除源。000＝TCNT 清除禁止；001＝保留；010＝保留；011＝保留；100＝保留；101＝保留；110＝保留；111＝TCNT 与 P_TMRx_TPR(x＝3,4)比较匹配时清除。

第 4：3 位　CKEGS：时钟边沿选择，这些位用于选择时钟输入的边沿。输入时钟为双沿时，输入时钟频率就加倍。选择 $f_{CK}/1$ 作为计数时钟时，如果在选择双沿触发条件下，计数器将只在上升沿计数。00＝上升沿计数；01＝下降沿计数；1x＝双沿计数。

第 2：0 位　TMRPS：定时器分频选择。选择 TCNT 计数器的时钟源。每个定时器通道可独立选择各自的时钟源。000＝$f_{CK}/1$ 计数；001＝$f_{CK}/4$ 计数；010＝$f_{CK}/16$ 计数；011＝$f_{CK}/64$ 计数；100＝$f_{CK}/256$ 计数；101＝$f_{CK}/1024$ 计数；110＝由 TCLKA 引脚输入；111＝由 TCLKB 引脚输入。

2. MCP 定时器输入/输出控制寄存器

MCP 定时器输入/输出控制寄存器 P_TMRx_IOCtrl（x＝3,4)控制着 TIOxA、TIOxB 和 TIOxC（x＝3,4)引脚上 PWM 比较匹配输出的操作方式。通过设置 P_TMRx_Ctrl（x＝3,4)寄存器中 CCLS 和 MODE 位的值可以确定定时器操作模式。当选择 PWM 输出模式时，IOAMODE/IOBMODE/IOCMODE 位决定波形输出模式。MCP3 和 MCP4 没有输入捕获操作功能，因此，IOAMODE/IOBMODE/IOCMODE 的值 1xxx'b 为无效。

P_TMR3_IOCtrl（＄7413)：MCP3 输入/输出控制寄存器；

P_TMR4_IOCtrl（＄7414)：MCP4 输入/输出控制寄存器。

MCP 定时器输入/输出控制寄存器如表 7 - 3 - 5 所列。

第 15：12 位 保留。

第 11：8 位　IOCMODE：选择定时器 MCP3/定时器 MCP4 IOC 的设置。

第 7：4 位　IOBMODE：选择定时器 MCP3/定时器 MCP4 IOB 的设置。

第 3：0 位　IOAMODE：选择定时器 MCP3/定时器 MCP4 IOA 的设置。

PWM 比较匹配输出模式：0000＝初始输出为 0，比较匹配时输出 0；0001＝初始输出为 0，比较匹配时输出 1；0010＝初始输出为 1，比较匹配时输出 0；0011＝初始输出为 1，比较匹配时输出 1；01xx＝输出保持；1xxx＝保留。

表 7 – 3 – 5   MCP 定时器输入/输出控制寄存器

B15	B14	B13	B12	B11	B10	B9	B8
R	R	R	R	R/W	R/W	R/W	R/W
0	0	0	0	0	0	0	0
保留				IOCMODE			
B7	B6	B5	B4	B3	B2	B1	B0
R/W	R/W	R/W	R/W	R/W	R/W	R/W	R/W
0	0	0	0	0	0	0	0
IOBMODE				IOAMODE			

3. MCP 定时器中断使能寄存器

MCP 定时器中断使能寄存器 P_TMRx_INT（x=3,4）用来使能或禁止由 TGRD 比较匹配发出的 A/D 转换启动请求,中断请求包括周期寄存器比较匹配和 TGRD 寄存器比较匹配。

P_TMR3_INT（＄7423）：MCP3 中断使能寄存器;

P_TMR4_INT（＄7424）：MCP4 中断使能寄存器。

MCP 定时器中断使能寄存器如表 7 – 3 – 6 所列。

表 7 – 3 – 6   MCP 定时器中断使能寄存器

B15	B14	B13	B12	B11	B10	B9	B8
R	R	R	R	R	R	R	R
0	0	0	0	0	0	0	0
保留							
B7	B6	B5	B4	B3	B2	B1	B0
R/W	R	R	R/W	R/W	R	R	R
0	0	0	0	0	0	0	0
TADSE	保留		TPRIE	TGDIE	保留		

第 15：8 位：保留。

第 7 位 TADSE：A/D 转换启动请求使能位。通过 TGRD 寄存器的比较匹配结果使能或禁止 A/D 转换启动请求。0＝禁止;   1＝使能。

第 6：5 位：保留。

第 4 位   TPRIE：定时器周期寄存器中断使能位。使能或禁止 TPR 寄存器比较匹配的中断请求。0＝禁止;   1＝使能。

第 3 位   TGDIE：定时器通用寄存器 D 中断使能位。使能或禁止 TGRD 寄存器比较匹配的中断请求。0＝禁止;   1＝使能。

第 2：0 位：保留。

4. MCP 定时器中断状态寄存器

中断状态寄存器指示周期寄存器比较匹配和 TGRD 比较匹配事件的发生情况。这些标志位指明中断源,当 P_TMRx_INT(x=3,4)寄存器里相应中断使能位被置 1 后发生中断。

当定时器设置在中心 PWM 模式下,TCDF 位表示计数器当前的计数方向。

P_TMR3_Status($7428):MCP3 的中断状态寄存器;

P_TMR4_Status($7429):MCP4 的中断状态寄存器。

MCP 定时器中断状态寄存器如表 7-3-7 所列。

表 7-3-7 MCP 定时器中断状态寄存器

B15	B14	B13	B12	B11	B10	B9	B8
R	R	R	R	R	R	R	R
0	0	0	0	0	0	0	0
保留							
B7	B6	B5	B4	B3	B2	B1	B0
R/W	R	R	R/W	R/W	R	R	R
0	0	0	0	0	0	0	0
TCDF	保留		TPRIF	TGDIF	保留		

第 15:8 位:保留。

第 7 位 TCDF:计数方向标志。用于表示中心 PWM 模式下 TCNT 计数的方向。0=递增计数; 1=递减计数。

第 6:5 位:保留。

第 4 位 TPRIF:定时器周期寄存器比较匹配标志。用于表示 TPR 寄存器比较匹配事件是否发生。写入"1"清除该标志。0=比较匹配事件没有发生; 1=比较匹配事件已发生。

第 3 位 TGDIF:定时通用寄存器 D 比较匹配标志。该标志用于指示一个 TGRD 寄存器比较匹配输出事件是否已经发生。写入"1"清除该标志。0 = 比较匹配事件没有发生;1 = 比较匹配事件已发生。

第 2:0 位:保留。

5. MCP 定时器输出使能寄存器

该寄存器使能/禁止 MCP3 和 MCP4 的 PWM 输出功能,若 PWM 输出功能禁止,PWM 输出将置为高阻态。该寄存器只有当 TIO3A-TIO3F 或者 TIO4A-TIO4F 在特殊功能模式中被配置为输出引脚时才能生效。

P_TMR_Output($7406):MCP 定时器输出使能寄存器。

MCP 定时器输出使能寄存器如表 7-3-8 所列。

表 7 - 3 - 8 MCP 定时器输出使能寄存器

B15	B14	B13	B12	B11	B10	B9	B8
R	R	R/W	R/W	R/W	R/W	R/W	R/W
0	0	0	0	0	0	0	0
保留		TMR4FOE	TMR4EOE	TMR4DOE	TMR4COE	TMR4BOE	TMR4AOE

B7	B6	B5	B4	B3	B2	B1	B0
R	R	R/W	R/W	R/W	R/W	R/W	R/W
0	0	0	0	0	0	0	0
保留		TMR3FOE	TMR3EOE	TMR3DOE	TMR3COE	TMR3BOE	TMR3AOE

第 15：14 位：保留。

第 13 位　TMR4FOE：MCP4 IOF 输出使能（TIO4F）。该位使能/禁止 TIO4F 引脚输出。0＝禁止；　1＝使能。

第 12 位　TMR4EOE：MCP4 IOE 输出使能（TIO4E）。该位使能/禁止 TIO4E 引脚输出。0＝禁止；　1＝使能。

第 11 位　TMR4DOE：定时器 MCP4 IOD 输出使能（TIO4D）。该位使能/禁止 TIO4D 引脚输出。0＝禁止；　1＝使能。

第 10 位　TMR4COE：定时器 MCP4 IOC 输出使能（TIO4C）。该位使能/禁止 TIO4C 引脚输出。0＝禁止；　1＝使能。

第 9 位　TMR4BOE：定时器 MCP4 IOB 输出使能（TIO4B）。该位使能/禁止 TIO4B 引脚输出。0＝禁止；　1＝使能。

第 8 位　TMR4AOE：定时器 MCP4 IOA 输出使能（TIO4A）。该位使能/禁止 TIO4A 引脚输出。0＝禁止；　1＝使能。

第 7：6 位：保留。

第 5 位　TMR3FOE：定时器 MCP3 IOF 输出使能（TIO3F）。该位使能/禁止 TIO3F 引脚输出。0＝禁止；　1＝使能。

第 4 位　TMR3EOE：定时器 MCP3 IOE 输出使能（TIO3E）。该位使能/禁止 TIO3E 引脚输出。0＝禁止；　1＝使能。

第 3 位　TMR3DOE：定时器 MCP3 IOD 输出使能（TIO3D）。该位使能/禁止 TIO3D 引脚输出。0＝禁止；　1＝ 使能。

第 2 位　TMR3COE：定时器 MCP3 IOC 输出使能（TIO3C）。该位使能/禁止 TIO3C 引脚输出。0＝禁止；　1＝使能。

第 1 位　TMR3BOE：定时器 MCP3 IOB 输出使能（TIO3B）。该位使能/禁止 TIO3B 引脚输出。0＝禁止；　1＝使能。

第 0 位　TMR3AOE：定时器 MCP3 IOA 输出使能（TIO3A）。该位使能/禁止 TIO3A 引脚输出。0＝禁止；　1＝使能。

6. MCP 定时器输出控制寄存器

MCP3 和 MCP4 输出控制寄存器的设置对电机驱动应用中 PWM 波形类型非常重要。

"DUTYMODE"位决定 PWM 占空比模式。120°PWM 模式下,采用共用 P_TMRx_TGRA（x=3,4）模式,即只需要设置占空比的值;180° PWM 模式下,BLDC 或 ACI 下,对 3 个寄存器 P_TMRx_TGRA/P_TMRx_TGRB/P_TMRx_TGRC（x=3,4）都需要设置。

图 7 - 3 - 6 显示了(DUTYMODE=0,1)PWM 输出的时序。

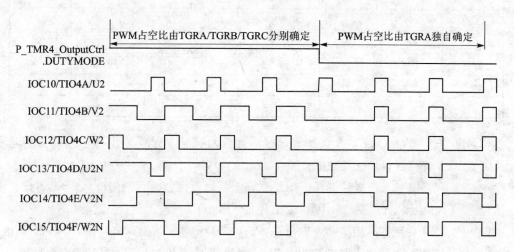

图 7 - 3 - 6　DUTYMODE 不同的 PWM 输出时序

POLP 位设定了 PWM 对 IGBT/MOSFET 开关的有效电平。可以通过设置 UPWM,VPWM 和 WPWM 强制 PWM 输出为高/低电平或在特定引脚以波形方式输出。POLP、WPWM/VWPM/UPWM 和 WOC/VOC/UOC 位决定 PWM 波形发生的种类。图 7 - 3 - 7 显示了输出极性变化的 PWM 输出时序。

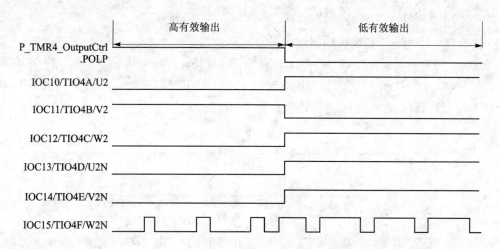

图 7 - 3 - 7　输出极性变化的 PWM 输出时序

P_TMR3_OutputCtrl（＄7407）:MCP3 输出控制寄存器;

P_TMR4_OutputCtrl（＄7408）:MCP4 输出控制寄存器。

MCP 输出控制寄存器如表 7 - 3 - 9 所列。

表 7 - 3 - 9   MCP 输出控制寄存器

B15	B14	B13	B12	B11	B10	B9	B8
R/W	R/W	R	R	R	R/W	R/W	R/W
0	0	0	0	0	0	0	0
DUTYMODE	POLP	保留			WPWM	VPWM	UPWM
B7	B6	B5	B4	B3	B2	B1	B0
R/W	R/W	R/W	R/W	R/W	R/W	R/W	R/W
0	0	0	0	0	0	0	0
SYNC		WOC		VOC		UOC	

第 15 位   DUTYMODE：占空模式选择。此位对补偿 PWM 输出占空模式进行选择。0＝共用 TGRA 寄存器；1＝三相独立。

第 14 位   POLP：上相极性选择。用于选择上相的极性。0＝低有效； 1＝高有效。

第 13：11 位：保留。

第 10 位   WPWM：W 相 PWM 输出选择。0＝H/L 电平输出； 1＝PWM 波形输出。

第 9 位   VPWM：V 相 PWM 输出选择。0＝H/L 电平输出； 1＝PWM 波形输出。

第 8 位   UPWM：U 相 PWM 输出选择。0＝H/L 电平输出； 1＝PWM 波形输出。

第 7：6 位   SYNC：UVW 相位输出同步源选择。00＝不同步；01＝与 P_POSx_DectData(x＝0,1)寄存器变化同步；10＝与 TGRB 寄存器比较匹配同步；11＝与 TGRC 寄存器比较匹配同步。

第 5：4 位   WOC：W 相输出控制。

第 3：2 位：VOC：V 相输出控制。

第 1：0 位 UOC：U 相输出控制。

表 7 - 3 - 10 和表 7 - 3 - 11 列出了根据在 P_TMRx_OutputCtrl（x＝3,4）寄存器中 POLP 和 UOC/VOC/WOC 位的设置所选择的 PWM 输出波形种类。两表中列出了 U 相输出极性和波形控制，此方式同样适用于 V 相和 W 相的描述。

表 7 - 3 - 10   高有效

UOC[1,0]			UPWM			
			1：PWM output		0：H/L output	
			U phase	UN phase	U phase	UN phase
Mode 0	0	0	CPWM	PWM	L	L
Mode 1	0	1	L	PWM	L	H
Mode 2	1	0	PWM	L	H	L
Mode 3	1	1	PWM	CPWM	H	H

在 P_TMRx_OutputCtrl（x＝3,4)寄存器中定义了 4 种 PWM 波形输出模式：模式 0～3。通过对[10：8]位和[7：0]位的设置，可在 Ux/UxN,Vx/VxN 和 Wx/WxN（x＝1,2)输

出的每对引脚上产生不同的 PWM 波形。POLP 位和 WPWM、VPWM、UPWM 位决定波形的有效性是根据 P_TMRx_TCNT（x=3,4）计数时钟源或者仅仅是强制逻辑高输出或者低跳变。

表 7-3-11　低有效

UOC[1,0]			UPWM			
			1：PWM output		0：H/L output	
			U phase	UN phase	U phase	UN phase
Mode 0	0	0	PWM	CPWM	H	H
Mode 1	0	1	H	CPWM	H	L
Mode 2	1	0	CPWM	H	L	H
Mode 3	1	1	CPWM	PWM	L	L

模式 0 和模式 3 用于产生互补的 PWM 波形。典型用法是产生正弦 PWM 波形驱动交流感应电机。这些模式也可应用于直流无刷电机的 180°变频驱动控制方式。在模式 0 和模式 3 下产生互补的 PWM 波形时，DTP 位设置死区控制保护驱动电路，DTWE、DTVE、DTUE 位设置成 1，可使开发者实现指定相位上的死区控制使能。

模式 1 和模式 2 是标准 PWM 模式，相关相位的死区特性是禁止的。

SYNC 决定 U V W PWM 相位由内部事件同步，与 P_POSx_DectData（x=0,1）寄存器变化同步，与 TGRB 寄存器比较匹配同步，与 TGRC 寄存器比较匹配同步，图 7-3-8 描述 MCP4 的 PWM 输出的同步模式。

7. MCP 定时器的死区控制寄存器

补偿 PWM 模式下，每对 PWM 补偿通道都可用来驱动功率管的高端和低端。每对 PWM 信号应该在理想情况下逻辑是完全相反的，但实际情况并非如此。为了避免 PWM 在有效时间内高/低重叠，PWM 补偿模式中必须插入死区时间单元。图 7-3-9 为 MCP3 的中心补偿 PWM 模式下插入了死区时间示例。

SPMC75 系列微控制器有两个死区定时控制寄存器：P_TMR3_DeadTime 和 P_TMR4_DeadTime，分别服务于 MCP3 和 MCP4。只有在补偿 PWM 模式下死区时间定时器才工作。依据 P_TMRx_OutputCtrl（x=3,4）寄存器的 POLP 位的设置，死区定时单元会将高/低相位延迟输出。三相死区控制可以独立地使能或禁止，死区时间通过 DTP 位设定，由于死区时间是以 f_{CK} 的四分频计数，所以大小是 DTP×（f_{CK}/4 的周期），即 [(DTP×4)/ f_{CK}]s。

P_TMR3_DeadTime（$7460）：MCP3 死区控制寄存器；

P_TMR4_DeadTime（$7461）：MCP4 死区控制寄存器。

MCP 死区控制寄存器如表 7-3-12 所列。

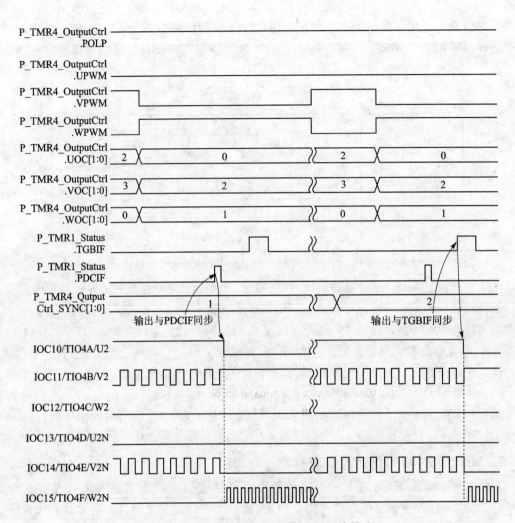

图 7 - 3 - 8 MCP4 的 PWM 输出的同步模式

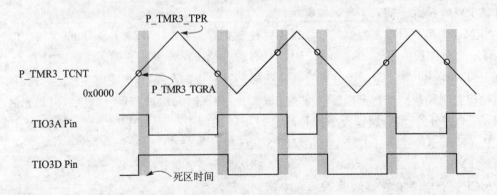

图 7 - 3 - 9 MCP3 中心补偿 PWM 模式下插入了死区时间示例

表 7 - 3 - 12　MCP 死区控制寄存器

B15	B14	B13	B12	B11	B10	B9	B8
R	R/W	R/W	R/W	R	R	R	R
0	0	0	0	0	0	0	0
保留	DTWE	DTVE	DTUE	保留			
B7	B6	B5	B4	B3	B2	B1	B0
R	R/W	R/W	R/W	R/W	R/W	R/W	R/W
0	0	0	0	0	0	0	0
保留	DTP						

第 15 位：保留。

第 14 位　DTWE：W 相的死区时间定时使能。0＝禁止；　1＝使能。

第 13 位　DTVE：V 相的死区时间定时使能。0＝禁止；　1＝使能。

第 12 位　DTUE：U 相的死区时间定时使能。0＝禁止；　1＝使能。

第 11：7 位：保留。

第 6：0 位　DTP：死区定时周期。这些位选择了死区的周期，死区时间可以在 $0 \sim 127$ 个 $f_{CK}/4$ 时钟周期之间设置（死区时间以 f_{CK} 的四分频计数）。

8. 定时器 MCP 的错误输入控制状态寄存器

错误保护输入检测 FTIN1～2 引脚上出现低有效电平，使 PWM 输出处于高阻态，起到保护作用，同时产生中断，如表 7 - 3 - 13 所列。PWM 输出将会保持在高阻状态下，直到解除该状态。图 7 - 3 - 10 显示 IOC9/FTIN2 错误保护输入时序。

表 7 - 3 - 13　错误输入和 PWM 输出引脚

引脚名称	引脚状态	描　述
FTIN1	输入	输入请求将 U1、V1、W1、U1N、V1N、W1N 设置成高阻态
FTIN2	输入	输入请求将 U2、V2、W2、U2N、V2N、W2N 设置成高阻态
U1、U1N	输入　悬浮	如果同相 2 个引脚的输出同时为有效电平，至少 1 个周期，所有的 MCP3 的 PWM 输出引脚都将被设置成高阻态
V1、V1N	输入　悬浮	
W1、W1N	输入　悬浮	
U2、U2N	输入　悬浮	如果同相 2 个引脚的输出同时为有效电平，至少 1 个周期，所有的 MCP4 的 PWM 输出引脚都将被设置成高阻态
V2、V2N	输入　悬浮	
W2、W2N	输入　悬浮	

PWM 输出在以下情况下将会停止（置为高阻态）：

➢ 向错误输入引脚输入"低"（FTIN1/FTIN2）；

➢ 上下相的输出电平相等；

➢ 锁相环或晶振停止工作；

➢ PWM 输出引脚可通过 FTIN1～2 引脚下降沿或低电平采样设置成高阻态；

➢ 有效的 FTIN 输入可设置成在 $f_{CK}/(4 \times 16)$，$f_{CK}/(16 \times 16)$，$f_{CK}/(64 \times 16)$，或 $f_{CK}/$

(256×16) 下的低电平保持;

➤ 如果上下位同时输出了有效电平,超过 1 个系统时钟周期,PWM 补偿输出可以设置成高阻态;

➤ 如果 P_INT_Priority 寄存器 FTIP 位设置为 1,产生快速中断请求。

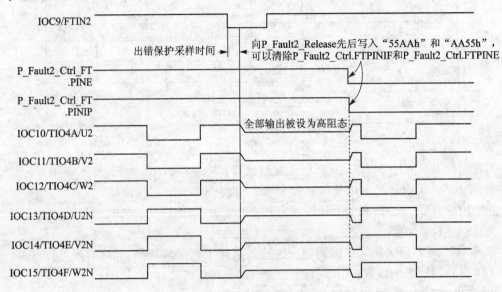

图 7 - 3 - 10　错误保护输入时序

P_Faultx_Ctrl (x=1,2)寄存器的 OCLS 位决定 PWM 输出比较的电平极性;用户需正确选择 PWM 保护电平,保证目标系统驱动电路的安全。

注意:错误输入保护只在补偿 PWM 模式下才有效。

图 7 - 3 - 11 显示了输出比较错误保护时序。

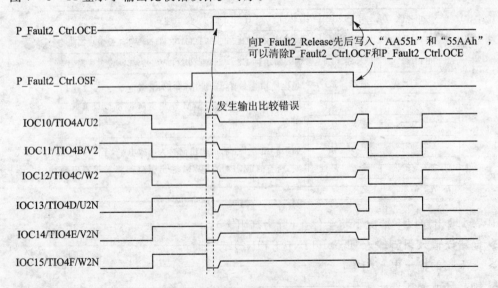

图 7 - 3 - 11　输出比较错误保护时序

MCP 定时器模块只能工作在稳定的时钟下,一旦检测到时钟出错,PWM 输出呈高阻态,保证目标系统驱动电路的安全。图7-3-12显示振荡器停振保护时序。

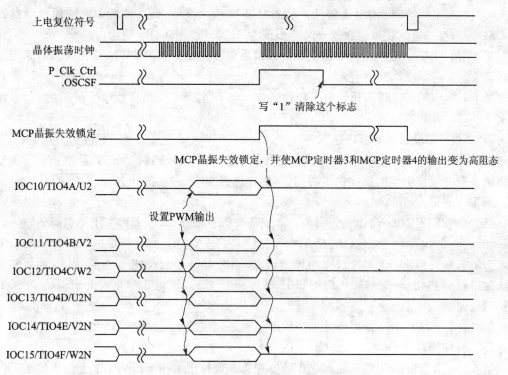

图 7 - 3 - 12　振荡器停振保护时序

OSF 和 FTPINIF 位只能由上电复位初始化其值,系统复位不能初始化其值。错误保护状态(PWM 高阻态)只能靠上电复位或软件释放该状态,外部复位引脚的复位不能释放错误保护位的状态。

P_Fault1_Ctrl（＄7466）:MCP 错误输入 1 控制/状态寄存器;

P_Fault2_Ctrl（＄7467）:MCP 错误输入 2 控制/状态寄存器。

MCP 错误输入控制和状态寄存器如表 7-3-14 所列。

表 7 - 3 - 14　MCP 错误输入控制/状态寄存器

B15	B14	B13	B12	B11	B10	B9	B8
R/W	R/W	R/W	R/W	R	R	R	R
0	0	0	0	0	0	0	0
OCE	OCIE	OCLS	OSF	保留			

B7	B6	B5	B4	B3	B2	B1	B0
R/W	R/W	R/W	R	R/W	R/W	R/W	R/W
0	0	0	0	0	0	0	0
FTPINE	FTPINIE	FTPINIF	保留	FTCNT			

第 15 位 OCE:输出比较使能。使能/禁止输出电平比较。如果输出电平比较功能使能,将比较 3 对 PWM 输出引脚。如果上下位同时输出有效电平(输出短路),大于 1 个时钟周期,

所有 PWM 输出将会置为高阻态。向 P_Faultx_Release(x=1,2)寄存器先写入"AA55h",再写入"55AAh",才会解除输出比较保护状态(PWM 输出高阻态)并使能 PWM 输出功能。同时 OSF 标志会被清除。该位在禁止时读出值为 0。0=禁止; 1=使能。

第 14 位 OCIE:输出比较中断使能。该位决定在已经侦测到 PWM 输出短路时是否发出中断请求。0=禁止; 1=使能。

第 13 位 OCLS:输出比较电平极性选择。该位选择了输出比较电平的极性。0=比较低电平; 1=比较高电平。

第 12 位 OSF:输出短路标志,该标志指示了 PWM 输出短路是否已经被侦测到。向 P_Faultx_Release(x=1,2)写入"AA55h",再写入"55AAh",将清除该标志并且禁止了错误输入引脚。重新使能该引脚的错误保护功能,需要软件将 OCE 再一次置 1。

第 11:8 位:保留。

第 7 位 FTPINE:错误输入引脚 1/2 使能。该位使能/禁止 FTINP1/2 引脚的输入。向 P_Faultx_Release(x=1,2)写入"55AAh"后再写入"AA55h",将会解除错误保护状态(PWM 输出高阻态),并禁止了 FTINP1/2 引脚的输入,同时 FTPINIF 标志也会被清除,重新使能该引脚的错误保护功能,需要软件将 FTPINE 再一次置 1。该位在禁止时读出值为 0。0=禁止; 1=使能。

第 6 位 FTPINIE:错误输入 1/2 中断使能。该位使能/禁止 FTINP1/2 引脚中断。0=禁止; 1=使能。

第 5 位 FTPINIF:错误输入 1/2 状态标志。该位指示在 FTINP1/2 上是否发生了高阻态请求。向 P_Faultx_Release(x=1,2)写入"55AAh"后再写入"AA55h",将会清除该标志。重新使能错误保护功能,需要软件将 FTPINE 位再一次置 1。0=未发生; 1=已发生。

第 4 位:保留。

第 3:0 位 FTCNT:错误保护采样间设置,采样时钟为 $(f_{CK}/4) \times n (n=1 \sim 15)$。

注意: FTCNT 不能设置为 0。如果将 FTCNT 设置为 0,错误保护电路将认为出错信号一直发生,即使 FTINP1/2 引脚保持在高阻态也一样;如果这时 FTPINIE 设置为 1,FTPINIF 标志将不能被清除,错误保护中断程序将一直执行,这将使系统进入不可预知的状态。

9. MCP 定时器的错误标志释放寄存器

为释放由错误输入引起的 PWM 输出高阻状态,首先断定 P_Faultx_Ctrl(x=1,2)寄存器中的 FTPINIF 位是否置位,然后向相应的错误标志释放寄存器 P_Faultx_Release(x=1,2)连续写入"55AAh"和"AA55h"。

为将 PWM 从输出短路造成的高阻态中释放,首先要检查 P_Faultx_Ctrl(x=1,2)寄存器中的 OSF 短路标志是否置位,然后向相应的错误标志释放寄存器 P_Faultx_Release(x=1,2)连续写入"AA55h"和"55AAh"。

为将 PWM 从晶振失效造成的高阻态中释放,首先要清除 P_Clk_Ctrl 寄存器中的振荡器失效标志 OSCSF,然后向相应的错误标志释放寄存器 P_Faultx_Release(x=1,2)连续写入"5555h"和"AAAAh"。

P_Fault1_Release($746A):MCP 错误 1 标志释放寄存器;

P_Fault2_Release($746B):MCP 错误 2 标志释放寄存器。

MCP 错误标志释放寄存器如表 7-3-15 所列。

表 7 - 3 - 15　MCP 错误标志释放寄存器

B15	B14	B13	B12	B11	B10	B9	B8
W	W	W	W	W	W	W	W
0	0	0	0	0	0	0	0
FTRR							
B7	B6	B5	B4	B3	B2	B1	B0
W	W	W	W	W	W	W	W
0	0	0	0	0	0	0	0
FTRR							

第 15∶0 位 FTRR：错误释放控制字。

10. MCP 定时器的过载输入控制/状态寄存器

SPMC75 系列微控制器芯片包含过载保护电路。当过载保护输入引脚(OL)拉低时,该电路开始工作。过载保护输入采样时钟为 $f_{CK}/4$,采样个数可以为 1～15。

有 3 种方法可以解除过载保护：由定时器释放、延迟 1 个周期释放或自动释放。当过载保护输入引脚(OL)已经恢复高电平时,可以使用以上 3 种方法释放。

发生过载时保护方式可以设置为：无禁止(相位正常输出)、禁止所有相位输出、禁止 PWM 相位输出或禁止上/下相输出。禁止所有相位输出、禁止 PWM 相位输出,适用于方波驱动马达时的过载保护;禁止上/下相输出适用于正弦波驱动马达时的过载保护。禁止某相意味着将此相信号置于无效的电平上。

当选择为禁止上/下相输出(P_OLx_Ctrl. OLMD=3,x=1,2)时,驱动马达的 PWM 输出状态由禁止前的 PWM 输出瞬时状态决定。当禁止前 PWM 输出有两个或更多的上相有效时,保护时所有的上相都打开并且所有的下相都关闭;当禁止前 PWM 输出有两个或更多的下相有效时,保护时所有的下相都打开并且所有的上相都关闭。

表 7 - 3 - 16 描述了 POLP 位(在 P_TMRx_OutputCtrl (x=3,4)寄存器中)和 OLMD 位的不同设置对应的发生过载保护的不同状态。图 7 - 3 - 13 显示了过载 PWM 停止时序。

表 7 - 3 - 16　过载保护状态

OLMD		TIOxA - TIOxF 相位输出状态（x=3,4）	过载保护中断发生状态
0	0	无禁止(相位正常输出)	不发生中断
0	1	禁止所有相位输出	发生中断
1	0	禁止 PWM 相位输出	发生中断
1	1	(1) 当检测到上相的任意两相为高电平,则禁止所有下相 PWM (2) 当检测到下相的任意两相为高电平,则禁止所有上相 PWM (3) 当发生过载时,但上相的任意两相或下相的任意两相不是同时为高电平,则不会禁止相位,PWM 正常输出 (4) 当检测到上相的任意两相为低电平,则禁止所有下相 PWM (5) 当检测到下相的任意两相为低电平,则禁止所有上相 PWM (6) 当发生过载时,但上相的任意两相或下相的任意两相不是同时为低电平,则不会禁止相位,PWM 正常输出	发生过载,同时检测到上相的任意两相或下相的任意两相为高电平,则发生中断,否则不发生中断

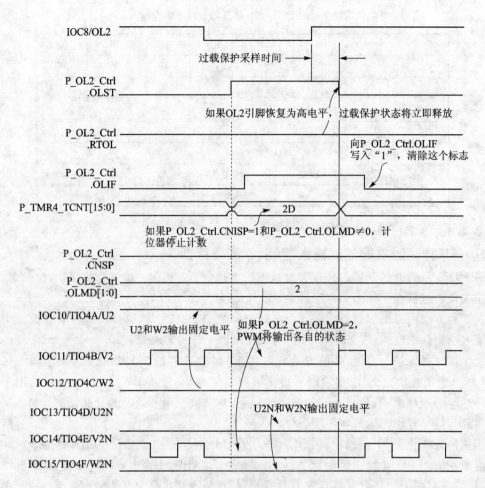

图 7 - 3 - 13 过载 PWM 停止时序

P_OL1_Ctrl($7468)：MCP 过载输入 1 控制/状态寄存器；

P_OL2_Ctrl($7469)：MCP 过载输入 2 控制/状态寄存器。

MCP 过载输入控制/状态寄存器如表 7 - 3 - 17 所列。

表 7 - 3 - 17 MCP 过载输入控制/状态寄存器

B15	B14	B13	B12	B11	B10	B9	B8
R/W	R/W	R/W	R/W	R/W	R/W	R/W	R/W
0	0	0	0	0	0	0	0
OLEN	CNTSP	OLMD		OLST	RTTMB	RTPWM	RTOL
B7	B6	B5	B4	B3	B2	B1	B0
R	R	R	R	R/W	R/W	R/W	R/W
0	0	0	0	0	0	0	0
OLIE	OLIF	保留		OLCNT			

第 15 位 OLEN：过载保护使能。该位使能/禁止过载保护电路工作。0＝禁止；　1＝

使能。

第 14 位 CNTSP：在过载保护期间停止 PWM 计数器（P_TMR3_TCNT/P_TMR4_TC-NT）工作。0＝不停止； 1＝停止计数。

第 13：12 位 OLMD：在过载保护期间禁止输出相位。00 ＝无相位禁止； 01 ＝所有相位都禁止（例如，关闭状态）；10 ＝PWM 相位禁止；11 ＝所有高低相位依照相位有效性被禁止。

第 11 位 OLST：过载保护状态。该标志指示了过载保护电路的状态。0＝不工作；1＝在保护状态下。

第 10 位 RTTMB：P_TMRx_TGRB（x＝0,1）寄存器比较匹配后，过载保护释放。0＝无动作； 1＝P_TMRx_TGRB（x＝0,1）寄存器比较匹配后，过载保护释放。

第 9 位 RTPWM：延迟 1 个周期释放。0＝无动作； 1＝当 OL 脚恢复到高电平时，再经过 1 个周期释放过载保护。当选择此种方式释放过载保护时，将 CNTSP 位设置为不停止计数。

第 8 位 RTOL：自动释放过载保护。0＝无动作；1＝当 OL 脚恢复到高电平时，过载保护释放，输出 PWM 信号。

第 7 位 OLIE：过载中断使能位。0＝禁止； 1＝使能。

第 6 位 OLIF：过载中断标志。该标志表明了过载情况是否已经发生。写"1"清除该标志。0＝没发生； 1＝发生过。

第 5：4 位：保留。

第 3：0 位 OLCNT：过载保护采样间设置，采样时钟频率为$(f_{CK}/4) \times n (n=1 \sim 15)$。

注意：OLCNT 不能设置为 0。如果将 OLCNT 设置为 0，过载保护电路将认为过载信号一直发生，即使 OL1/2 引脚保持在高状态也一样。如果这时 OLIE 设置为 1，OLIF 标志将不能被清除，过载保护中断程序将一直执行，这将使系统进入不可预知的状态。

11. MCP 定时器 PWM 模块写使能控制寄存器

要产生 PWM 波形，用户必须向 P_TPWM_Write 寄存器写入 0x5A01 使能 MCP3，写入 0x5A02 使能 MCP4。P_TPWM_Write 寄存器用来保证 MCP3 和 MCP4 不会因 CPU 的异常而被错误地改写和设置。要修改 MCP3 和 MCP4，必须先将相应的 TMR3/4WE 位置 1。建议采用如下的方式操作 P_TPWM_Write 寄存器：首先，读取其值；然后用"0x5A01"或"0x5A02"与读出的值进行"或"操作；最后再将操作结果写入 P_TPWM_Write 寄存器中。TMR3WE 和 TMR4WE 各自独立地控制 TPM 寄存器，具体如下：

① TMR3WE 控制如下寄存器的写操作：

P_TMR3_Ctrl、P_TMR3_IOCtrl、P_TMR3_INT、P_TMR3_Status、P_TMR3_Dead-Time、P_TMR_Start、P_TMR_Output

② TMR4WE 控制如下寄存器的写操作：

P_TMR4_Ctrl、P_TMR4_IOCtrl、P_TMR4_INT、P_TMR4_Status、P_TMR4_Dead-Time、P_TMR_Start、P_TMR_Output

P_TPWM_Write（＄7409）：MCP 定时器 PWM 模块写使能控制寄存器。

MCP 定时器 PWM 模块写使能控制寄存器如表 7－3－18 所列。

表 7 - 3 - 18　MCP 定时器 PWM 模块写使能控制寄存器

B15	B14	B13	B12	B11	B10	B9	B8
R	R	R	R	R	R	R	R
0	0	0	0	0	0	0	0
保留							
B7	B6	B5	B4	B3	B2	B1	B0
R	R	R	R	R	R	R/W	R/W
0	0	0	0	0	0	0	0
保留						TMR4WE	TMR3WE

第 15：2 位：保留。

第 1 位　TMR4WE：MCP4 设置寄存器写使能选择位。0＝禁止；　1＝使能。

第 0 位　TMR3WE：MCP3 设置寄存器写使能选择位。0＝禁止；　1＝使能。

12. MCP 定时器载入完成寄存器

在 PWM 输出模式下，为防止占空比不能同时载入，必须在载入时进行一个更新过程，保证正确性。正确的更新过程是：首先更新 P_TMR3/4_TGRA - C，然后将相应的 LDOK 位设置为"1"，一旦 LDOK 位设置为"1"后，就认为所设的占空比参数都已经就绪，并在计数器的值清零时载入到 TGR 中，LDOK 同时清零。LDOK 置 1 期间，P_TMR3/4_TGRA - C 中的内容不能通过写操作对其值进行改变。要正确地设置 LDOK 位，需要向 P_TMR_LDOK 的第 7 位到第 2 位之间写入"101010"，否则 LDOK 位无法得到更新。例如，为了将 LDOK0 置 1，必须向 P_TMR_LDOK 写入 0x00A9。

P_TMR_LDOK（＄740A）：MCP 定时器载入完成寄存器。

MCP 定时器载入完成寄存器如表 7 - 3 - 19 所列。

表 7 - 3 - 19　MCP 定时器载入完成寄存器

B15	B14	B13	B12	B11	B10	B9	B8
R	R	R	R	R	R	R	R
0	0	0	0	0	0	0	0
保留							
B7	B6	B5	B4	B3	B2	B1	B0
W	W	W	W	W	W	W	R
0	0	0	0	0	0	0	0
TLDCHK						LDOK1	LDOK0

第 15：8 位：保留。

第 7：2 位　TLDCHK：定时器载入寄存器检查位。要改变 P_TMR_LDOK 的设置，必须向这些位写入"101010"，否则 LDOK1 和 LDOK0 的值无法改变。读出值为 0。

第 1 位　LDOK1：P_TMR4_TGRA - C 载入完成位。该位决定 P_TMR4_TGRA - C 的值是否已经准备好载入 PWM 模块中。该位置 1 后，P_TMR4_TGRA - C 值才可以载入

PWM 模块。载入后,该位会自动清零。注意在该位置 1 期间,P_TMR4_TGRA-C 的值不能由写操作来改变。

第 0 位 LDOK0:P_TMR3_TGRA-C 载入完成位。该位决定 P_TMR3_TGRA-C 的值是否已经准备好载入 PWM 模块中。该位置 1 后,P_TMR3_TGRA-C 值才能载入 PWM 模块。载入后,该位会自动清零。要注意的是,该位置 1 期间,P_TMR3_TGRA-C 的值不能由写操作改变。

13. 定时器计数启动寄存器

P_TMR_Start 寄存器为 P_TMRx_TCNT(x=0~4)选择定时器的启动/停止操作。当计数器停止工作时,P_TMRx_TCNT(x=0~4)的内容被清零。将 TMR3ST 或 TMR4ST 位置 1,将会立即启动 P_TMR3_TCNT 或 P_TMR4_TCNT 寄存器工作,反之将 TMR3ST 或 TMR4ST 位设置成 0,将会立即停止 P_TMR3_TCNT 或 P_TMR4_TCNT 寄存器工作。

P_TMR_Start($7405):定时器计数启动寄存器。

定时器计数启动寄存器如表 7-3-20 所列。

表 7-3-20　定时器计数启动寄存器

B15	B14	B13	B12	B11	B10	B9	B8
R	R	R	R	R	R	R	R
0	0	0	0	0	0	0	0
保留							
B7	B6	B5	B4	B3	B2	B1	B0
R	R	R	R/W	R/W	R/W	R/W	R/W
0	0	0	0	0	0	0	0
保留			TMR4ST	TMR3ST	TMR2ST	TMR1ST	TMR0ST

第 15:5 位:保留。

第 4 位　TMR4ST:MCP4 计数启动设置。0=停止计数;　1=开始计数。

第 3 位　TMR3ST:MCP3 计数启动设置。0=停止计数;　1=开始计数。

第 2 位　TMR2ST:TPM2 计数启动设置。0=停止计数;　1=开始计数。

第 1 位　TMR1ST:PDC1 计数启动设置。0=停止计数;　1=开始计数。

第 0 位　TMR0ST:PDC0 计数启动设置。0=停止计数;　1=开始计数。

14. MCP 定时器的计数寄存器

MCP3 和 MCP4 各有一个 TCNT 计数器(P_TMR3_TCNT 和 P_TMR4_TCNT),TCNT 计数器是 16 位可读寄存器,按照输入时钟进行递增/递减计数,定时控制寄存器中的 TMRPS 位用于选择输入时钟源。P_TMR3_TCNT 和 P_TMR4_TCNT 在中心 PWM 模式下进行递增/递减计数,但在其他模式下只能递增计数。当 TCNT 的值与周期寄存器的值发生匹配时,自动清零。

P_TMR3_TCNT($7433):MCP3 计数寄存器;

P_TMR4_TCNT($7434):MCP4 计数寄存器。

MCP 计数寄存器如表 7-3-21 所列。

表 7 – 3 – 21　MCP 计数寄存器

B15	B14	B13	B12	B11	B10	B9	B8
R	R	R	R	R	R	R	R
0	0	0	0	0	0	0	0
TMRCNT							
B7	B6	B5	B4	B3	B2	B1	B0
R	R	R	R	R	R	R	R
0	0	0	0	0	0	0	0
TMRCNT							

15. MCP 定时器的通用寄存器

TGRA、TGRB、TGRC、TGRD 是 16 位寄存器。MCP3 和 MCP4 总共有 8 个通用寄存器，每个 MCP 定时器有 4 个。TGRA、TGRB 和 TGRC 是双功能 16 位可读/可写寄存器，用于输出比较或 PWM 寄存器。TGRD 寄存器用于当 TCNT 计数器的值与该寄存器内容匹配时，作为启动 A/D 转换的信号。在 TGR 寄存器用于输出比较和 PWM 寄存器时，TGR 和 TCNT 一直在进行比较。在 PWM 模式下，无论选择的是边沿 PWM 模式还是中心 PWM 模式，TGR 寄存器都作为占空比寄存器使用，复位后 TGR 寄存器初始化为 0x0000。

P_TMR3_TGRA（＄7448）：MCP3 通用寄存器 A；

P_TMR3_TGRB（＄7449）：MCP3 通用寄存器 B；

P_TMR3_TGRC（＄744A）：MCP3 通用寄存器 C；

P_TMR3_TGRD（＄744B）：MCP3 通用寄存器 D；

P_TMR4_TGRA（＄744C）：MCP4 通用寄存器 A；

P_TMR4_TGRB（＄744D）：MCP4 通用寄存器 B；

P_TMR4_TGRC（＄744E）：MCP4 通用寄存器 C；

P_TMR4_TGRD（＄744F）：MCP4 通用寄存器 D。

MCP 定时器的通用寄存器如表 7 – 3 – 22 所列。

表 7 – 3 – 22　MCP 定时器的通用寄存器

B15	B14	B13	B12	B11	B10	B9	B8
R/W	R/W	R/W	R/W	R/W	R/W	R/W	R/W
0	0	0	0	0	0	0	0
TMRGLR							
B7	B6	B5	B4	B3	B2	B1	B0
R/W	R/W	R/W	R/W	R/W	R/W	R/W	R/W
0	0	0	0	0	0	0	0
TMRGLR							

16. MCP 定时器的缓冲寄存器

缓冲寄存器 TBRx 与通用寄存器 TGRx 构成双缓冲结构，在 PWM 输出时，利用这种结构可以实现多路波形的同步更新。

P_TMR3_TBRA（＄7458）：MCP3 缓冲寄存器 A；

P_TMR3_TBRB（＄7459）：MCP3 缓冲寄存器 B；

P_TMR3_TBRC（＄745A）：MCP3 缓冲寄存器 C；

P_TMR4_TBRA（＄745C）：MCP4 缓冲寄存器 A；

P_TMR4_TBRB（＄745D）：MCP4 缓冲寄存器 B；

P_TMR4_TBRC（＄745E）：MCP4 缓冲寄存器 C。

MCP 缓冲寄存器如表 7－3－23 所列。

表 7－3－23　MCP 缓冲寄存器

B15	B14	B13	B12	B11	B10	B9	B8
R/W	R/W	R/W	R/W	R/W	R/W	R/W	R/W
0	0	0	0	0	0	0	0
TMRBUF							
B7	B6	B5	B4	B3	B2	B1	B0
R/W	R/W	R/W	R/W	R/W	R/W	R/W	R/W
0	0	0	0	0	0	0	0
TMRBUF							

17. MCP 定时器的周期寄存器

MCP 周期寄存器 P_TMRx_TPR（x＝3,4）是一个 16 位可读/写寄存器，用于设置定时器或 PWM 波形的周期。当 P_TMRx_TCNT（x＝3,4）寄存器的值达到 P_TMRx_TPR（x＝3,4）设定值时，P_TMRx_TCNT（x＝3,4）会根据 P_TMRx_Ctrl（x＝3,4）中的模式位"MODE"的设置情况，自动清除（递增计数模式）或开始递减计数（连续递增/递减计数模式）。周期寄存器的默认值是 0xFFFF，当 P_TMRx_TPR（x＝3,4）寄存器设置成 0x0000 时，P_TMRx_TCNT（x＝3,4）寄存器停止计数并保持在 0x0000。

P_TMR3_TPR（＄7438）：MCP3 周期寄存器；

P_TMR4_TPR（＄7439）：MCP4 周期寄存器。

MCP 周期寄存器如表 7－3－24 所列。

表 7－3－24　MCP 周期寄存器

B15	B14	B13	B12	B11	B10	B9	B8
R/W	R/W	R/W	R/W	R/W	R/W	R/W	R/W
1	1	1	1	1	1	1	1
TMRPRD							
B7	B6	B5	B4	B3	B2	B1	B0
R/W	R/W	R/W	R/W	R/W	R/W	R/W	R/W
1	1	1	1	1	1	1	1
TMRPRD							

7.3.5 MCP 定时器的操作

1. 标准计数的操作

当 P_TMR_Start 寄存器的 TMR3ST 或 TMR4ST 位置 1 后,相应定时器的 P_TMRx_TCNT(x =3,4)寄存器开始递增计数。计数器以自动计数方式工作,当计数到达 0x0FFFF 后,复位为 0x0000。通过将 CCLS 位配置为 111'b,该定时器变成一个周期性计数器。计数寄存器在其值达到 P_TMRx_TPR(x=3,4)的值后,复位为 0x0000,如图 7-3-14 为标准计数模式的编程流程示例。

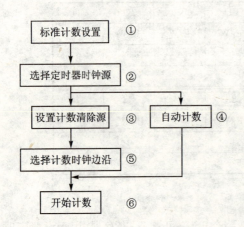

描述:

① 将定时器控制寄存器中的 MODE 设置为 0000'b。

② 通过设置 TMRPS,选择定时器时钟源为内部时钟或外部时钟。

③ 设置 P_TMRx_TPR(x=3,4)中的 CCLS 为 111'b。

④ CCLS 采用默认设置 000'b,即禁止进行 TCNT 清除,计数器计数到 0xFFFF 溢出后重新从 0x0000 开始计数。

⑤ 在定时器控制寄存器中,通过 CKEGS 和 PRDINT 中断频率来选择计数边沿。

⑥ P_TMR_Start 寄存器中的 TMR0ST 或 TMR1ST 置 1,计数器开始工作。如有必要,使能 MCP 定时器周期中断。

图 7-3-14 标准计数模式的编程流程示例

P_TMRx_TCNT(x=3,4)的初始值是 0x0000,P_TMRx_TPR(x=3,4)的初始值是 0xFFFF。当相应位 TMR3ST 或 TMR4ST 置 1 时,P_TMRx_TCNT(x=3,4)以自动计数模式计数。当选择了 P_TMRx_TCNT(x =3,4)寄存器中的周期比较匹配事件作为寄存器清除源时,定时器以周期性计数操作。通过设置 P_TMRx_TPR(x=3,4)寄存器的 CCLS 位为 111'b 来设置周期和计数清除源。设置后,计数寄存器开始周期性递增计数操作,此时相应的 TMR3ST 或 TMR4ST 位置 1。当计数器的值与 P_TMRx_TPR(x=3,4)相匹配时,定时中断状态寄存器的 TPRIF 标志置 1,同时计数寄存器清零。如果 P_TMRx_INT(x=3,4)寄存器中的 TPRIE 位为使能,则发生 MCP 请求中断。

2. PWM 输出操作

MCP 定时器两个通道完成 PWM 功能、总计 12 路的输出,输出波形比较匹配时有低有效、高有效,在 TIOxA、TIOxB、TIOxC、TIOxD、TIOxE 和 TIOxF(x=3,4)输出引脚强制高、强制低时,用于和 P_TMRx_TGRA、P_TMRx_TGRB、P_TMRx_TGRC(x=3,4)寄存器分别比较匹配,图 7-3-15 为 PWM 操作的编程流程示例。

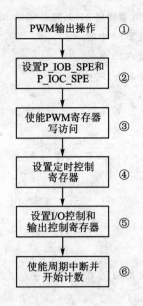

描述：

① 如有必要，在PWM特殊功能下的I/O端口设为输出和错误输入；

② 使能PWM的特殊功能寄存器P_IOB_SPE和P_IOC_SPE；

③ 向P_TPWM_Write寄存器写入控制字使能写访问；

④ 设置CCLS位为111' b，使周期寄存器确定了计数周期和计数清除源；

⑤ 通过P_TMRx_IOCtrl(x=3,4)寄存器选择比较匹配输出模式，通过P_TMRx_OutputCtrl(x=3,4)寄存器设定PWM波形；

⑥ P_TMR_Start寄存器的TMR3ST或TMR4ST置1，使能周期中断，计数器开始工作。

图 7 - 3 - 15 PWM 操作的编程流程示例

7.3.6 设计参考

【例 7 - 3 - 1】怎样设置 MCP3 的频率？

定时器 MCP3 的频率与 MCP3 的时钟源、计数时钟边沿以及由 TMRPS、CKEGS 和 PR-DINT 位所设定的周期中断频率有关。MCP3 有 8 个中断源，分别是 $f_{CK}/1$、$f_{CK}/4$、$f_{CK}/16$、$f_{CK}/64$、$f_{CK}/256$、$f_{CK}/1024$、TCLKA 和 TCLKB。CKEGS 位对输入时钟边沿进行选择。当输入时钟以双沿计数时，输入时钟周期将会减半。当选定 $f_{CK}/1$ 位计数器时钟时，如果选择了双沿计数模式，计数器将以上升沿计数。PRDINT 位的设置会影响 MCP3 周期中断的发生频率，将这些设置好后，要写入 P_TMR3_PRD 数据。

例如，如果将 MCP3 周期中断频率设置成 8 kHz：

P_TMR3_PRD＝(source clock /8000)－1

```
/* MCP3 中断频率为 8000 Hz */
/* 选择 MCP3 时钟源为 fCK/1 = 20 MHz. */
# include "mc75Regs.h"
int main(void)
{
Disable_FIQ_IRQ();
P_TPWM_Write->W = 0x5A03;                        /* MCP3 修改使能 */
P_TMR3_Ctrl->B.CCLS = CB_TMR3_CCLS_PTR;          /* TPR 比较匹配时清除 */
P_TMR3_Ctrl->B.TMRPS = CB_TMR3_TMRPS_FCKdiv1;
/* 计数频率为 fCK/1,上升沿 */
P_TMR3_Ctrl->B.CKEGS = CB_TMR0_CKEGS_Rising;     /* 上升沿计数 */
P_TMR3_Ctrl->B.MODE = CB_TMR3_MODE_Normal;       /* 标准计数模式 */
P_TMR3_Ctrl->B.PRDINT = CB_TMR3_PRDINT_Period;   /* 每周期中断 */
```

```
P_TMR3_TPR ->W = 2499;                              /* 设置计数周期 2499,频率 8000 Hz */

P_TMR3_INT ->B.TPRIE = 1;                           /* 使能 MCP3 中断 */

P_TMR_Start ->W = CW_TMR_TMR3ST_Start;              /* 启动 MCP3 */

INT_FIQ_IRQ();                                      /* 使能 FIQ/IRQ 中断 */

while(1);

return (1);

}

/* * * * * * * * * * * * * * * * * * * * * * * * * * * * * * * * * * * * * */

void IRQ3(void) _attribute_ ((ISR));

void IRQ3(void)

{

if(P_TMR3_Status ->B.MCP3IF)

{

P_TMR3_Status ->W = CW_TMR3_TPRIF_Enable;           /* 清除 MCP3 的 TPRIF 标志 */

/* 执行 TMR3_TPR ISR 任务 */

}

}
```

【例 7-3-2】怎样产生驱动 120°6 步波形驱动直流无刷电机?

先需要设置定时器 MCP3 的 TPR 中断频率位。120 度 6 步波形是由电机内的 PDC0 模块的霍尔位置信号的反馈信号决定的。MCP3 的中断频率是 8000 Hz,选择 $f_{CK}/1 = 24$ MHz 作为 MCP3 时钟源。三相占空比寄存器只用到了 TGRA 寄存器。没有插入死区控制。

```
# include "Spmc75_regs.h"

# include "unspmacro.h"

int main(void)

{

Disable_FIQ_IRQ();

Init_TMR3 ();                                       /* 初始化 MCP3 模块 */

P_IOB_SPE ->W = 0x003F;                             /* 使能 UVW-1 输出特殊功能 */

P_TMR3_IOCtrl ->W = 0x0111;                         /* TIO3A - TIO3F 输出使能 */

P_TMR3_OutputCtrl ->B.DUTYMODE = 0;                 /* 三相共用 TGRA 寄存器 */

P_TMR3_OutputCtrl ->B.POLP = CB_TMR3_POLP_Active_High;/* 高有效 */

P_POS0_DectCtrl ->W = 0x0000;                       /* 采样时钟频率 = $f_{ck}/4$ */

P_POS0_DectCtrl ->B. SPLMOD = 1;                    /* 周期采样 */

P_POS0_DectCtrl ->B.PDEN = 1;                       /* 使能侦测位置功能 */

P_TMR_Start ->W = CW_TMR_TMR3ST_Start;              /* 启动 MCP3 */

INT_FIQ_IRQ();                                      /* 使能 FIQ/IRQ 中断 */

while(1);

return (1);

}

/* * * * * * * * * * * * * * * * * * * * * * * * * * * * * * * * * * * * * */
```

```
void IRQ3(void) _attribute_ ((ISR));
void IRQ3(void)
{
int position;
if(P_TMR3_Status ->B.TPRIF)
{
P_TMR3_Status ->W = CW_TMR3_TPRIF_Enable; /* 清除 MCP3 TPRIF */
/* 依据侦测位置信号,产生 120°6 路 PWM 波形,
如下的条件分支可根据开发者应用而有所不同 */
position = P_POS0_DectData ->W;
switch(position)
{
case (1):
P_TMR3_OutputCtrl ->B.UPWM = 0;
P_TMR3_OutputCtrl ->B.UOC = 0; /* U1 = L,U1N = L */
P_TMR3_OutputCtrl ->B.VPWM = 0;
P_TMR3_OutputCtrl ->B.VOC = 1; /* V1 = L,V1N = H */
P_TMR3_OutputCtrl ->B.WPWM = 1;
P_TMR3_OutputCtrl ->B.WOC = 2; /* W1 = PWM,W1N = L */
break;
case (2):
P_TMR3_OutputCtrl ->B.UPWM = 1;
P_TMR3_OutputCtrl ->B.UOC = 2; /* U1 = PWM,U1N = L */
P_TMR3_OutputCtrl ->B.VPWM = 0;
P_TMR3_OutputCtrl ->B.VOC = 1; /* V1 = L,V1N = H */
P_TMR3_OutputCtrl ->B.WPWM = 0;
P_TMR3_OutputCtrl ->B.WOC = 0 /* W1 = L,W1N = L */
break;
case (3):
P_TMR3_OutputCtrl ->B.UPWM = 1;
P_TMR3_OutputCtrl ->B.UOC = 2; /* U1 = PWM,U1N = L */
P_TMR3_OutputCtrl ->B.VPWM = 0;
P_TMR3_OutputCtrl ->B.VOC = 0; /* V1 = L,V1N = L */
P_TMR3_OutputCtrl ->B.WPWM = 0;
P_TMR3_OutputCtrl ->B.WOC = 1; /* W1 = L,W1N = H */
break;
case (4):
P_TMR3_OutputCtrl ->B.UPWM = 0;
P_TMR3_OutputCtrl ->B.UOC = 0; /* U1 = L,U1N = L */
P_TMR3_OutputCtrl ->B.VPWM = 1;
P_TMR3_OutputCtrl ->B.VOC = 2; /* V1 = PWM,V1N = L */
```

```
P_TMR3_OutputCtrl -> B.WPWM = 0;
P_TMR3_OutputCtrl -> B.WOC = 1; /* W1 = L,W1N = H */
break;
case (5):
P_TMR3_OutputCtrl -> B.UPWM = 0;
P_TMR3_OutputCtrl -> B.UOC = 1; /* U1 = L,U1N = H */
P_TMR3_OutputCtrl -> B.VPWM = 1;
P_TMR3_OutputCtrl -> B.VOC = 2; /* V1 = PWM,V1N = L */
P_TMR3_OutputCtrl -> B.WPWM = 0;
P_TMR3_OutputCtrl -> B.WOC = 0; /* W1 = L,W1N = L */
break;
case (6):
P_TMR3_OutputCtrl -> B.UPWM = 0;
P_TMR3_OutputCtrl -> B.UOC = 1; /* U1 = L,U1N = H */
P_TMR3_OutputCtrl -> B.VPWM = 0;
P_TMR3_OutputCtrl -> B.VOC = 0; /* V1 = L,V1N = L */
P_TMR3_OutputCtrl -> B.WPWM = 1;
P_TMR3_OutputCtrl -> B.WOC = 2; /* W1 = PWM,W1N = L */
break;
}
P_TMR3_TGRA -> W = 750; /* 设置占空比 = 30 % 三相 */
P_TMR_LDOK -> W = CW_TMR_LDOK0; /* TGRA - TGRC 同时载入 */
}
}
```

【例 7 - 3 - 3】在 U1/U1N、V1/V1N 和 W1/W1N 功率管两极如何插入死区控制？

死区控制的作用是保护三相变频因短路造成的损害。要加入死区控制,需要对 P_TMRx _DeadTime (x = 3,4)寄存器进行恰当的配置,还要将 P_TMRx_OutputCtrl (x = 3,4)的 UOC/VOC/WOC 位设置为 PWM 补偿模式。以下是三相变频电源应用的编程实例:

```
# include "Spmc75_regs.h"
# include "unspmacro.h"
int main(void)
{
Disable_FIQ_IRQ();
Init_TMR3();                                          /* 初始化 MCP3 模块 */
P_IOB_SPE -> W = 0x003F;                              /* 使能 UVW - 1 输出特殊功能 */
P_TMR3_IOCtrl -> W = 0x0111;                          /* TIO3A - TIO3F 输出使能 */
P_TMR3_OutputCtrl -> B.DUTYMODE = 0;
/* 三相共用 TGRA 寄存器 */
P_TMR3_OutputCtrl -> B.POLP = CB_TMR3_POLP_Active_High;  /* 高有效 */
P_TMR_Start -> W = CW_TMR_TMR3ST_Start;               /* 启动 MCP3 */
```

```
INT_FIQ_IRQ();                                          /* FIQ/IRQ 中断 */
while(1);
return (1);
}
/*************************************************/
void IRQ3(void) _attribute_ ((ISR));
void IRQ3(void)
{
if(P_INT_Status -> B. MCP3IF)
{
P_TMR3_Status -> W = CW_TMR3_TPRIF_Enable;    /* 清除 MCP3 的 TPRIF 标志 */
P_TMR3_DeadTime -> B. DTWE = 1;               /* 使能 W 相的死区定时器 */
P_TMR3_DeadTime -> B. DTVE = 1;               /* 使能 V 相的死区定时器 */
P_TMR3_DeadTime -> B. DTUE = 1;               /* 使能 U 相的死区定时器 */
P_TMR3_DeadTime -> B. DTP = 12;
/* 时钟频率 f_CK/4, f_CK = 20.0 MHz 时, 设置死区时间为 2.0 μs */
/* PWM 在 U 相 PWM 输出中插入死区控制的范例 */
P_TMR3_OutputCtrl -> W = (P_TMR3_OutputCtrl -> W & 0xF800) | \
(CW_TMR3_POLP_1_UP_L_UN_L | CW_TMR3_POLP_1_VP_L_VN_H | \
CW_TMR3_POLP_1_WP_PWM_WN_CPWM);
}
}
```

【例 7 - 3 - 4】设置错误输入 1 功能保护的 MCP36 路 PWM 输出。以下是编程范例:

```
# include "Spmc75_regs. h"
# include "unspmacro. h"
int main(void)
{
Disable_FIQ_IRQ();
Init_TMR3();                                    /* 初始化 MCP3 模块 */
P_IOB_SPE -> W = 0x003F;                        /* 使能 UVW - 1 输出特殊功能 */
P_TMR3_IOCtrl -> W = 0x0111;                    /* TIO3A - TIO3F 输出使能 */
P_TMR3_OutputCtrl -> B. DUTYMODE = 0;
/* 三相共用 TGRA 寄存器 */
P_TMR3_OutputCtrl -> B. POLP = CB_TMR3_POLP_Active_High;  /* 高有效 */
P_IOB_SPE -> W | = CW_IOB_FTIN1_SFR_EN;         /* 使能 FTIN1 特殊功能 */
P_Fault1_Ctrl -> B. OCE = 1;                    /* 使能输出电平比较 */
P_Fault1_Ctrl -> B. OCIE = 1;                   /* 使能输出比较中断 */
P_Fault1_Ctrl -> B. OCLS = 1;                   /* 高电平比较 */
P_Fault1_Ctrl -> B. FTPINE = 1;                 /* 使能 FTIN1 引脚 */
P_Fault1_Ctrl -> B. FTPINIE = 1;                /* Fault 1 中断使能 */
P_Fault1_Ctrl -> B. FTCNT = 1;
P_INT_Priority -> B. FTIP = 1;                  /* FTIN1 分配给 FIQ */
```

```
while(1);
return (1);
}
/************************************************/
void FIQ(void) _attribute_ ((ISR));
void FIQ(void)
{
if(P_INT_Status ->B.FTIF)
{
if(P_Fault1_Ctrl ->B.OSF)
{
P_Fault1_Release ->W = 0xAA55;              /* 清除 OSF 标志 */
P_Fault1_Release ->W = 0x55AA;
P_Fault1_Ctrl ->B.OCE = 1;                  /* 再次使能 OCE 引脚 */
}
if(P_Fault1_Ctrl ->B.FTPINIF)
{
P_Fault1_Release ->W = 0x55AA;              /* 清除 FTPINIF 标志 */
P_Fault1_Release ->W = 0xAA55;
P_Fault1_Ctrl ->B.FTPINE = 1;               /* 再次使能 FTIN1 引脚 */
}
}
}
```

【例 7-3-5】 启动 MCP3 过载保护功能。

```
void init_OLP3(void)
{
P_OL1_Ctrl ->B.OLEN = 1;                     /* 使能过载保护 */
P_OL1_Ctrl ->B.OLMD = 2;                     /* 当发生过载时禁止 PWM 相位 */
P_OL1_Ctrl ->B.OLCNT = 1;                    /* 过载采样定时计数器 = 1,时钟频率 $f_{CK}/4$ */
P_OL1_Ctrl ->B.RTOL = 1;
}
/************************************************/
void IRQ3(void) _attribute_ ((ISR));
void IRQ3(void)
{
if(P_INT_Status ->B.MCP3IF)
{
P_TMR3_Status ->W = CW_TMR3_TPRIF_Enable;   /* 清除 MCP3 TPRIF 标志 */
if(P_OL1_Ctrl ->B.OLST)                      /* 过载保护发生? */
{
//过载事件处理
}
}
```

```
}
}
```

【例 7 - 3 - 6】设置 PWM 同步使能位释放过载保护。

```
void init_OLP3(void)
{
P_OL1_Ctrl ->W = (CW_TMR3_OPR_OLEN | CW_TMR3_OPR_OLMD_PWMDis | \
CW_TMR3_OPR_RTPWM_Enable | CW_TMR3_OPR_OLEN);
P_OL1_Ctrl ->B.OLCNT = 1;
/* 过载保护使能 */
/* 发生过载时禁止所有相位输出 */
/* PWM 使能,退出过载保护 */
/* 过载采样定时计数器 = 1,时钟频率 f_CK/4 */
}
```

【例 7 - 3 - 7】在正弦交流感应电机中 MCP3 寄存器建立的过程。

SPMC75 系列微控制器支持边沿和中心 PWM 波形发生。在本例中,使用中心 PWM 模式,因其有较少谐波,所以比较适合于交流感应电机的驱动。

PWM 的三相脉冲宽度是由 P_TMR3_TGRA、P_TMR3_TGRB 和 P_TMR3_TGRC 决定的,正弦波形数据预先写入存储器中,通过查表向这些寄存器写入相应数据,产生相应的正弦波形。如果定时器通用寄存器 TGR 与 P_TMR3_TCNT 定时计数器匹配,相应的端口就会根据 P_TMR3_OutputCtrl 寄存器触发输出事件。在高低相位之间的死区控制是通过 P_TMR3_DeadTime 决定的,如图 7 - 3 - 16 所示。

相比较三相交流变频正弦波,锯齿波的频率是 PWM 的载波频率,这是由 CPU 时钟频率 f_{CK} 和周期寄存器 P_TMR3_TPR 决定的。一系列不同脉冲宽度的 PWM 波形可以组合成一个正弦波。图 7 - 3 - 16 所示的流程图是交流感应电机的正弦驱动设置过程。

描述:

① 为 PWM 输出端口设置 P_IOB_Dir 的值并使能 P_IOB_SPE 的特殊功能。

② 写定时器 MCP3 使能寄存器: P_TPWM_Write -> W = P_TPWM_Write -> W | 0x5A01;

③ 设置 MCP3 控制寄存器 P_TMR3_Ctrl。

PRDINT=0,每周期产生中断并且定时器的周期由 P_TMR3_TPR 和 CPU 运行时钟频率决定。

MODE=1010'b,设置为中心 PWM 模式。

CCLS=111'b,设置定时器 MCP3 的清除源。

CKEGS=0,上升沿计数。

TMRPS=0,时钟源为 f_{CK}。

④ 将 P_TMR3_DeadTime 设置为 0x7001,使能三相死区控制。

⑤ 设置 PWM 周期和初始占空比值。

P_TMR3_TPR ->W=0x0960,决定 PWM 周期。

P_TMR3_TGRA ->W=0x0400,U 相占空比值。

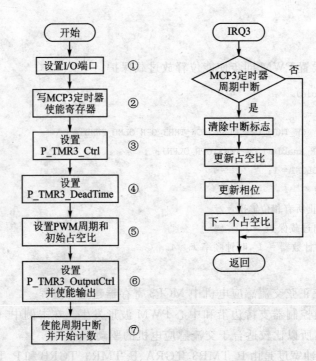

图 7 - 3 - 16　正弦 PWM 操作的编程流程图示例

P_TMR3_TGRB ->W=0x0766，V 相占空比值。

P_TMR3_TGRC ->W=0x0088，W 相占空比值。

P_TMR_LOAD ->W=0x00A9，同步载入。

⑥ 设置 MCP3 的 PWM 输出模式并使能相应输出引脚。

P_TMR3_OutputCtrl ->W=0x8700，三相独立 PWM 输出。

P_TMR3_IOCtrl ->W=0x0111，初始化为 0，比较匹配时输出 1。

P_TMR_Output ->W=0x003F，使能定时器 MCP3 PWM 输出。

⑦ 使能定时器 MCP3 周期中断和启动计数。

P_TMR3_INT ->B. TPRIE=1，使能周期中断。

P_TMR_Start ->B. TMR3ST=1，MCP3 开始计数。

下面代码为前面描述的所有操作的编程过程。

```
# include "Spmc75_regs.h"
# include "Spmc_typedef.h"
# include "unspMACRO.h"
extern int Sin_TAB[ ];
UInt16 SPWM_phases;                    /* 相位增量 */
UInt16 Phases_Temp;                    /* 查表索引 */
UInt16 Phases_Add_Data;                /* 相位位移 */
int NEW_Data[3];
void Sys_Init(void);
void CCP_Init(void);
int main(void)
```

```
{
Sys_Init();
CCP_Init();
INT_IRQ();
while(1);
}
/ * * * * * * * * * * * * * * * * * * * * * * * * * * * * * * * * * * * * * * * * * /
void Sys_Init(void)
{
while(P_Clk_Ctrl->B.OSCSF & 1)          / * 查询振荡器状态标志 * /
{
P_Clk_Ctrl->B.OSCSF = 1;                / * 清除振荡器状态标志 * /
}
P_System_Option->W = 0x5551             / * 使用外部晶振 * /
SPWM_phases = 0;
Phases_Add_Data = 656;                  / * 参考频率 = 50 Hz * /
}
/ * * * * * * * * * * * * * * * * * * * * * * * * * * * * * * * * * * * * * * * * * /
void CCP_Init(void)
{
P_IOB_Dir->W = 0x0000;                  / * IO 设置 * /
P_IOB_Attrib->W = 0x0FFFF;
P_IOB_Data->W = 0xff00;
P_IOB_SPE->W = 0x00ff;
P_TPWM_Write->W = 0x5a01;               / * 使能控制寄存器写功能 * /
P_TMR3_OutputCtrl->W = 0x8700;          / * 三相独立输出控制 * /
P_TMR3_IOCtrl->W = 0x0111;
P_TMR3_DeadTime->W = 0x7001;            / * 选择死区时间 * /
P_TMR3_Ctrl->B.PRDINT = 0;
P_TMR3_Ctrl->B.MODE = 10;
P_TMR3_Ctrl->B.CCLS = 7;
P_TMR3_Ctrl->B.CKEGS = 0;
P_TMR3_Ctrl->B.TMRPS = 0;
P_TMR_Output->W = 0x3f3f;               / * 使能输出引脚 * /
P_TMR3_TPR->W = 0x0960;                 / * 定时器周期设置 * /
P_TMR3_TGRA->W = 0x0400;
P_TMR3_TGRB->W = 0x0766;
P_TMR3_TGRC->W = 0x0088;
P_TMR3_INT->W = 0x0010;                 / * 定时器周期中断使能 * /
P_TMR_Start->B.TMR3ST = 1;              / * MCP3 运行 * /
}
/ * * * * * * * * * * * * * * * * * * * * * * * * * * * * * * * * * * * * * * * * * /
void IRQ3(void) _attribute_ ((ISR));
void IRQ3(void)
{
```

```
if(P_TMR3_Status ->B. TPRIF)
{
P_TMR3_Status ->B. TPRIF = 1;                    /* 清除 TPRIF 标志 */
P_TMR3_TGRA ->W = NEW_Data[0];                   /* 更新数据 */
P_TMR3_TGRB ->W = NEW_Data[1];
P_TMR3_TGRC ->W = NEW_Data[2];
P_TMR_LDOK ->W = CW_TMR_LDOK0;
SPWM_phases + = Phases_Add_Data;                 /* 相位递增 */
Phases_Temp = SPWM_phases>>6
NEW_Data[0] = Sin_TAB[Phases_Temp];
NEW_Data[1] = Sin_TAB[(Phases_Temp + 341)&0x03ff];
NEW_Data[2] = Sin_TAB[(Phases_Temp + 683)&0x03ff];
}
}
```

7.4 比较匹配定时器

SPMC75 系列微控制器内嵌 2 个 16 位的比较匹配定时器(CMT)。当计数到设定值后产生中断。图 7 - 4 - 1 显示比较匹配定时器时序。

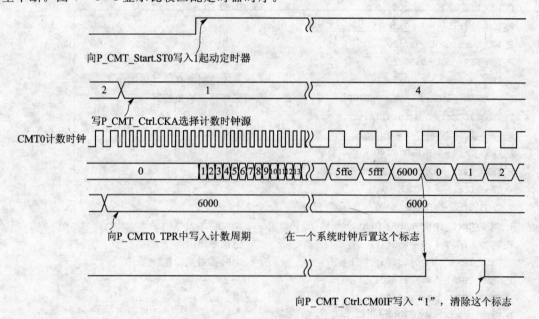

图 7 - 4 - 1 比较匹配定时器时序

可选择 8 个计数器输入时钟：$f_{CK}/1$，$f_{CK}/2$、$f_{CK}/4$、$f_{CK}/8$、$f_{CK}/16$、$f_{CK}/64$、$f_{CK}/256$、$f_{CK}/1024$。

中断源：每个通道都具有其独立的比较匹配中断。

7.4.1 比较匹配定时器寄存器

SPMC75 系列微控制器内嵌的比较定时器模块共有 6 个控制寄存器,如表 7 - 4 - 1 所列。通过这 6 个控制寄存器可以完成 CMT 模块所有功能的控制。

表 7 - 4 - 1　比较匹配定时器寄存器

地　址	寄存器	名　称
7500h	P_CMT_Start	比较匹配定时器启动寄存器
7501h	P_CMT_Ctrl	比较匹配定时器控制和状态寄存器
7508h	P_CMT0_TCNT	比较匹配定时器 CMT0 计数寄存器
7509h	P_CMT1_TCNT	比较匹配定时器 CMT1 计数寄存器
7510h	P_CMT0_TPR	比较匹配定时器 CMT0 周期寄存器
7511h	P_CMT1_TPR	比较匹配定时器 CMT1 周期寄存器

1. 比较匹配定时器启动寄存器

P_CMT_Start ($7500):比较匹配定时器启动寄存器。

比较匹配定时器启动寄存器如表 7 - 4 - 2 所列。

表 7 - 4 - 2　比较匹配定时器启动寄存器

B15	B14	B13	B12	B11	B10	B9	B8
R	R	R	R	R	R	R	R
0	0	0	0	0	0	0	0
保留							

B7	B6	B5	B4	B3	B2	B1	B0
R	R	R	R	R	R	R/W	R/W
0	0	0	0	0	0	0	0
保留						ST1	ST0

第 15 : 2 位:保留。

第 1 位 ST1:比较匹配定时器 CMT1 计数开始位。0=P_CMT1_TCNT 停止计数并清零为 0x0000;1=P_CMT1_TCNT 启动计数。

第 0 位 ST0:比较匹配定时器 CMT0 计数开始位。0=P_CMT0_TCNT 计数器运行停止并清零为 0x0000;1=P_CMT0_TCNT 计数器运行使能。

2. 比较匹配定时器控制和状态寄存器

P_CMT_Ctrl ($7501):比较匹配定时器控制和状态寄存器。

比较匹配定时器控制和状态寄存器如表 7 - 4 - 3 所列。

表 7 - 4 - 3　比较匹配定时器控制和状态寄存器

B15	B14	B13	B12	B11	B10	B9	B8
R/W	R/W	R	R	R	R/W	R/W	R/W
0	0	0	0	0	0	0	0
CM1IF	CM1IE	保留			CKB		
B7	B6	B5	B4	B3	B2	B1	B0
R/W	R/W	R	R	R	R/W	R/W	R/W
0	0	0	0	0	0	0	0
CM0IF	CM0IE	保留			CKA		

第 15 位　CM1IF：CMT1 比较匹配中断标志。此标志指示出 P_CMT1_TCNT 与 P_CMT1_TPR 的值是否匹配。写入"1"可清除此标志。0＝不匹配；　1＝匹配。

第 14 位　CM1IE：CMT1 比较匹配中断使能。0＝CMT1 比较匹配中断禁止；　1＝CMT1 比较匹配中断使能。

第 13：11 位：保留。

第 10：8 位　CKB：CMT1 时钟选择位。$000＝f_{CK}/1$；$001＝f_{CK}/2$；$010＝f_{CK}/4$；$011＝f_{CK}/8$；$100＝f_{CK}/16$；$101＝f_{CK}/64$；$110＝f_{CK}/256$；$111＝f_{CK}/1024$。

第 7 位　CM0IF：CMT0 比较匹配中断标志。此标志指示出 P_CMT0_TCNT 与 P_CMT0_TPR 的值是否匹配。写入"1"可清除此标志。0＝不匹配；　1＝匹配。

第 6 位　CM0IE：CMT0 比较匹配中断使能。0＝CMT0 比较匹配中断禁止；1＝CMT0 比较匹配中断使能。

第 5：3 位：保留。

第 2：0 位　CKA：CMT0 时钟选择位。$000＝f_{CK}/1$；$001＝f_{CK}/2$；$010＝f_{CK}/4$；$011＝f_{CK}/8$；$100＝f_{CK}/16$；$101＝f_{CK}/64$；$110＝f_{CK}/256$；$111＝f_{CK}/1024$。

3. 比较匹配定时器计数寄存器

P_CMT0_TCNT（＄7508）：比较匹配定时器 CMT0 计数寄存器；

P_CMT1_TCNT（＄7509）：比较匹配定时器 CMT1 计数寄存器。

比较匹配定时器计数寄存器(见表 7 - 4 - 4)是一个 16 位递增计数器,初始值为 0x0000。在定时器停止或向周期寄存器 P_CMTx_TPR（x＝0,1)中写入新值时自动清零。

表 7 - 4 - 4　比较匹配定时器计数寄存器

B15	B14	B13	B12	B11	B10	B9	B8
R	R	R	R	R	R	R	R
0	0	0	0	0	0	0	0
CMTCNT							
B7	B6	B5	B4	B3	B2	B1	B0
R	R	R	R	R	R	R	R
0	0	0	0	0	0	0	0
CMTCNT							

4. 比较匹配定时器周期寄存器

P_CMT0_TPR（＄7510）：比较匹配定时器 CMT0 周期寄存器；

P_CMT1_TPR（＄7511）：比较匹配定时器 CMT1 周期寄存器。

比较匹配定时器周期寄存器 P_CMTx_TPR（x＝0,1)（见表 7 - 4 - 5）是一个用于设定比较匹配周期的 16 位寄存器，初始值为 0x0000。当向 P_CMTx_TPR（x＝0,1)中写入一个新值时，P_CMTx_TCNT（x＝0,1)自动清零。

表 7 - 4 - 5   比较匹配定时器周期寄存器

B15	B14	B13	B12	B11	B10	B9	B8
R/W	R/W	R/W	R/W	R/W	R/W	R/W	R/W
0	0	0	0	0	0	0	0
CMTPR							
B7	B6	B5	B4	B3	B2	B1	B0
R/W	R/W	R/W	R/W	R/W	R/W	R/W	R/W
0	0	0	0	0	0	0	0
CMTPR							

7.4.2 比较匹配定时器程序设计

【例 7 - 4】将 CMT0 和 CMT1 两个比较匹配定时器通道的频率分别设定为 1000 Hz 和 5 Hz。

```
void Init_CMT (void)
{
P_CMT0_TPR -> W = P_CMT1_TPR -> W = 0x0000;
P_CMT_Start -> W = 0x0000;               /* 停止所有比较匹配定时器 */
P_CMT_Ctrl -> W = 0x0000;                /* 复位设置 */
P_CMT_Ctrl -> B.CKA = 0;                 /* CMT0 时钟选择 = fCK / 1 */
P_CMT_Ctrl -> B.CM0IE = 1;               /* CMT0 比较匹配中断使能 */
P_CMT_Ctrl -> B.CKB = 7;                 /* CMT1 时钟选择 = fCK / 1024 */
P_CMT_Ctrl -> B.CM1IE = 1;               /* CMT1 比较匹配中断使能 */
P_CMT0_TPR -> W = 19999;                 /* CMT0 频率 1000 Hz,时钟 fCK = 20.0 MHz */
P_CMT1_TPR -> W = 3905;                  /* CMT1 频率 5 Hz,时钟 fCK = 20.0 MHz */
P_CMT_Start -> B.ST0 = 1;                /* 启动 CMT0 计数器 */
P_CMT_Start -> B.ST1 = 1;                /* 启动 CMT1 计数器 */
}
/* ******************************************** */
void IRQ7(void) _attribute_ ((ISR));
void IRQ7(void)
{
if(P_INT_Status -> B.CMTIF)
{
if(P_CMT_Ctrl -> B.CM0IF)
```

```
{
P_CMT_Ctrl->B.CM0IF = 1; /* 清除 CM0IF 标志 */
//place your codes here.
}
if(P_CMT_Ctrl->B.CM1IF)
{
P_CMT_Ctrl->B.CM1IF = 1; /* 清除 CM0IF 标志 */
//place your codes here.
}
}
}
```

7.5　时基模块和蜂鸣器模块

SPMC75 系列微控制器内嵌一个时基模块,此模块包含一个 16 位计数器,可产生 $f_{CK}/2$ $\sim f_{CK}/65536$ 参考时钟,供芯片外设使用。可向时基复位寄存器(P_TMB_Reset)写入 0x5555 清空时基计数器。通过时基模块,可以产生 50% 占空比的脉冲,以驱动蜂鸣器。被选通的时基信号接入 IOC4/BZO 引脚。时基和蜂鸣器输出时序如图 7-5-1 所示。

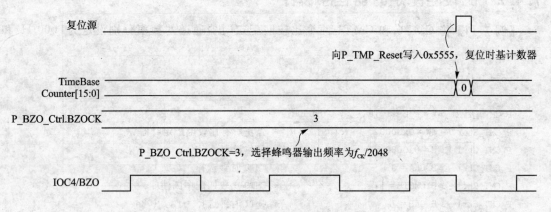

图 7-5-1　时基和蜂鸣器输出时序

7.5.1　控制寄存器

SPMC75 系列微控制器内嵌的时基模块和蜂鸣器模块共有 2 个控制寄存器,如表 7-5-1 所列。通过这 2 个控制寄存器可以完成时基模块和蜂鸣器模块所有功能的控制。

表 7-5-1　时基模块和蜂鸣器模块寄存器

地　址	寄存器	名　称
70B8h	P_TMB_Reset	时基复位寄存器
70B9h	P_BZO_Ctrl	蜂鸣器输出控制寄存器

1. 时基复位寄存器

向时基复位寄存器写入 $5555H，如表 7 - 5 - 2 所列，时基计数器将复位，时基计数器清零。

表 7 - 5 - 2　时基复位寄存器

B15	B14	B13	B12	B11	B10	B9	B8
W	W	W	W	W	W	W	W
0	0	0	0	0	0	0	0
TBRR							
B7	B6	B5	B4	B3	B2	B1	B0
W	W	W	W	W	W	W	W
0	0	0	0	0	0	0	0
TBRR							

2. 蜂鸣器输出控制寄存器

这个寄存器用来使能蜂鸣器输出功能和选择蜂鸣器驱动频率。

P_BZO_Ctrl（$70B9）：蜂鸣器输出控制寄存器（见表 7 - 5 - 3）。

表 7 - 5 - 3　蜂鸣器输出控制寄存器

B15	B14	B13	B12	B11	B10	B9	B8
R/W	R	R	R	R	R	R	R
0	0	0	0	0	0	0	0
BZOEN	保留						
B7	B6	B5	B4	B3	B2	B1	B0
R	R	R	R	R	R	R/W	R/W
0	0	0	0	0	0	0	0
保留						BZOCK	

第 15 位　BZOEN：蜂鸣器输出使能位。0＝禁止；　1＝使能。

第 14：2 位：保留。

第 1：0 位　BZOCK：蜂鸣器输出频率设置位，如表 7 - 5 - 4 所列。

表 7 - 5 - 4　蜂鸣器输出频率表

BZOCK	蜂鸣器输出频率	输出频率（$f_{CK}=24$ MHz 时）/kHz
00	$f_{CK}/16384$	1.464
01	$f_{CK}/8192$	2.929
10	$f_{CK}/4096$	5.859
11	$f_{CK}/2048$	11.718

7.5.2 程序设计

【例 7 - 5】蜂鸣器输出控制设定设置输出时钟频率为 1500 Hz，$f_{CK} = 24.0$ MHz 的蜂鸣器单元。

```
P_BZO_Ctrl->W = 0x0000; /* 复位蜂鸣器并禁用 */
P_BZO_Ctrl->B.BZOCK = 0; /* 蜂鸣器时钟频率 = f_CK / 16384 */
P_BZO_Ctrl->B.BZOEN = 1; /* 使能蜂鸣器时钟输出 */
```

7.6 复 位

SPMC75 系列微控制器一共有 6 种复位源。包括外部的上电复位、复位引脚触发和内部复位事件。这 6 个复位源如下：

> 上电复位(POR)；
> 外部复位(RESET)；
> 低电压复位(LVR)；
> 看门狗复位(WDTR)；
> 非法地址访问复位(IAR)：访问了非法的地址（＄0800 - ＄6FFF、＄7500 - ＄7FFF），向 ＄700C、＄700E 写入无效的值；
> 非法指令译码复位(IIS)：CPU 得到非法指令译码。

7.6.1 复位方式

1．上电复位

当系统上电，电源电压上升的斜率大于 0.5 V/μs 且上升到默认限定值时，上电复位电路开始工作。上电复位过程将持续 16384 个辅助时钟周期，以等待晶体振荡器和 PLL 稳定。复位周期过后，所有的寄存器重新初始化，时序如图 7 - 6 - 1 所示。

2．外部复位

SPMC75 系列微控制器提供了外部复位引脚(低有效)，可进行强制复位。如图 7 - 6 - 2 所示，RESET 连接在一个阻容电路中，外部复位变为无效后，内部复位信号将持续 16384 个辅助时钟周期，完成整个复位过程，时序如图 7 - 6 - 1 所示。

3．低电压复位

SPMC75 系列微控制器提供了低电压复位功能。当电源电压降至 4.09 V 以下时，低电压复位电路就会使 CPU 及外设复位，当供电电压恢复至 4.19 V 以上后，低电压复位信号解除，同时，系统在 16384 个辅助时钟周期后恢复正常运行。图 7 - 6 - 3 描述了典型的低电压复位时序。

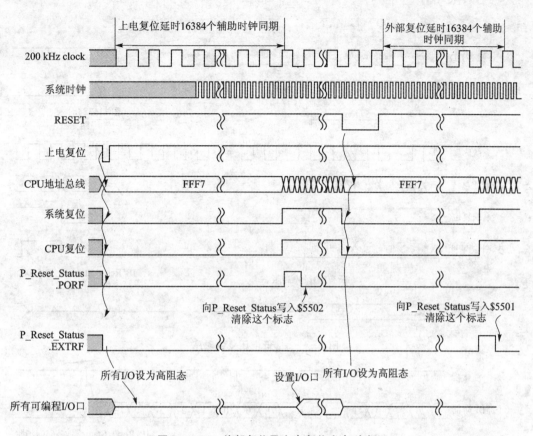

图 7 - 6 - 1　外部复位及上电复位上电时序

4. 看门狗复位

当 SPMC75 系列微控制器运行到未知的状态下而没有
清除看门狗,芯片内看门狗就会使系统进入复位状态。这保
证了微控制器不会连续工作在非正常的状态下。通过寄存器
P_System_Option($8000)B1 位 和 P_WatchDog_Ctrl
($700A)B15 位使能看门狗复位功能。用 P_WatchDog_
Ctrl 控制寄存器的 B[2:0]设置溢出时间。向 P_WatchDog
_Clr(W)($700B)控制寄存器写入"0xA005",看门狗计数器
自动清零并重新计数。如果在看门狗计数器溢出前没有向

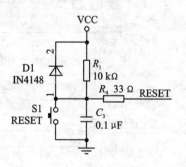

图 7 - 6 - 2　外部复位电路

P_WatchDog_Clr控制寄存器写入"0xA005",看门狗将强制 CPU 或系统复位。在仿真模式下
看门狗复位功能被禁止。看门狗定时器的工作时序如图 7 - 6 - 4 所示。

5. 非法地址访问复位

SPMC75 系列微控制器提供了非法地址访问复位,一旦访问非法地址,CPU 将立即复位。
非法地址范围为 $0800~$6FFF 和 $7500~$7FFF,当指令访问了这些区域,系统就立即产
生信号复位 CPU。向地址 $700C 或 $700E 写入非法数值,也会产生信号,导致 CPU 复位。
图 7 - 6 - 5 描述了非法地址复位时序。

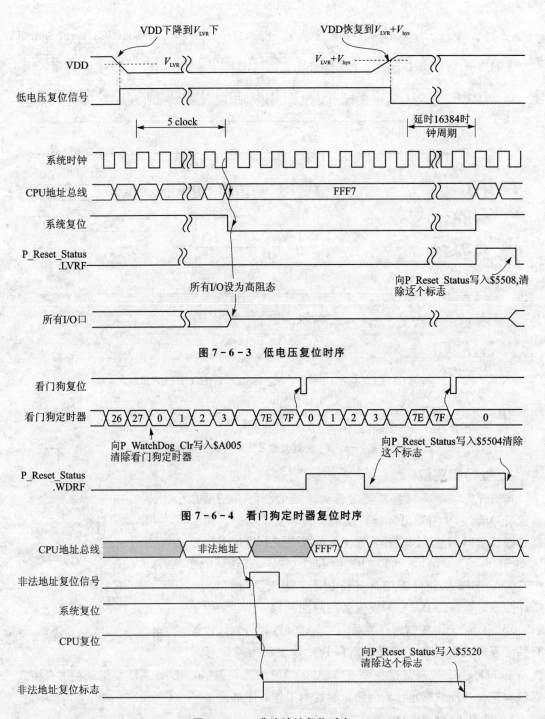

图 7-6-3   低电压复位时序

图 7-6-4   看门狗定时器复位时序

图 7-6-5   非法地址复位时序

6. 非法指令复位

CPU 得到非法指令译码,CPU 复位(IIR)并设置 P_Reset_Status. IIRF 位。通过该位可检测系统是否发生过错误指令复位。图 7-6-6 描述了非法指令复位时序。

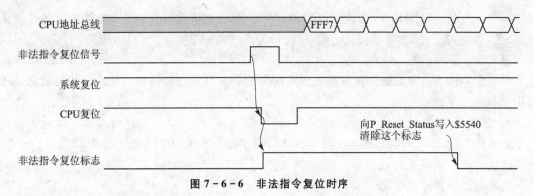

图 7 - 6 - 6　非法指令复位时序

7.6.2　复位源列表

SPMC75 系列微控制器复位源和其相应的作用域如表 7 - 6 - 1 所列。

表 7 - 6 - 1　SPMC75 系列微控制器复位源和其相应的作用域

复位源	CPU 内核复位	外设模块复位
外部复位	√	√
上电复位	√	√
看门狗复位	√	可选
低电压复位	√	√
非法地址访问复位	√	—
非法指令复位	√	—

注意：CPU 内核复位是指 CPU 核的复位，CPU 内核复位会使 CPU 核内的所有寄存器初始化为复位默认值；外设模块复位主要是指外设模块(如 ADC 模块、定时器模块)的复位，外设模块复位会使所有外设模块的控制寄存器初始化为复位默认值；复位状态寄存器(P_Reset_Status)会根据复位源初始化相应的复位标志；Flash 控制器只能由上电复位和外部复位来复位。

7.6.3　控制寄存器

这个寄存器表示了各种复位状态的标志，可以用软件查询相应的标志位。

P_Reset_Status($ 7006)：复位状态寄存器。

复位状态寄存器如表 7 - 6 - 2 所列。

表 7 - 6 - 2　复位状态寄存器

B15	B14	B13	B12	B11	B10	B9	B8
R/W	R/W	R/W	R/W	R/W	R/W	R/W	R/W
0	0	0	0	0	0	0	0
FCHK							

B7	B6	B5	B4	B3	B2	B1	B0
R	R/W	R/W	R	R/W	R/W	R/W	R/W
0	0	0	0	0	0	0	0
保留	IIRF	IARF	保留	LVRF	WDRF	PORF	EXTRF

第 15∶8 位　FCHK:标志清除校验位。为了正确地清除复位标志,必须向这些位写入"0x55"。否则,复位标志将不会被清除,这些位读出的数据是"0"。

第 7 位:保留。

第 6 位　IIRF:错误指令复位标志。此位指示是否发生过错误指令复位。读出时,0＝未发生过,1＝发生过;

写入时,1＝清除该标志。

第 5 位　IARF:非法地址复位标志。此位指示是否发生过非法地址复位。

读出时,0＝未发生过,1＝发生过;

写入时,1＝清除该标志。

第 4 位:保留。

第 3 位　LVRF:低电压复位标志。此位指示是否发生过低电压复位。读出时,0＝未发生过,1＝发生过;写入时,1＝清除该标志。

第 2 位　WDRF:看门狗复位标志。此位指示是否发生过看门狗复位。读出时,0＝未发生过,1＝发生过;写入时,1＝清除该标志。

第 1 位　PORF:上电复位标志。此位指示是否发生过上电复位。读出时,0＝未发生过,1＝发生过;写入时,1＝清除该标志。

第 0 位　EXTRF:外部复位标志。此位指示是否发生过外部复位。读出时,0＝未发生过,1＝发生过;写入时,1＝清除该标志。

7.6.4　程序设计

1. 外部复位

通用的复位电路如图 7-6-7 所示。

为了设计出适当的复位电路,用户必须考虑电源和外部复位引脚上的干扰,因此推荐使用如图 7-6-8 所示的电路。

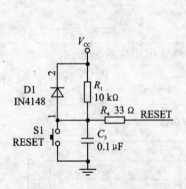

图 7-6-7　复位电路示例

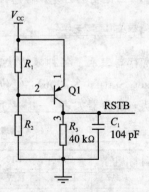

图 7-6-8　外部复位电路

注意: 当 V_{CC} 电源电压降低到一定程度时,三极管 Q1 反相: $V_{CC} \times R_1 / (R_1 + R_2) = 0.7$ V。如果 $V_{DD} = 2.5$ V,则可选用 $R_1 = 140$ kΩ,$R_2 = 360$ kΩ。对于耗电敏感的芯片需要注意,这个电路本身将会消耗一部分电流,因为 R_1 和 R_2 组成了一个直流路径,电流消耗为: $V_{DD} / (R_1 + R_2) = 3.3$ V $(140$ kΩ$+360$ kΩ$) = 6.6$ μA。

2. 复位状态

复位状态标识了复位的种类,用户可以通过这个寄存器查看复位的状态。若适当编程,系统就可恢复复位之前的状态。

【例 7－6】

```
if(P_Reset_Status ->B.IARF & CB_CLEAR_IARF)        /* 查询 IARF 复位标志 */
{
P_Reset_Status ->W = 0x5A5A;                        /* 清除复位状态标志 */
P_Reset_Status ->B.IARF = CB_CLEAR_IARF;            /* 清除 IARF 复位标志 */
}
```

3. 启动引导序列

上电时系统会读出位于 Flash 信息区的第一个选项字(地址＝0x8000)。上电时,上电复位功能有效,直到上电计数器计数到 16384 个辅助时钟周期时,复位请求被解除。详情请查看 P_System_Option 的设置。

7.7 节电模式和唤醒功能

SPMC75 系列微控制器有标准模式和两种节电模式(Wait 和 Stand-by),相应功能如下:

1. 标准模式

芯片在标准模式下运行时所有内部模块可用,芯片的耗电最大。

2. 节电模式

(1) Wait

Wait 模式下,只有 CPU 掉电停止工作以降低功耗,其他外设保持着先前的状态并且功能可用。一旦唤醒,CPU 将继续工作,执行接下来的指令。图 7－7－1 描述了 Wait 模式时序。

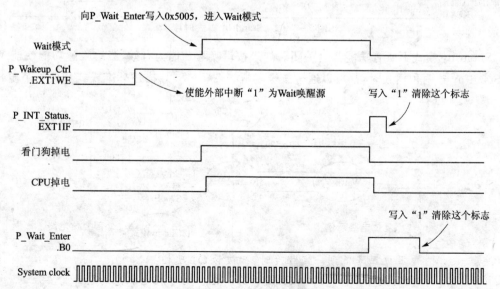

图 7－7－1　Wait 模式时序

（2）Stand-by

Stand-by 模式下所有的模块都变为无效,此时功耗达到最小。唤醒后,CPU 复位并回到标准运行模式。图 7-7-2 描述 Stand-by 时序。

注意:如果定时器 MCP3 或 MCP4 已经处于 PWM 输出模式下时,芯片不会进入 Wait 或 Stand-by。

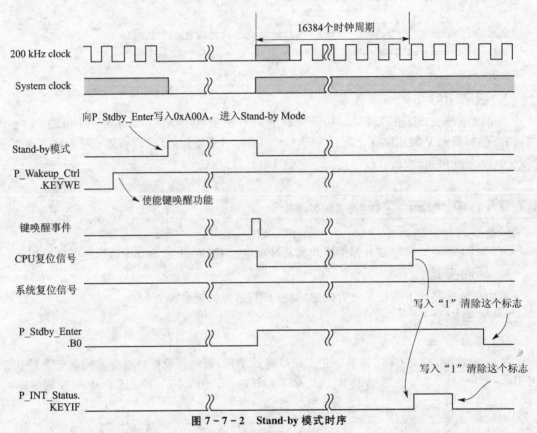

图 7-7-2　Stand-by 模式时序

Stand-by 模式下所有功能都会关闭。如果按键唤醒功能为有效,当键唤醒功能使能 Wait 和 Stand-by 这两种模式时,都可以通过按键唤醒。图 7-7-3 描述标准模式和两种节电模式

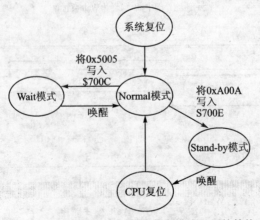

图 7-7-3　标准模式和两种节电模式之间的转换

（Wait 和 Stand-by）之间的转换。

节电模式和各模块运行状态的关系如表 7 - 7 - 1 所列。

表 7 - 7 - 1　节电模式和各模块运行状态的关系

模　块	Wait	Stand-by
CPU	关闭	关闭
PLL	工作	关闭
唤醒后	执行下一条指令	CPU 复位

7.7.1　唤醒源

Stand-by 模式只能由键唤醒源唤醒，而 Wait 模式的唤醒事件有以下 28 个来源：

① 定时器/PWM 模块。

➤ 定时器 PDC0：TPR_0、TGRA_0、TGRB_0、TGRC_0，位置改变侦测（上溢、下溢）；

➤ 定时器 1：TPR_1、TGRA_1、TGRB_1、TGRC_1，位置改变侦测（上溢、下溢）；

➤ 定时器 2：TPR_2，TGRA_2、TGRB_2；

➤ 定时器 3：TPR_3、TGRD_3；

➤ 定时器 4：TPR_4、TGRD_4。

② 比较匹配定时器：CMT_0 比较匹配中断、CMT_1 比较匹配中断。

③ 键唤醒。

④ 外部中断：EXINT0、EXINT1。

⑤ 串行通信接口：UART 发送中断、UART 接收中断、SPI 发送中断、SPI 接收中断。

7.7.2　控制寄存器

SPMC75 系列微控制器的低功耗控制模块共有 3 个控制寄存器，如表 7 - 7 - 2 所列。通过这 3 个控制寄存器可以完成低功耗控制模块所有功能的控制。

表 7 - 7 - 2　低功耗控制模块的控制寄存器

地　址	寄存器	名　称
700Ch	P_Wait_Enter	Wait 模式入口寄存器
700Eh	P_Stdby_Enter	Stand-by 模式入口寄存器
700Fh	P_Wakeup_Ctrl	唤醒控制寄存器

P_Wait_Enter（＄700C）：Wait 模式入口寄存器（见表 7 - 7 - 3）。

➤ 写入"5005h"，进入 Wait 模式（CPU 关闭，锁相环电路工作）；

➤ bit0 为 Wait 唤醒标志，如果读出 1，则说明芯片从 Wait 模式唤醒；

➤ 写入"0001h"，清除唤醒 Wait 标志。

注意：① 在进入 Wait 模式之前，MCP3 或者 MCP4 不能设置为 PWM 输出状态；

　　　　② 仿真时不能进 Wait 模式。

P_Stdby_Enter（＄700E）：Stand-by 模式入口寄存器。

表 7 - 7 - 3   **Wait 模式入口寄存器**

B15	B14	B13	B12	B11	B10	B9	B8
W	W	W	W	W	W	W	W
0	0	0	0	0	0	0	0
WaitCMD							

B7	B6	B5	B4	B3	B2	B1	B0
W	W	W	W	W	W	W	W
0	0	0	0	0	0	0	0
WaitCMD							

Stand-by 模式入口寄存器如表 7 - 7 - 4 所列。

表 7 - 7 - 4   **Stand-by 模式入口寄存器**

B15	B14	B13	B12	B11	B10	B9	B8
W	W	W	W	W	W	W	W
0	0	0	0	0	0	0	0
Std-byCMD							

B7	B6	B5	B4	B3	B2	B1	B0
W	W	W	W	W	W	W	W
0	0	0	0	0	0	0	0
Std-byCMD							

➤ 写入"A00Ah",进入 Stand-by 模式(CPU 关闭,锁相环电路关闭);

➤ bit0 为 Stand-by 唤醒标志,如果读出"1",则说明芯片从 Stand-by 模式唤醒;

➤ 写入"0001h",清除 Stand-by 唤醒标志;

➤ 在定时器 MCP 设置为 PWM 输出状态或是仿真时,均不能进入 Stand-by 模式。

注意:① 在进入 Stand-by 模式之前,MCP3 或者 MCP4 不能设置为 PWM 输出状态;
② 仿真时不能进 Stand-by 模式。

P_Wakeup_Ctrl ($ 700F):唤醒控制寄存器。

唤醒控制寄存器如表 7 - 7 - 5 所列。

第 15 位   KEYWE:键唤醒使能位。0=禁止; 1=使能。

第 14 位   UARTWE:UART 端口唤醒使能位。0=禁止; 1=使能。

第 13 位   SPIWE:SPI 端口唤醒使能位。0=禁止; 1=使能。

第 12 位   EXT1WE:外部中断 1 唤醒使能位。0=禁止; 1=使能。

第 11 位   EXT0WE:外部中断 0 唤醒使能位。0=禁止; 1=使能。

第 10:8 位:保留。

第 7 位   TPM2WE:定时器 TPM2 唤醒使能位。0=禁止; 1=使能。

第 6 位　PDC1WE：定时器 PDC1 唤醒使能位。0＝禁止；　1＝使能。

第 5 位　PDC0WE：定时器 PDC0 唤醒使能位。0＝禁止；　1＝使能。

第 4 位　CMTWE：比较匹配定时器唤醒使能位。0＝禁止；　1＝使能。

第 3：0 位：保留。

表 7 - 7 - 5　唤醒控制寄存器

B15	B14	B13	B12	B11	B10	B9	B8
R/W	R/W	R/W	R/W	R/W	R/W	R/W	R/W
0	0	0	0	0	0	0	0
KEYWE	UARTWE	SPIWE	EXT1WE	EXT0WE	保留		
B7	B6	B5	B4	B3	B2	B1	B0
R/W	R/W	R/W	R/W	R/W	R/W	R/W	R/W
0	0	0	0	0	0	0	0
TPM2WE	PDC1WE	PDC0WE	CMTWE	保留			

7.7.3　设计参考

【例 7 - 7 - 1】将 MCU 设置为 Wait 模式，清除 Wait 模式标志。

```
P_Wait_Enter->W = CW_WaitCMD; /* 进入 Wait 模式 */
P_Wait_Enter->W = CW_WaitClr; /* 清除 Wait 模式标志 */
```

【例 7 - 7 - 2】将 MCU 设置为 Stand-by 模式，清除 Stand-by 模式标志。

```
P_Stdby_Enter->W = CW_StdbyCMD; /* 进入 Stand-by 模式 */
P_Stdby_Enter->W = CW_StdbyClr; /* 清除 Stand-by 模式标志 */
```

7.8　看门狗

看门狗定时器的主要功能是：当程序发生问题时使系统重新启动。如果 WDT（看门狗定时器）超过了设定时间，则发生系统或是 CPU 复位（通过设置决定）。如果不想使用 WDT 功能，可以在 P_System_Option（0x8000）中禁止该功能。

SPMC75 系列微控制器的 WDT 是一个 8 位定时器，可选择 8 种不同的时钟源。其工作时序如图 7 - 8 - 1 所示。

7.8.1　控制寄存器

SPMC75 系列微控制器内嵌的看门狗定时器（WDT）模块共有 2 个控制寄存器，如表 7 - 8 - 1 所列。通过这 2 个控制寄存器可以完成看门狗定时器模块所有功能的控制。

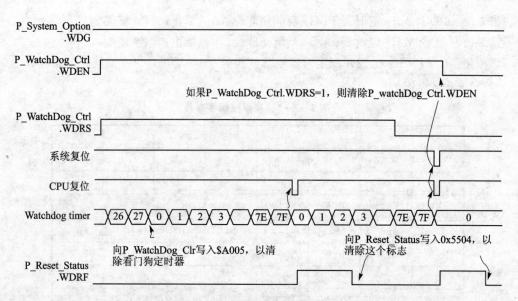

图 7-8-1　看门狗定时器时序

表 7-8-1　看门狗定时器寄存器

地 址	寄存器	名 称
700Ah	P_WatchDog_Ctrl	看门狗控制寄存器
700Bh	P_WatchDog_Clr	看门狗清除寄存器

1. 看门狗控制寄存器

P_WatchDog_Ctrl 向看门狗提供了清空定时器和软件设定的开/关功能。

P_WatchDog_Ctrl（$700A）：看门狗控制寄存器。

看门狗控制寄存器如表 7-8-2 所列。

表 7-8-2　看门狗控制寄存器

B15	B14	B13	B12	B11	B10	B9	B8
R/W	R/W	R	R	R	R	R	R
0	0	0	0	0	0	0	0
WDEN	WDRS	保留					
B7	B6	B5	B4	B3	B2	B1	B0
W	W	W	W	W	R/W	R/W	R/W
0	0	0	0	0	0	0	0
WDCHK					WDPS		

第 15 位　WDEN：看门狗定时器使能位。此位可以使能/禁止看门狗定时器。一旦使能,看门狗定时器不能被软件禁止。当系统复位时,此位将被复位到默认值。0＝禁止； 1＝使能。

注意：要使 WDT 起作用,就需要设置 P_System_Option（在 IDE 中设置）,并且在程序中将 WDEN 设置为 1。

第 14 位　WDRS：看门狗复位选择位。

此位用于选择当看门狗定时器溢出时，是系统还是 CPU 被复位。0＝系统复位；　1＝CPU 复位。

第 13：8 位：保留。

第 7：3 位　WDCHK：看门狗控制寄存器检查位。要更改 P_WatchDog_Ctrl 的设定，必须向这些位写入"10101"，否则会产生看门狗复位。这些位的读出值将为 0。

第 2：0 位　WDPS：看门狗定时器超时选择，如表 7－8－3 所列。

表 7－8－3　WDT 定时时间表

WDPS	WDT 时钟频率/Hz	超时时间 ($f_{CK}=24$ MHz)/ms	WDPS	WDT 时钟频率/Hz	超时时间 ($f_{CK}=24$ MHz)/ms
000	$f_{CK}/65536$	699.05	100	$f_{CK}/4096$	43.69
001	$f_{CK}/32768$	349.52	101	$f_{CK}/2048$	21.84
010	$f_{CK}/16384$	174.76	110	$f_{CK}/1024$	10.92
011	$f_{CK}/8192$	87.38			

2. 看门狗清除寄存器

P_WatchDog_Clr 寄存器用于清除看门狗定时器，写入 0xA005，可以清除看门狗定时器。如果写入其他值，将产生看门狗复位，P_Reset_Status 的 WDRF 被置 1。

P_WatchDog_Clr（＄700B）：看门狗清除寄存器。

看门狗清除寄存器如表 7－8－4 所列。

表 7－8－4　看门狗清除寄存器

B15	B14	B13	B12	B11	B10	B9	B8
R/W	R/W	R/W	R/W	R/W	R/W	R/W	R/W
0	0	0	0	0	0	0	0
WDTCLR							

B7	B6	B5	B4	B3	B2	B1	B0
R/W	R/W	R/W	R/W	R/W	R/W	R/W	R/W
0	0	0	0	0	0	0	0
WDTCLR							

7.8.2　程序设计

【例 7－8】看门狗定时器复位@f_{osc}/32768。

```
P_WatchDog_Ctrl->W = CW_WDEN + CW_WDRS_CPU_Reset + CW_WDCHK_Setting + CW_WDPS_FCKdiv32768;
/* 使能看门狗 */
while(1)
P_WatchDog_Clr->W = CW_WatchDog_Clear; /* 清除看门狗定时器 */
```

第 8 章

模/数转换器

SPMC75 系列微控制器内嵌一个 100 ksps 转换速率的高性能 10 位通用 ADC 模块,采用 SAR(逐次逼近)结构。它与 IOA[7∶0]复用引脚作为输入通道,最多能提供 8 路模拟输入能力。同时,ADC 模块有多种工作模式可选,它的转换触发信号可以是软件产生,也可以通过来自外部(IOA15)、PDC 位置侦测、MCP 等定时器的信号,以满足不同的应用。

利用此 ADC 模块,可以同电机驱动定时器联合工作,实现电机驱动过程中电参量的同步测量,满足电机驱动的需要。此外,ADC 模块也可以实现一些普通的模拟测量,如电压测量、温度信号测量、低频信号的采集等。ADC 模块的结构如图 8-1 所示。

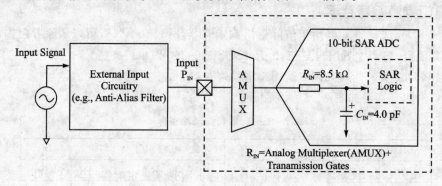

图 8-1 ADC 功能框图

8.1 比较匹配定时器寄存器

SPMC75 系列微控制器内嵌的 ADC 模块共有 4 个比较匹配定时器寄存器,如表 8-1-1 所列。通过这 4 个寄存器可以完成 ADC 模块所有功能的控制。

表 8-1-1 比较匹配定时器寄存器

地 址	寄存器	名 称
7160h	P_ADC_Setup	ADC 设置寄存器
7161h	P_ADC_Ctrl	ADC 控制寄存器
7166h	P_ADC_Channel	ADC 输入通道使能寄存器
7162h	P_ADC_Data	ADC 数据寄存器

1. ADC 设置寄存器

P_ADC_Setup（$7160）：ADC 设置寄存器（见表 8 - 1 - 2）。

表 8 - 1 - 2 ADC 设置寄存器

B15	B14	B13	B12	B11	B10	B9	B8
R/W	R/W	R	R/W	R/W	R/W	R/W	R/W
1	0	0	0	0	0	0	0
ADCCS	ADCEN	保留				ADCFS	ADCEXTRG
B7	B6	B5	B4	B3	B2	B1	B0
R/W	R	R	R	R	R	R	R
0	0	0	0	0	0	0	0
ASPEN	保留						

第 15 位 ADCCS：ADC 功能模块电路供电。0＝不为 ADC 功能模块供电； 1＝为 ADC 功能模块供电。

第 14 位 ADCEN：A/D 转换使能，当 A/D 转换工作时，功率消耗将快速增长，所以，只在需要时才使能 A/D 转换。在成功得到 A/D 转换的数据后，立即关闭 ADC 通道功能。0＝禁止 ADC 模块； 1＝使能 ADC 模块。

第 13：11 位：保留。

第 10：9 位 ADCFS：模/数转换器时钟选择，建议 A/D 转换器时钟频率不要超过 1.5 MHz。$00＝f_{CK}/8;01＝f_{CK}/16;10＝f_{CK}/32;11＝f_{CK}/64$。

第 8 位 ADCEXTRG：通过端口 IOA15 触发 A/D 转换。IOA15 可设置为悬浮、上拉和下拉式输入。0＝禁止； 1＝使能。

第 7 位 ASPEN：自动采样模式使能，采样请求时钟来自定时器/PWM 模块。0＝禁止；1＝使能。

第 6：0 位：保留。

2. ADC 控制寄存器

P_ADC_Ctrl（$7161）：ADC 控制寄存器（见表 8 - 1 - 3）。

表 8 - 1 - 3 ADC 控制寄存器

B15	B14	B13	B12	B11	B10	B9	B8
R/W	R/W	R	R	R	R	R	R
0	0	0	0	0	0	0	0
ADCIF	ADCIE	保留					
B7	B6	B5	B4	B3	B2	B1	B0
R	R/W	R	R	R	R/W	R/W	R/W
0	0	0	0	0	0	0	0
ADCRDY	ADCSTR	保留			ADCCHS		

第 15 位　ADCIF：ADC 中断标志，表示 ADC 转换完成的状态标志，写入"1"可清除此标志。0＝未发生中断；　1＝发生中断。

第 14 位　ADCIE：使能 ADC 中断。使能或禁止 ADC 转换中断的产生。0＝禁止；　1＝使能。

第 13：8 位：保留。

第 7 位　ADCRDY：ADC 转换完成。0＝转换未完成，A/D 转换结果无效；　1＝转换完成，A/D 转换结果有效。

第 6 位　ADCSTR：手动启动 A/D 转换。向此位写入"1"，则启动 A/D 转换。0＝无效；　1＝启动转换。

第 5：3 位：保留。

第 2：0 位　ADCCHS：选择 ADC 转换器通道输入。000＝ADC 通道 0(IOA0)；001＝ADC 通道 1(IOA1)；010＝ADC 通道 2(IOA2)；011＝ADC 通道 3(IOA3)；100＝ADC 通道 4(IOA4)；101＝ADC 通道 5(IOA5)；110＝ADC 通道 6(IOA6)；111＝ADC 通道 7(IOA7)。

3. ADC 输入通道使能寄存器

P_ADC_Channel 寄存器用来使能 IOA[7：0]相应引脚的 ADC 模拟输入功能。需要注意的是：当 IOA[7：0]的相应引脚用 ADC 模拟输入时，相应的 I/O 功能应设为悬浮输入状态。

P_ADC_Channel($7166H)：ADC 输入通道使能寄存器(见表 8-1-4)。

表 8-1-4　ADC 输入通道使能寄存器

B15	B14	B13	B12	B11	B10	B9	B8
R	R	R	R	R	R	R	R
0	0	0	0	0	0	0	0
保留							
B7	B6	B5	B4	B3	B2	B1	B0
R/W	R/W	R/W	R/W	R/W	R/W	R/W	R/W
0	0	0	0	0	0	0	0
ADCCH7	ADCCH6	ADCCH5	ADCCH4	ADCCH3	ADCCH2	ADCCH1	ADCCH0

第 15：8 位：保留。

第 7 位　ADCCH7：ADC 输入通道 7 使能。1＝IOA7 为 ADC 通道 7；　0＝IOA7 为 GPIO。

第 6 位　ADCCH6：使能 ADC 输入通道 6。1＝IOA6 为 ADC 通道 6；　0＝IOA6 为 GPIO。

第 5 位　ADCCH5：使能 ADC 输入通道 5。1＝IOA5 为 ADC 通道 5；　0＝IOA5 为 GPIO。

第 4 位　ADCCH4：使能 ADC 输入通道 4。1＝IOA4 为 ADC 通道 4；　0＝IOA4 为 GPIO。

第 3 位　ADCCH3：使能 ADC 输入通道 3。1＝IOA3 为 ADC 通道 3；　0＝IOA3 为

GPIO。

　　第 2 位　ADCCH2：使能 ADC 输入通道 2。1＝IOA2 为 ADC 通道 2；　0＝IOA2 为 GPIO。

　　第 1 位　ADCCH1：使能 ADC 输入通道 1。1＝IOA1 为 ADC 通道 1；　0＝IOA1 为 GPIO。

　　第 0 位　ADCCH0：使能 ADC 输入通道 0。1＝IOA0 为 ADC 通道 0；　0＝IOA0 为 GPIO。

4. ADC 数据寄存器

P_ADC_Data（＄7162H）：ADC 数据寄存器（见表 8－1－5）。

表 8－1－5　ADC 数据寄存器

B15	B14	B13	B12	B11	B10	B9	B8
R	R	R	R	R	R	R	R
0	0	0	0	0	0	0	0
ADCDATA							
B7	B6	B5	B4	B3	B2	B1	B0
R	R	R	R	R	R	R	R
0	0	0	0	0	0	0	0
ADCDATA		保留					

　　第 15：6 位　ADCDATA：ADC 转换数据。转换完成后（ADCRDY 置 1），A/D 结果在此寄存器高 10 位。

　　第 5：0 位：保留。

8.2　ADC 转换时序

ADC 转换时序图如图 8－2－1 所示。

　　注意：① 从 A/D 使能到可以转换的建立时间最小为 2 ms（引脚上的负载电容为 0.1 μF 时）；

　　② 改变 A/D 转换通道的最小建立时间 7 μs（引脚上的负载电容为 1000 pF 时）；

　　③ 最大采样率为 100 ksps。

8.3　使用注意事项

ADC 设置寄存器 P_ADC_Setup 控制 ADC 模块上电/掉电，ADC 转换时钟和启动源选择。需要注意的是：上电复位后，ADC 模块掉电，ADC 功能被禁止。在这期间，ADC 数据寄存器 P_ADC_Data＝0xFFC0、ADC 就绪信号"ADCRDY"为"0"。如果这时设置 ADC 模块上电并使能 ADC 模块（ADCEN＝1），那么 ADC 模块将产生就绪信号 ADCRDY，同时设置 P_

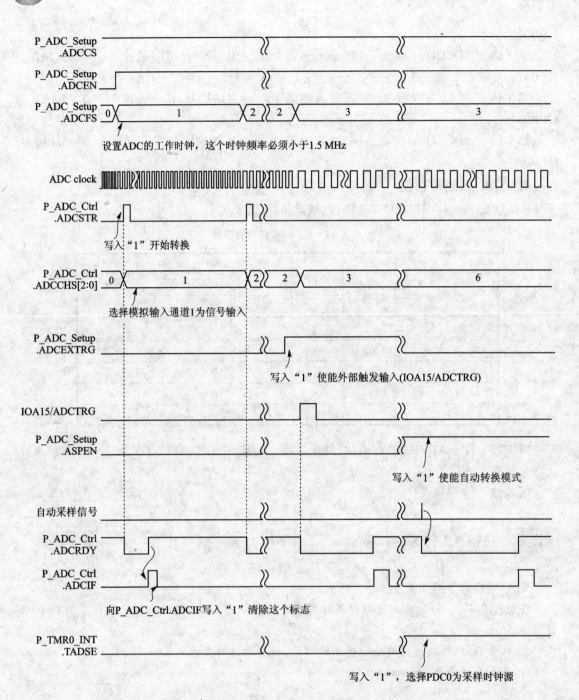

图 8 - 2 - 1 ADC 转化时序图

ADC_Ctrl 寄存器的 ADCIF 为"1"。因此，ADC 模块在使能后的第一个转换数据是无效的，不能使用这个转换值。

SPMC75 系列微控制器的 ADC 模块的工作时钟小于 1.5 MHz,不能将 ADC 模块的工作时钟设置在 1.5 MHz 以上,否则 ADC 的转换结果将不确定。

8.4 程序设计

【例 8 - 4 - 1】查询方式 A/D 转换。

```
unsigned int Times;
unsigned int uiAdcData[8] = {0};                    /* ADC 结果缓冲器 */
void ADConvert()
{
P_ADC_Setup ->W = CW_ADC_ADCCS_Select + CW_ADC_ADCEN +
CW_ADC_ADCFS_CPUCLKdiv64;
/* A/D 转换使能;A/D 转换器时钟选择: CPUCLK/64 */
P_ADC_Channel ->W = 0x00FF;                          /* A/D 转换输入通道 7~0 使能 */
for(i = 0; i < 8; i++)
{
P_ADC_Ctrl ->B. ADCCHS = i;                          /* 设置下一个 A/D 转换通道 */
P_ADC_Ctrl ->B. ADCSTR = CB_ADC_ADCSTR;              /* 手动启动 A/D 转换 */
while(! (P_ADC_Ctrl ->B. ADCRDY & CB_ADC_ADCRDY));   /* 查询 A/D 转换是否完成 */
uiAdcData[i] = (P_ADC_Data ->W >> 6);                /* 高 10 位有效,移到低位 */
}
P_ADC_Setup ->B. ADCEN = ~CB_ADC_ADCEN;
}
```

【例 8 - 4 - 2】中断方式 A/D 转换。

```
unsigned int Times;
unsigned int uiAdcData[8] = {0};                     /* ADC 结果缓冲器 */
void ADConvert()
{
P_ADC_Setup ->W = CW_ADC_ADCCS_Select + CW_ADC_ADCEN +
CW_ADC_ADCFS_CPUCLKdiv64;
/* A/D 转换使能;A/D 转换时钟选择 CPUCLK/64 */
P_ADC_Channel ->W = 0x00FF;                          /* A/D 输入通道 7~0 使能 */
Times = 0x0000;
P_ADC_Ctrl ->W = CW_ADC_ADCIE + CW_ADC_ADCSTR + CW_ADC_ADCCHS_Ch0;
/* 使能中断,手动启动 A/D 转换,从通道 0 开始 */
INT_IRQ();
while(Times<8);
P_ADC_Ctrl ->B. ADCIE = ~CW_ADC_ADCIE;               //禁止 A/D 转换中断
P_ADC_Setup ->B. ADCEN = ~CB_ADC_ADCCS_Select;
}
/* * * * * * * * * * * * * * * * * * * * * * * * * * * * * * * * * * * * */
extern unsigned int Times;
extern unsigned int uiAdcData[8];
void IRQ7(void) __attribute__ ((ISR));
```

```
void IRQ7(void)
{
if(P_ADC_Ctrl ->B.ADCIF & CB_ADC_ADCIF)          /* 查询 A/D 转换中断标志 */
{
P_ADC_Ctrl ->B.ADCIF = CB_ADC_ADCIF;             /* 清除 A/D 转换中断标志 */
uiAdcData[Times] = (P_ADC_Data ->W >> 6);        /* 高 10 位有效,移到低位 */
Times + + ;
P_ADC_Ctrl ->B.ADCCHS = Times;                   /* 设置下一个 A/D 转换通道 */
P_ADC_Ctrl ->B.ADCSTR = CB_ADC_ADCSTR;           /* 手动启动 A/D 转换 */
}
}
```

第9章 通信接口

SPMC75 系列微控制器内嵌一个 SPI 通信模块，一个 UART 模块。

9.1 SPI 标准外设接口

SPMC75 系列微控制器内嵌一个 SPI 通信模块，支持主从两种工作模式（通过对 P_SPI_Ctrl 寄存器的 SPIMS 位的设定选择）。在从模式下，建议将从机系统时钟频率至少设置为 SPICLK 信号频率的两倍，以保证该模式运行正常。SPI 结构框图如图 9-1-1 所示。

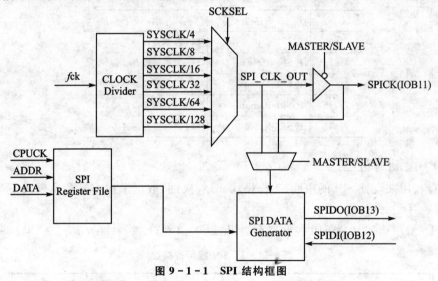

图 9-1-1　SPI 结构框图

图 9-1-2 是 SPI 模块的功能框图。

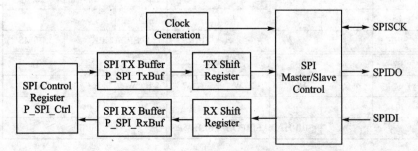

图 9-1-2　SPI 模块的功能框图

9.1.1　SPI 控制引脚配置

SPI 控制引脚配置如表 9－1－1 所列。

表 9－1－1　SPI 控制引脚配置

名称 I/O	描述	名称 I/O
SPICLK	I/O∗	串行外设接口,时钟引脚(IOB.11)
SPIDO	O	串行外设接口,数据输出引脚(IOB.13)
SPIDI	I	串行外设接口,数据输入引脚(IOB.12)

注：∗当 SPI 在主模式下运行时,SPICLK 为输出;当 SPI 在从模式下运行时,SPICLK 为输入。

9.1.2　比较匹配定时器寄存器

SPMC75 系列微控制器内嵌的 SPI 模块共有 5 个比较匹配定时器寄存器,如表 9－1－2 所列。通过这 5 个比较匹配定时器寄存器可完成 SPI 模块所有功能的控制。

表 9－1－2　比较匹配定时器寄存器

地　址	寄存器	名　称
7140h	P_SPI_Ctrl	SPI 控制寄存器
7141h	P_SPI_TxStatus	SPI 发送状态寄存器
7142h	P_SPI_TxBuf	SPI 发送缓冲寄存器
7143h	P_SPI_RxStatus	SPI 接收状态寄存器
7144h	P_SPI_RxBuf	SPI 接收缓冲寄存器

1. SPI 控制寄存器

该寄存器用来设置 SPI 的中断、工作模式、时钟极性、数据采样方式和主模式下 SPI 通信速率。

P_SPI_Ctrl（$7140）：SPI 控制寄存器(见表 9－1－3)。

表 9－1－3　SPI 控制寄存器

B15	B14	B13	B12	B11	B10	B9	B8
R/W	R	R	R	W	R/W	R/W	R/W
0	0	0	0	0	0	0	0
SPIE	保留			SPIRST	SPISPCLK		SPIMS

B7	B6	B5	B4	B3	B2	B1	B0
R	R	R/W	R/W	R/W	R/W	R/W	R/W
0	0	0	0	0	0	0	0
保留		SPIPHA	SPIPOL	SPISMPS	SPIFS		

第 15 位　SPIE：SPI 允许,此位设为"1",端口 B[13：11]用于 SPI 功能接口,不能再用作

GPIO。0＝禁止； 1＝允许。

第 14：12 位：保留。

第 11 位 SPIRST：写入 1 复位。除寄存器设定之外,此时将产生一个脉冲,复位除寄存器设置以外的 SPI 模块。

第 10：9 位 SPISPCLK：采样时钟选择位,用于实现噪声抑制功能。00＝无取样;01＝f_{CK};10＝$f_{CK}/2$;11＝$f_{CK}/4$。

第 8 位 SPIMS：SPI 模式选择。0＝主模式； 1＝从模式。

第 7：6 位：保留。

第 5 位 SPIPHA：SPI 时钟相位,SPI 时钟相位选择。

第 4 位 SPIPOL：SPI 时钟极性,SPI 时钟极性选择。

第 3 位 SPISMPS：主模式下的 SPI 采样模式选择。0＝在数据输出时段的中间对输入数据位进行取样;1＝在数据输出时段的末端对输入数据位进行取样。

第 2：0 位 SPIFS：主模式时钟频率选择。000＝$f_{CK}/4$;001＝$f_{CK}/8$;010＝$f_{CK}/16$;011＝$f_{CK}/32$;100＝$f_{CK}/64$;1xx＝$f_{CK}/128$。

2. SPI 发送状态寄存器

该寄存器是 SPI 发送相关的标志寄存器,包括发送中断的使能、发送完成中断和发送移位寄存器空标志。

P_SPI_TxStatus（＄7141）：SPI 发送状态寄存器(见表 9－1－4)。

表 9－1－4 SPI 发送状态寄存器

B15	B14	B13	B12	B11	B10	B9	B8
R/W	R/W	R/W	R	R	R	R	R
0	0	0	0	0	0	0	0
SPITXIF	SPITXIE	SPITXBF	保留				

B7	B6	B5	B4	B3	B2	B1	B0
R	R	R	R	R	R	R	R
0	0	0	0	0	0	0	0
保留							

第 15 位 SPITXIF：SPI 发送中断标志。0＝未发生； 1＝已发生,写入 1 可清除。

第 14 位 SPITXIE：SPI 发送中断使能。0＝禁止； 1＝使能。

第 13 位 SPITXBF：发送缓冲满标志。当发送缓冲满时,此位被硬件设为 1,当向 P_SPI_TxBuf 寄存器写入的数据装入移位寄存器中时,此位被清零。SPITXBF 被置 1 时,软件不应更新 P_SPI_TxBuf 寄存器,否则新数据将覆盖即将要发送的旧数据。0＝发送缓冲为空； 1＝发送缓冲已满。

第 12：0 位：保留。

3. SPI 发送缓冲寄存器

P_SPI_TxBuf（＄7142）：SPI 发送缓冲寄存器(见表 9－1－5)。

表 9 - 1 - 5　SPI 发送缓冲寄存器

B15	B14	B13	B12	B11	B10	B9	B8
R	R	R	R	R	R	R	R
0	0	0	0	0	0	0	0
保留							
B7	B6	B5	B4	B3	B2	B1	B0
R/W	R/W	R/W	R/W	R/W	R/W	R/W	R/W
0	0	0	0	0	0	0	0
SPITXBUF							

第 15：8 位：保留。

第 7：0 位　SPITXBUF：写入数据发送到 SPIDO 引脚。

4. SPI 接收状态寄存器

该寄存器是 SPI 接收相关的标志寄存器，包括接收中断的使能、接收完成中断和数据溢出标志。

P_SPI_RxStatus $(7143)：SPI 接收状态寄存器（见表 9 - 1 - 6）。

表 9 - 1 - 6　SPI 接收状态寄存器

B15	B14	B13	B12	B11	B10	B9	B8
R/W	R/W	R	R	R	R/W	R	R
0	0	0	0	0	0	0	0
SPIRXIF	SPIRXIE	保留			FERR	保留	
B7	B6	B5	B4	B3	B2	B1	B0
R	R	R	R	R	R	R	R
0	0	0	0	0	0	0	0
保留							

第 15 位　SPIRXIF：SPI 接收中断标志。0＝未发生；　1＝已发生，写入 1 可清除。

第 14 位　SPIRXIE：SPI 接收中断允许。0＝禁止；　1＝允许。

第 13：11 位：保留。

第 10 位　FERR：数据覆盖错误标志。0＝未发生覆盖错误；　1＝已发生覆盖错误。

第 9：0 位：保留。

5. SPI 接收缓冲寄存器

P_SPI_RxBuf（$7144）：SPI 接收缓冲寄存器（见表 9 - 1 - 7）。

表 9 - 1 - 7　SPI 接收缓冲寄存器

B15	B14	B13	B12	B11	B10	B9	B8
R	R	R	R	R	R	R	R
0	0	0	0	0	0	0	0
保留							
B7	B6	B5	B4	B3	B2	B1	B0
R/W	R/W	R/W	R/W	R/W	R/W	R/W	R/W
0	0	0	0	0	0	0	0
SPIRXBUF							

第 15：8 位：保留。

第 7：0 位　SPIRXBUF：从 SPIDI 引脚接收到数据。

9.1.3　SPI 运行模式

SPMC75 系列微控制器内嵌的 SPI 通信模块支持主从两种工作模式，可以根据需要选择合适的工作模式。

1. 主模式

在主模式下，移位时钟（SPICLK）由 SPI 模块产生。在 P_SPI_Ctrl 寄存器中有两位用作对时钟相位（SPIPHA）和极性（SPIPOL）位的控制。在软件向 P_SPI_TxBuf 寄存器写入一个字节之后，数据被锁存到寄存器的内部发送缓冲中。如果此时移位寄存器没有执行数据移位操作，该数据将被载入到移位寄存器中，并在下一个 SPICLK 时钟开始传输。如果移位寄存器正在执行数据移位（由 P_SPI_TxStatus 寄存器中的 SPITXBF 标志得知），新数据会等待当前的数据移出后再进行移位。

SPI 通过 SDO 引脚将数据从最高有效位（MSB）移到最低有效位（LSB）。8 位数据在 8 个 SCLK 周期后全部移出。同时，接收的数据也通过 SDI 引脚移入。当每组 8 位发送完成后，P_SPI_TxStatus 寄存器中的 SPITXIF 置位。此外，如果 P_SPI_TxStatus 寄存器中的 SPITXIE 位被设置为"1"，会产生一个 SPI 发送中断。SPI 接口成功地接收一组 8 位字节，接收到的数据被锁存到接收缓冲器中。此时，P_SPI_RxStatus 寄存器中的 SPIRXIF 位将被设置为"1"，并且发生一个 SPI 接收中断。

图 9 - 1 - 3 给出了 SPI 主模式下不同运行类型的时序（极性控制位等于"1"或"0"，相位控制位等于"1"或"0"，采样控制位等于"1"或"0"）。

2. 从模式

在从模式下，移位时钟 SPICLK 来自外部 SPI 主设备，所以从第一个外部时钟周期开始传输。

发送前，软件应在第一个来自主设备的 SPICLK 之前向其发送缓冲写入数据。主设备与从设备都必须按相同的 SPICLK 相位和极性运行，以进行数据的发送与接收。如果时钟相位（SPIPHA）为"1"，只要向 P_SPI_TxBUF 寄存器写入数据，就开始移出第一个数据位；如果时钟相位（SPIPHA）为"0"，则在第一个 SPICLK 边沿后才开始移出第一个数据位。SPI 从模式时序图如图 9 - 1 - 4 所示。

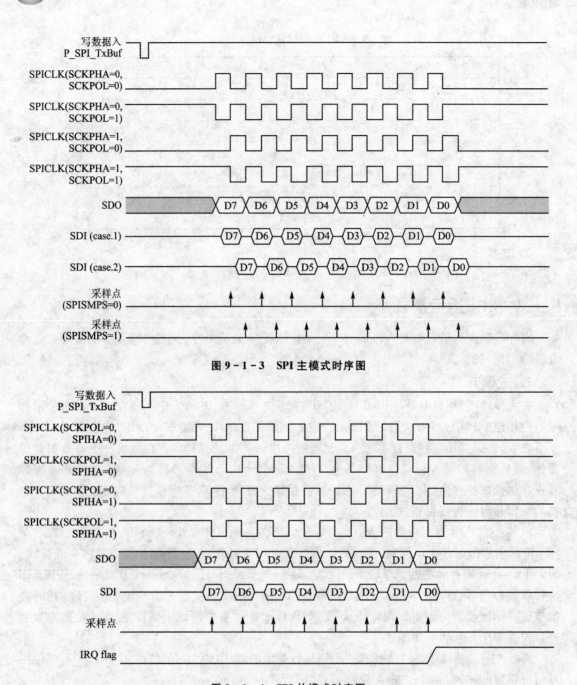

图 9 - 1 - 3　SPI 主模式时序图

图 9 - 1 - 4　SPI 从模式时序图

9.1.4　程序设计

【例 9 - 1 - 1】查询方式发送数据：设置 SPI 为主模式并发送数据。

```
P_SPI_Ctrl->B.SPIRST = CB_SPI_SPIRST;                    /* SPI 复位 */
P_SPI_Ctrl->W = CW_SPI_SPIE + CW_SPI_SPISPCLK_FCKdiv4 +
CW_SPI_SPIFS_CPUCLKdiv64;                               /* SPI 使能 */
Data = 0x0000;
```

```
while(1)
{
P_SPI_TxBuf ->W = Data;
while(P_SPI_TxStatus ->B.SPITXBF);
P_SPI_TxStatus ->B.SPITXIF = CB_SPI_SPITXIF;      /* 清除 SPI 中断标志 */
F_Delay(10);                                       /* 延时 10.0 ms 用于调试 */
Data++;
}                                                  /* 结束 while(1)循环 */
```

【例 9 - 1 - 2】 设置 SPI 为主模式并用 IRQ6 中断发送数据。

```
P_SPI_Ctrl ->B.SPIRST = CB_SPI_SPIRST;             /* SPI 复位 */
P_SPI_Ctrl ->W = CW_SPI_SPIE + CW_SPI_SPISPCLK_FCKdiv4 +
CW_SPI_SPIFS_CPUCLKdiv64;                          /* SPI 使能 */
P_SPI_TxStatus ->B.SPITXIE = CB_SPI_SPITXIE;       /* 使能 SPI 中断 */
IRQ_ON();                                          /* 使能 IRQ */
Data = 0x0000;
P_SPI_TxBuf -> W = Data;
while(1);
/*********************************************/
void IRQ6(void) __attribute__ ((ISR));
void IRQ6(void)
{
if(P_SPI_TxStatus ->B.SPITXIF)                     /* 查询 SPI 中断标志 */
{
P_SPI_TxStatus ->B.SPITXIF = CB_SPI_SPITXIF;       /* 清除 SPI 中断标志 */
Data++;
P_SPI_TxBuf -> W = Data;
}                                                  /* 结束 if */
}
```

9.2 通用异步串行通信 UART

    SPMC75 系列微控制器内置一个 UART 模块,可以完成以下功能:接收数据,将外部设备串行数据转换为并行数据;发送数据,将并行数据转换为串行数据,并对外发送。此模块具有以下特点:

> 提供标准的异步全双工通信;
> 可编程收发波特率;
> 可进行偶校验、奇校验或禁止校验;
> 停止位可设置为 1 位或 2 位;
> 支持发送中断;
> 支持接收中断;

➢ 高抗噪声能力的数据接收(接收中间连续进行 3 次采样,并对结果进行多次决策);

➢ 在接收中进行帧校验和奇偶校验;

➢ 溢出侦测;

➢ 波特率可在 1200～115 200 b/s 之间编程设定;

➢ 可选择 TXD1/RXD1 和 TXD2/RXD2 任意一组作为发送/接收数据通道;

➢ 可独立激活发送/接收功能。

1. UART 帧结构

UART 帧数据格式如图 9-2-1 所示。

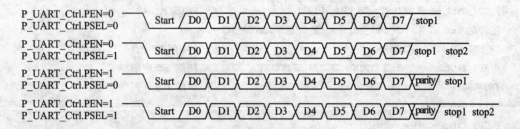

图 9-2-1　UART 帧数据格式

2. UART 引脚配置

UART 引脚配置如表 9-2-1 所列。

表 9-2-1　UART 引脚配置

名　称	I/O	描　述
RXD1	I	UART 接收引脚(与端口 IOB12 共享)
TXD1	O	UART 发送引脚(与端口 IOB13 共享)
RXD2	I	UART 接收引脚(与端口 IOC0 共享)
TXD2	O	UART 发送引脚(与端口 IOC1 共享)

9.2.1　控制寄存器

SPMC75 系列微控制器内嵌的 UART 模块共有 5 个控制寄存器,如表 9-2-2 所列。通过这 5 个控制寄存器可以完成 UART 模块所有功能的控制。

表 9-2-2　UART 模块控制寄存器

地　址	寄存器	名　称
7100h	P_UART_Data	UART 数据寄存器
7101h	P_UART_RXStatus	UART 错误状态寄存器
7102h	P_UART_Ctrl	UART 控制寄存器
7103h	P_UART_BaudRate	UART 波特率设定寄存器
7104h	P_UART_Status	UART 状态寄存器

1. UART 数据寄存器

P_UART_Data（＄7100）：UART 数据寄存器（见表 9 - 2 - 3）。

表 9 - 2 - 3　UART 数据寄存器

B15	B14	B13	B12	B11	B10	B9	B8
R	R	R	R	R	R	R	R
0	0	0	0	0	0	0	0
保留				OE	保留	FE	PE
B7	B6	B5	B4	B3	B2	B1	B0
R/W	R/W	R/W	R/W	R/W	R/W	R/W	R/W
0	0	0	0	0	0	0	0
UARTDATA							

第 15：12 位：保留。

第 11 位　OE：溢出错误（只读）。与 P_UART_RXStatus 的第 3 位相同，如果在接收数据时因上一次接收的数据没读走而被覆盖时，此位被置 1。0＝未发生；　1＝已发生。

第 10 位：保留。

第 9 位　FE：帧错误（只读）。与 P_UART_RXStatus 的第 0 位相同，如果接收的字符不是一个合法的停止位（一个合法的停止位至少为 1 位），此位被置"1"。0＝未发生；　1＝已发生。

第 8 位　PE：奇偶校验错误（只读）。与 P_UART_RXStatus 的第 1 位相同，如果接收数据字符的奇偶性与在 PSEL 控制位中选择的奇偶性不匹配，则此位被置"1"。0＝未发生；　1＝已发生。

第 7：0 位　UARTDATA：UART 数据读/写寄存器。

此控制寄存器是发送/接收缓冲的入口。

注意：第[11：8]位的错误标志与 P_UART_RXStatus 寄存器中第[3：0]位相同。

2. UART 错误状态寄存器

UART 错误状态寄存器 P_UART_RXStatus，标识接收出错状态。

注意：P_UART_RXStatus 的内容是通过读取 P_UART_Data 更新的。如果在读取 P_UART_Data 之前读取 P_UART_RXStatus，则相应的状态标志不是最新的，而是上一次的值。同时，P_UART_RXStatus 中的状态标志只能通过读取 P_UART_Data 时自动置位或清除，不能通过软件向相应位写 1 清除。

P_UART_RXStatus（＄7101）：UART 错误状态寄存器（见表 9 - 2 - 4）。

第 15：4 位：保留。

第 3 位　OE：溢出错误（只读）。如果在接收数据时因上一次接收的数据没读走而被覆盖时此位被置 1，0＝未发生；　1＝已发生。

第 2 位：保留。

表 9 - 2 - 4　UART 错误状态寄存器

B15	B14	B13	B12	B11	B10	B9	B8
R	R	R	R	R	R	R	R
0	0	0	0	0	0	0	0
保留							

B7	B6	B5	B4	B3	B2	B1	B0
R/W	R/W	R/W	R/W	R/W	R/W	R/W	R/W
0	0	0	0	0	0	0	0
保留				OE	保留	PE	FE

第 1 位　PE：奇偶校验错误（只读）。如果接收数据字符的奇偶性与在 PSEL 控制位中选择的奇偶性不匹配，则此位被置"1"。0＝未发生；　1＝已发生。

第 0 位　FE：帧错误。如果接收的字符不具有一个合法的停止位（一个合法的停止位至少为 1 位），则此位被置"1"。0＝未发生；　1＝已发生。

3. UART 控制寄存器

P_UART_Ctrl（＄7102）：UART 控制寄存器（见表 9 - 2 - 5）。

表 9 - 2 - 5　UART 控制寄存器

B15	B14	B13	B12	B11	B10	B9	B8
R/W	R/W	R	R/W	W	R/W	R/W	R
0	0	0	0	0	0	0	0
RXIE	TXIE	RXEN	TXEN	Reset	TXCHSEL	RXCHSEL	保留

B7	B6	B5	B4	B3	B2	B1	B0
R	R	R	R	R/W	R/W	R/W	R
0	0	0	0	0	0	0	0
保留				SBSEL	PSEL	PEN	保留

第 15 位　RXIE：接收中断使能。如果此位置"1"，只要接收缓冲收到数据，硬件产生中断，中断可选为 IRQ6 或 FIQ。0＝禁止；　1＝使能。

第 14 位　TXIE：发送中断使能。如果此位置"1"，而且发送缓冲为空，硬件产生中断，中断可选为 IRQ6 或 FIQ。0＝禁止；　1＝使能。

第 13 位　RXEN：UART 接收使能。如果此位置"1"，则 UART 接收端口使能，RXD1/RXD2 输入通道由 P_UART_Ctrl 寄存器的 RXCHSEL 位编程控制。0＝禁止；　1＝使能。

第 12 位　TXEN：UART 发送使能。如果此位置"1"，则 UART 发送端口使能，TXD1/TXD2 输出通道由 P_UART_Ctrl 寄存器的 TXCHSEL 位编程控制。0＝禁止；　1＝使能。

第 11 位　Reset：UART 模块复位控制。0＝不复位；　1＝复位 UART 模块。

第 10 位　TXCHSEL：发送数据通道选择。0＝在 IOC1 引脚上向 TXD2 串行数据发送；1＝在 IOB13 引脚上向 TXD1 的串行发送。

第 9 位　RXCHSEL：接收数据通道选择。0＝在 IOC0 引脚上接收来自 RXD2 的串行数据;1＝在 IOB12 引脚上接收来自 RXD1 的串行数据。

第 8∶4 位:保留。

第 3 位　SBSEL:停止位位数选择。当此位被置"1"时,发送帧末端会发送两个停止位。0＝1 个停止位;　1＝2 个停止位。

第 2 位　PSEL:奇偶校验选择。如果此位被置"1",则在发送与接收中执行偶校验,即检查在数据以及奇偶位中 1 的个数是否为偶数。当此位被清零时,则执行奇校验,即检查 1 的个数是否为奇数。当 PEN 控制位禁止奇偶校验位时,此位无效。0＝奇校验(如果 PEN＝1);1＝偶校验(如果 PEN＝1)。

第 1 位　PEN:奇偶校验使能位。如果此位被置"1",则使能奇偶校验,否则禁止,数据帧中不加入奇偶校验位。0＝禁止;　1＝使能。

第 0 位:保留。

4. UART 波特率设定寄存器

P_UART_BaudRate(＄7103):UART 波特率设定寄存器(见表 9 - 2 - 6)。

表 9 - 2 - 6　UART 波特率设定寄存器

B15	B14	B13	B12	B11	B10	B9	B8
R/W	R/W	R/W	R/W	R/W	R/W	R/W	R/W
0	0	0	0	0	0	0	0
UARTBUD							
B7	B6	B5	B4	B3	B2	B1	B0
R/W	R/W	R/W	R/W	R/W	R/W	R/W	R/W
0	0	0	0	0	0	0	0
UARTBUD							

第 15∶0 位　UARTBUD:UART 波特率。

$$\text{Baud Rate}=f_{CK}/[16\times(65\,536-\text{P\_UART\_BaudRate})]$$

依据上式,可得出下面计算 P_UART_BaudRate 寄存器的值的公式:

$$\text{P\_UART\_BaudRate}=65\,536-f_{CK}/(16\times\text{Baud Rate})$$

5. UART 状态寄存器

P_UART_Status (＄7104):UART 状态寄存器(见表 9 - 2 - 7)。

第 15 位　RXIF:接收中断标志。此标志指示出一个新数据接收完毕并发出 UART 接收中断。当数据从 P_UART_Data 寄存器中读出或由 RXEN 置"0"禁止接收时,RXIF 位自动清零。0＝无接收中断;1＝完成一个字节的接收,如果 RXIE 位置"1",则产生一个中断。

第 14 位　TXIF:发送中断标志。如果发送缓冲就绪,则此标志被硬件置"1",而且发出 UART 发送中断。当新数据写入 P_UART_Data 寄存器或由 TXEN 置"0"禁止发送时,TXIF 位自动清零。0＝发送器未准备好;1＝发送器准备好,如果 TXIE 位被置"1",则产生一个中断。

表 9-2-7　UART 状态寄存器

B15	B14	B13	B12	B11	B10	B9	B8
R	R	R	R	R	R	R	R
0	0	0	0	0	0	0	0
RXIF	TXIF	保留					
B7	B6	B5	B4	B3	B2	B1	B0
R	R	R	R	R	R	R	R
0	0	0	0	0	0	0	0
保留	RXBF	保留		BY	保留		

第 13：7 位：保留。

第 6 位　RXBF：接收缓冲已满标志。此标志为只读，硬件会自动设定或清除此标志。0＝接收缓冲未满；　1＝接收缓冲已满。

第 5：4 位：保留。

第 3 位　BY：发送器忙标志。如果此位读出的值为"1"，则说明 UART 模块正在发送数据。直到整个字节（包括所有的停止位）都从移位寄存器被发送出后，此位才被清零。此标志为只读，硬件会自动设定或清除此标志。0＝发送器准备好；　1＝发送器忙。

第 2：0 位：保留。

9.2.2　UART 的操作

1. 波特率设置

SPMC75 系列微控制器的波特率是由一个 16 位专用定时器产生的。定时器每次从其设置值（最大 0xFFFF）递增计数。当值为 0xFFFF 时，定时器自动重新载入波特率寄存器中的值，产生一个时钟。实际的波特率为这个时钟的 16 分频。

$$\text{Baud Rate} = f_{\text{CK}}/[16 \times (65536 - \text{P\_UART\_BaudRate})]$$

波特率寄存器中的内容为 16 位的无符号数。使用下面的公式可从一个已知的波特率导出所需的波特率寄存器值：

$$\text{P\_UART\_BaudRate} = 65536 - f_{\text{CK}}/(16 \times \text{Baud Rate})$$

$f_{\text{CK}} = 24$ MHz 时的 P_UART_BandRate 的设定值如表 9-2-8 所列。

表 9-2-8　$f_{\text{CK}} = 24$ MHz 时的 P_UART_BaudRate 的设定值

波特率/b·s⁻¹	波特率定时器重装寄存器值@24/MHz	波特率/b·s⁻¹	波特率定时器重装寄存器值@24/MHz
115 200	0xFFF3	4 800	0xFEC8
57 600	0xFFE6	2 400	0xFD8F
19 200	0xFFB2	1 200	0xFB1E
9 600	0xFF64		

2. 数据发送

软件向 P_UART_Data 寄存器写入数据后,在第一个时钟沿时,UART 开始发送。UART 按照以下的顺序在 TXD2/TXD1 引脚上发送数据:开始位、8 个数据位(LSB 在前,MSB 在后)、奇偶位(只在使能奇偶模式下)、停止位。当发送停止位时,P_UART_Status 寄存器中的 TXIF 在停止位发送后的 2 个 f_{CK} 周期后被置位。当新数据写入 P_UART_Data 寄存器时,TXIF 位清零。UART 发送时序如图 9-2-2 所示。

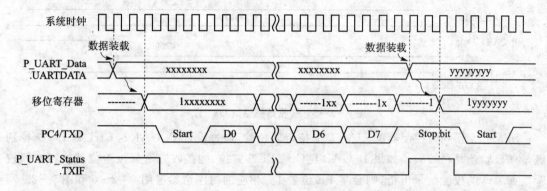

图 9-2-2 UART 发送时序图

3. 数据接收

UART 的接收使能后,接收过程从接收到一个起始位开始。当检测到有效的起始位后,16 分频时钟作为波特率计数时钟,复位后与接收位边沿对齐,开始接收数据。为抑制噪声,串口会在每位中部进行 3 次连续采样,通过多数决议来确定每个接收位的值。如果多数表决发生在起始位检测,只要不是连续的 3 次低电平,则当前帧会被丢弃,接收模块则停止当前接收过程并等待下一个数据帧。数据采样方式如图 9-2-3 所示。

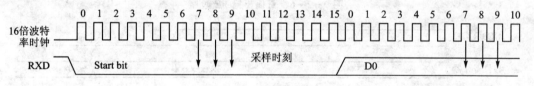

图 9-2-3 数据接收采样方式

接收到停止位后,UART 模块会把数据传到 P_UART_Data 寄存器中并置 RXIF 和 RX-BF,接收模块则等待接收下一个数据帧。接收时序如图 9-2-4 所示。

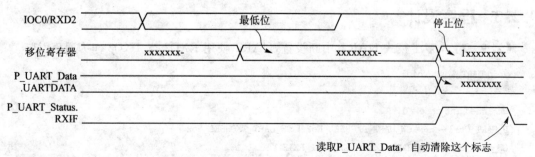

图 9-2-4 UART 接收时序

如果在新的接收数据完成时,原接收数据没有被读出,则新的数据就会覆盖旧数据,同时会置溢出标志 OE。OE 会在下一次校验通后自动清零。数据溢出事件时序如图 9 - 2 - 5 所示。

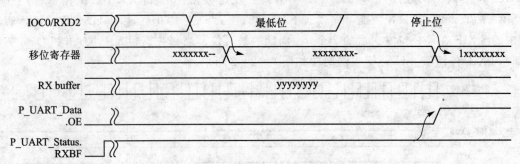

图 9 - 2 - 5 接收数据溢出 OE 时序

SPMC75 系列微控制器的 UART 支持奇偶校验,通过设置 P_UART_Ctrl.PSEL 选择到底是偶校验还是奇校验。如果 P_UART_Ctrl.PEN 置位,则接收完奇偶校验位就执行奇偶校验。如果奇偶校验结果出错,则会将 PE 位置 1。相应的时序请参考图 9 - 2 - 6 和图 9 - 2 - 7。如果数据接收的帧不完整,则 FE 被置 1。

注意:若在下一次校验通过,FE 将自动清零。

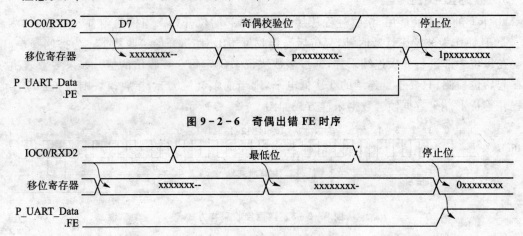

图 9 - 2 - 6 奇偶出错 FE 时序

图 9 - 2 - 7 帧出错 FE 时序

9.2.3 程序设计

【例 9 - 2】全双工模式 UART 中断设置,UART 使用 RXD2 与 TXD2 作为通信引脚。

```
void UART_Test(void)
{
unsigned int code = 0;
P_UART_Ctrl ->W = CW_UART_RXCHSEL_No2 | CW_UART_TXCHSEL_No2 |
CW_UART_RXEN | CW_UART_TXEN | CW_UART_RXIE |
CW_UART_TXTE;
/* 收发引脚 RXD2/TXD2 使能,UART 使能,使能 RX 中断 */
```

```
    P_UART_BaudRate ->W = 65406;           /* 9600 b/s ,CPU 时钟 20 MHz */
    P_UART_RXStatus ->W = 0x000B;          /* 清除 OE、FE、PE 错误标志 */
    }                                       /* UART_Test() */
/* * * * * * * * * * * * * * * * * * * * * * * * * * * * * * * * * * * * * * * */
unsigned int txd_data = 0;
void IRQ6(void) __attribute__ ((ISR));
void IRQ6(void)
{
unsigned int msg;
if(P_INT_Status ->B.UARTIF)
{
if(P_UART_Status ->B.TXIF && P_UART_Ctrl ->B.TXIE)
{
//transmit data buffer to TXD2
P_UART_Data ->W = txd_data;              /* 发送数据 */
}
if(P_UART_Status ->B.RXIF)
{
//receive data from RXD2
msg = P_UART_Data ->W;                   /* 接收数据 */
}
}
}                                          /* IRQ6() */
```

第10章 SPMC75 开发系统

10.1 开发系统连接示意图

连接：PC 并口/USB 端口→在线调试器→SPMC75 开发板或用户目标板，如图 10 - 1 - 1 所示。

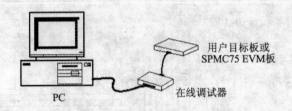

用户目标板或
SPMC75 EVM板

在线调试器

PC

图 10 - 1 - 1 SPMC75 开发系统连接

SPMC75 系列微控制器的应用电路：SPMC75F2413A QFP80 引脚应用，如图 10 - 1 - 2 所示。

10.2 凌阳 μ'nSP™ 集成开发环境

μ'nSP™集成开发环境(IDE)集程序的编辑、编译、链接、调试以及仿真等功能为一体，具有良好的交互界面、下拉菜单、快捷键和快速访问命令列表等，使编程、调试工作方便且高效。此外，它的软件仿真功能可以在不连接仿真板的情况下模拟硬件的各项功能来调试程序。

桌面 IDE 的开发界面如图 10 - 2 - 1 所示。本章将介绍 μ'nSP™ 开发环境的菜单、窗口界面以及项目的操作等，使有兴趣者对开发环境有一个总体了解，并能够动手实践。

10.2.1 菜 单

集成环境的主菜单在标题栏的下面。菜单栏中的菜单命令提供了开发、调试和保存应用程序所需要的工具。μ'nSP™ IDE 菜单栏共有 7 项，即文件(File)、编辑(Edit)、视图(View)、项目(Project)、编译(Build)、工具(Tools)和帮助(Help)。每个菜单项含有若干个菜单命令，执行不同的操作，用鼠标单击某个菜单项，即可打开该菜单，然后用鼠标单击菜单中的某一项，就能执行相应的菜单命令。

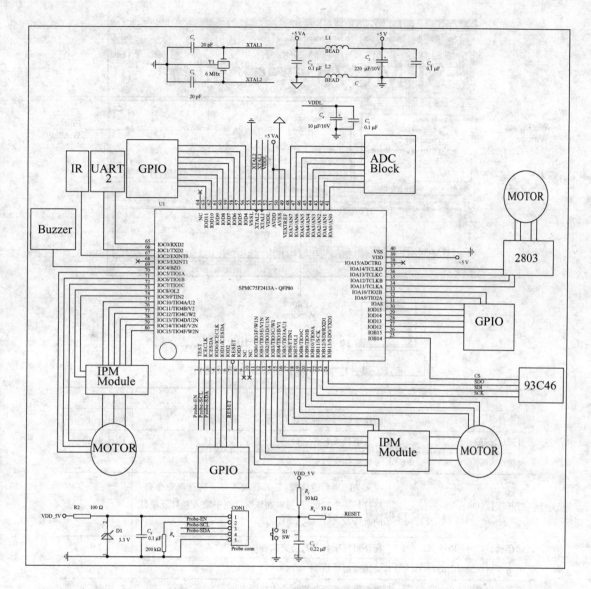

图 10 - 1 - 2 SPMC75F2413A QFP80 引脚应用

菜单中的命令分为两种类型：一类是可以直接执行的命令，这类命令的后面没有任何信息（例如保存项目）；另一类在命令名后面带省略号（例如打开项目），需要通过打开对话框来执行。在用鼠标单击一条命令后，屏幕上将显示一个对话框，利用对话框可以执行各种有关的操作。在有些命令的后面还带有其他信息，例如：打开项目 Ctrl + O，其中 Ctrl + O 叫做"热键"。在菜单中，热键列在相应的菜单命令之后，与菜单命令具有相同的作用。使用热键方式，不必打开菜单就能执行相应的菜单命令，如按 Ctrl + O，可以立即执行"打开项目"命令。

注意：只有部分菜单命令能通过热键执行。

下面介绍菜单栏各项的内容及作用。

1. 文 件

文件的下拉菜单内容及功能如表 10 - 2 - 1 所列。

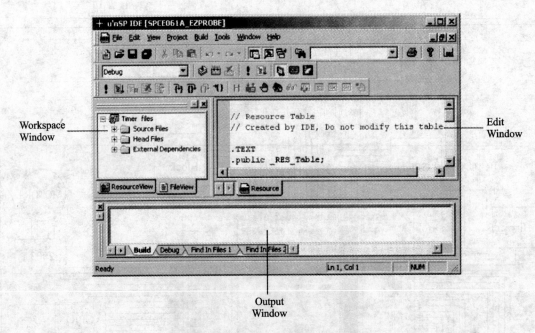

Workspace Window

Edit Window

Output Window

图 10 - 2 - 1　μ'nSP™ IDE

表 10 - 2 - 1　文件的下拉菜单内容及功能

内　容	作　用	热　键
新建(New)	新建项目和各种文件	Ctrl + N
打开(Open)	打开项目或各种文件	Ctrl + O
关闭(Close)	关闭文件窗口	
打开项目(Open Project…)	用来关闭当前的项目,装入新的项目。执行该命令后,将打开一个对话框,可以在该对话框中输入要打开项目的名称	
保存项目(Save Project)	保存当前项目及其所有文件	
关闭项目(Close Project)	关闭当前项目	
下载程序(Load Program)	将程序下载到仿真板或本机内存中	
保存(Save)	保存当前的文件	Ctrl + S
另存(Save As…)	用于改变存盘文件的名称。执行该命令后,将弹出一个对话框,可以在这个对话框中输入存盘的文件名	
全部保存(Save All)	保存目前所有的文件和项目	
打印预览(Print Preview)	显示打印后文档的外观	
打印设置(Print Setup…)	在执行该命令后,将显示标准的"打印设置"对话框,在该对话框中设置打印机、页面方向、页面大小、纸张来源以及其他打印选项	
打印(Print…)	把窗体及代码由 Windows 设定的打印机打印出来	Ctrl + P

续表 10 - 2 - 1

内　容	作　用	热　键
近期文件(Recent Files)	打开最近使用的 10 个文件，主要是方便开发者在最短的时间内找到并打开所需的文件	
近期项目(Recent Projects)	打开最近使用的 10 个项目，主要是方便开发者在最短的时间内找到并打开所需的项目	
退出(Exit)	退出开发环境	

文件的下拉菜单界面如图 10 - 2 - 2 所示。

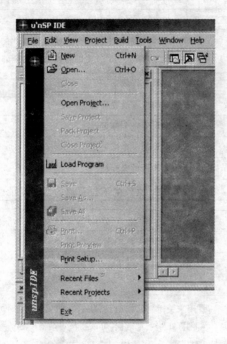

图 10 - 2 - 2　文件下拉菜单界面

2. 编　辑

编辑的下拉菜单内容及功能如表 10 - 2 - 2 所列。

表 10 - 2 - 2　编辑的下拉菜单内容及功能

内　容	作　用	热　键
撤销键入(Undo)	取销最近的编辑操作	Ctrl + Z
重复键入(Redo)	恢复撤销键入之前的编辑内容	Ctrl + Y
剪切(Cut)	删除选中的文件内容或文件，可以复制	shift+Delete
复制(Copy)	复制选中的文件内容或文件	Ctrl + C
粘贴(Paste)	粘贴到指定的位置	Ctrl + V
删除(Delete)	删除选中的文件内容或文件	Del
全选(Select All)	选中所有的文件内容或文件	Ctrl + A

续表 10 - 2 - 2

内 容	作 用	热 键
查找(Find…)	查找文件内容或文件	Ctrl + F
在指定文件内查找(Find In Files)	在指定文件内查找文件内容或文件	
查找下一个(Find Next)	用来查找并选择在"查找"对话框的"查找内容"框中指定的文本的下一次出现位置	F3
查找前一个(Find Previous)	用来查找并选择在"查找"对话框的"查找内容"框中指定的文本的上一次出现位置	Shift + F3
替换(Replace…)	替换指定的文本,执行该命令后,将显示一个对话框,在对话框的两个栏内分别输入要查找的文本和替换文本,即可一个一个的替换或一次全部替换	Ctrl + H
定位(Go To…)	定位到某一行或列	Ctrl + G
标记(BookMark)	在指定的位置设置标记	Ctrl + F2
下一个标记(Next BookMark)	光标指到下一个标记处	F2
前一个标记(Previous BookMark)	光标指到前一个标记处	Shift + F2
清除所有标记(Clear All Bookmark)	清除文件内所有标记	Ctrl+Shift + F2
外部编译器(External Editor)	目前基本不用	Ctrl + E

编辑的下拉菜单界面如图 10 - 2 - 3 所示。

图 10 - 2 - 3　编辑的下拉菜单界面

3. 视 图

视图的下拉菜单内容及功能如表 10 - 2 - 3 所列。

表 10 - 2 - 3　视图的下拉菜单内容及功能

内　容	作　用	热　键
全屏(Full Screen)	编辑窗口为全屏显示	
工作区(Workspace)	单击后,弹出 Workspace 窗口	Alt + 0
输出(Output)	单击后,弹出 Output 窗口	Alt + 1
调试窗口 (Debug Windows)	调试时使用。其包括: 1) 内存 Memory 窗口 2) 寄存器 Register 窗口 3) 命令 Command 窗口 4) 断点 BreakPoints 窗口 5) 变量表 Watch 窗口 6) 反汇编窗口 Disassembly 窗口	Alt + 2 Alt + 3 Alt + 4 Alt + 5 Alt + C Alt + D
常用工具栏 (Toolbars)	包括:新建、打开、保存、全存、打印、剪切、复制、粘贴、查找、撤销等工具	
状态栏(Status Bar)	提示光标所在的行、列数	
Control Bar Captions		
Gradiend Captions	改变界面的显示风格	
Tab Flat Borders		

视图的下拉菜单界面如图 10 - 2 - 4 所示。

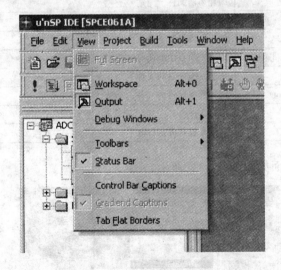

图 10 - 2 - 4　视图下拉菜单界面

4. 项　目

项目的下拉菜单内容及功能如表 10 - 2 - 4 所列。

表 10-2-4　项目的下拉菜单内容及功能

内　容	作　用	热　键
添加到项目（Add To Project）	包括向项目中加源文件和资源文件	
项目选项设置（Setting…）	包括：General、Option、Link、Section、Hardware、Device 属性页设置（后有描述）	Alt + F7
选择 Body（Select Body）	选择 Body	

项目的下拉菜单界面如图 10-2-5 所示。

图 10-2-5　项目下拉菜单界面

5. 编　译

编译的下拉菜单内容及功能如表 10-2-5 所列。

表 10-2-5　编译的下拉菜单内容及功能

内　容	作　用	热　键
编译（Compile）	编译当前文件	Ctrl + F7
编译（Build）	编译后链接文件	F7
停止编译（Stop Build）	停止编译目前文件	Ctrl + Break
编译所有文件（Rebuild All）	编译该项目中的所有文件	
清除（Clean）	清除刚编译过的文件	
开始调试（Start Debug）	调试刚编译过的文件：下载、单步调试等	
执行（Execute）	运行文件	Ctrl + F5
分析（Profile）	详细分析软件执行效率	

编译的下拉菜单界面如图 10-2-6 所示。

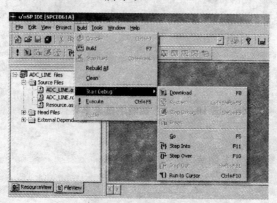

图 10-2-6　编译下拉菜单界面

6. 工　具

工具的下拉菜单内容及功能如表 10－2－6 所列。

表 10－2－6　工具的下拉菜单内容及功能

内　容	作　用
制作库文件(Lib Maker)	将所需的 Obj 文件转换成库文件,方便开发时用
内存映射(Memory Map)	查看内存的利用情况以及标号等
转存文件(Dump File)	将指定地址范围内的数据转存到文件内
定制开发环境(Customize…)	包括:外部工具的设置,热键的设置
选项(Option…)	包括:编辑窗口格式设置、库文件的路径设置

工具的下拉菜单界面如图 10－2－7 所示。

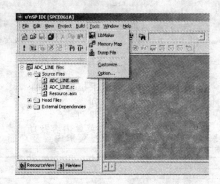

图 10－2－7　工具下拉菜单界面

7. 帮　助

帮助的下拉菜单内容及功能如表 10－2－7 所列。

表 10－2－7　帮助的下拉菜单内容及功能

内　容	作　用
快捷键表	键盘的快捷键列表
帮助主题(Help Topics)	介绍 IDE 环境
关于 IDE(About Sunplus μ'nSP™ IDE)	IDE 的版本号、开发公司、所占空间

帮助的下拉菜单的界面如图 10－2－8 所示。

图 10－2－8　帮助下拉菜单界面

8. 调　试

在调试(Debug)模式下,菜单栏中多出一个调试菜单。

调试的下拉菜单界面如图 10 - 2 - 9 所示。

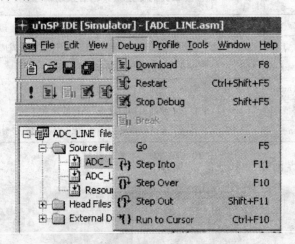

图 10 - 2 - 9　调试下拉菜单界面

调试的下拉菜单内容及功能如表 10 - 2 - 8 所列。

表 10 - 2 - 8　调试的下拉菜单内容及功能

内　容	作　用	热　键
下载(Download)	将程序文件编译连接生成可执行文件	F8
复位(重新开始)(Restart)	在调试模式下,重新运行程序	Ctrl＋Shift＋F5
停止调试(Stop Debug)	退出调试模式	Shift＋F5
中断(Break)	停止程序运行	
运行(Go)	在调试模式下,运行程序	F5
单步进入(Step Into)	单步运行时,进入子程序	F11
单步跳过(Step Over)	单步运行时,不进入子程序	F10
单步跳出(Step Out)	单步运行在子程序中时,跳出子程序	Shift＋F11
运行到光标处(Run to Cursor)	在调试模式下,程序全速运行到光标处停止	Ctrl＋ F10

10.2.2　工具栏

　　μ'nSP™ IDE 提供了 3 种工具栏,包括标准、编辑和调试。每种工具栏都有固定和浮动两种形式。把鼠标移到固定形式工具栏中没有图标的地方,按住左按钮,向下拖动鼠标,即可把工具栏变为浮动的;而双击浮动工具栏的标题条,则可变为固定工具栏。

　　固定形式的标准工具栏位于菜单栏的下面,它以图标的形式提供了部分常用菜单命令的功能。只要用鼠标单击代表某个命令的图标按钮,就能直接执行相应的菜单命令。工具栏中有 38 个图标,代表 38 种操作,如图 10 - 2 - 10 所示。大多数图标都有与之等价的菜单命令。图 10 - 2 - 11 到图 10 - 2 - 13 是浮动形式的标准、调试和编辑工具栏。表 10 - 2 - 9 列出了工具栏中各图标的作用。

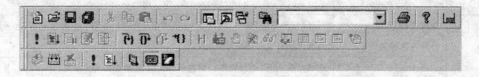

图 10 - 2 - 10　工具栏

1　2　3　4　5　6　7　8　9　10　11　12　13　　14　15　16

图 10 - 2 - 11　标准工具栏

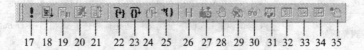

17　18　19　20　21　22　23　24　25　26　27　28　29　30　31　32　33　34　35

图 10 - 2 - 12　调试工具栏

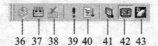

36　37　38　39　40　41　42　43

图 10 - 2 - 13　编辑工具栏

表 10 - 2 - 9　工具栏一览表

编　号	名　称	作　用
1	新建	新建项目和文件,相当于 File 菜单中的 New 命令
2	打开	打开项目和文件,相当于 File 菜单中的 Open 命令
3	保存	保存文件,相当于 File 菜单中的 Save 命令
4	全存	保存所有文档,相当于 File 菜单中的 Save All 命令
5	剪切	删除并复制选中的文件内容或文件,相当于 Edit 菜单中的 Cut 命令
6	复制	复制选中的文件内容或文件,相当于 Edit 菜单中的 Copy 命令
7	粘贴	粘贴选中的文件内容或文件,相当于 Edit 菜单中的 Paste 命令
8	撤销键入	取消当前的操作
9	重复键入	对撤销的反操作
10	Workspace 窗口	打开或关闭 Workspace 窗口,相当于 View 菜单中的 Workspace 命令
11	Output 窗口	打开或关闭 Output 窗口,相当于 View 菜单中的 Output 命令
12	窗体布局窗口	打开窗体布局窗口
13	在文件中查找	打开"在文件中查找"对话框,相当于 File 菜单中的 Find in File 命令
14	打印	打印当前文件,相当于 File 菜单中的 Print 命令

编　号	名　　称	作　　用
15	帮助主题	打开"帮助主题"窗口,相当于 Help 菜单中的 Help Topics 命令
16	打开可执行文件	打开可执行文件(. s37 或. tsk)
17	运行	在调试模式下,运行程序。相当于 Debug 菜单中的 Go 命令
18	下载	下载可执行文件。相当于 Debug 菜单中的 Download 命令
19	中断	停止正在运行程序。相当于 Debug 菜单中的 Break 命令
20	停止调试	退出调试模式。相当于 Debug 菜单中的 Stop Debug 命令
21	重新开始(复位)	在调试模式下,重新运行程序
22	单步进入	单步运行时,进入子程序。相当于 Debug 菜单中的 Step Into 命令
23	单步跳过	单步运行时,不进入子程序。相当于 Debug 菜单中的 Step Over 命令
24	单步跳出	单步运行在子程序中时,跳出子程序。相当于 Debug 菜单中的 Step Out 命令
25	运行到光标处	在调试模式下,程序全速运行到光标处停止。相当于 Debug 菜单中的 Run to Cursor 命令
26	历史缓冲区窗口	在仿真模式下,打开历史缓冲区窗口
27	设置参数	在线仿真模式下,打开参数设置窗口
28	设置断点	在调试模式下,打开设置断点的对话框。相当于 Edit 菜单中的 Breakpoints 命令
29	取消断点	在调试模式下,取消设置的断点
30	变量表窗口	在调试模式下,打开变量表窗口。相当于 View 菜单中的 Watch 命令
31	反汇编窗口	在调试模式下,打开反汇编窗口。相当于 View 菜单中的 Disassembly 命令
32	内存窗口	在调试模式下,打开内存窗口。相当于 View 菜单中的 Memory 命令
33	寄存器窗口	在调试模式下,打开寄存器窗口。相当于 View 菜单中的 Registers 命令
34	命令窗口	在调试模式下,打开命令窗口。相当于 View 菜单中的 Command 命令
35	断点窗口	在调试模式下,打开断点窗口。相当于 View 菜单中的 BreakPoints 命令
36	编译	编译文件。相当于 Build 菜单中的 Compile 命令
37	编译并链接	编译并链接文件。相当于 Build 菜单中的 Build 命令
38	停止编译	停止编译文件。相当于 Build 菜单中的 Stop Build 命令
39	运行	在调试模式下,运行程序。相当于 Debug 菜单中的 Go 命令
40	下载	下载可执行文件。相当于 Debug 菜单中的 Download 命令
41	本机调试(使用仿真器)	在本机上调试
42	仿真板上调试(使用在线仿真)	结合仿真板调试

10. 2. 3　窗　口

前面介绍了标题栏、菜单栏和工具栏,它们所在的窗口称为主窗口,实际上,除主窗口外,μ'nSP™ IDE 编程环境中还有其他一些窗口:

➢ Workspace 窗口;

> Edit 窗口；
> Output 窗口；
> Debug 窗口；
> 其他窗口（历史缓冲区窗口和转存窗口）。

1. Workspace 窗口

在 Workspace 窗口中，含有建立一个应用程序所需要的文件清单。其中包括所有与该项目相关资源文件（如语音数据等）和被编辑的程序文件。我们可用视窗标签来切换显示 File 和 Resource 两个视窗。

> File 视窗主要用来显示源文件组和头文件组中所包含的所有文件；
> Resource 视窗主要用来显示资源文件组中所包含的所有资源文件。

打开 Workspace 窗口的方法有如下两种：

> 第一种：单击菜单栏 View/Workspace 菜单命令，即可打开/关闭 Workspace 窗口；
> 第二种：单击标准工具栏中的 Toggle Workspace 按钮，也可打开/关闭 Workspace 窗口。

图 10 - 2 - 14 为 Workspace 窗口界面。

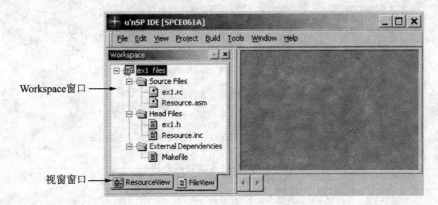

图 10 - 2 - 14 Workspace 窗口界面

通过对 Workspace 窗口中 Resource 和 File 标签的单击可以切换 File 视窗和 Resource 视窗。

图 10 - 2 - 15 是 Workspace 窗口下的 File 视窗界面。

图 10 - 2 - 16 是 Workspace 窗口下的 Resource 视窗界面。

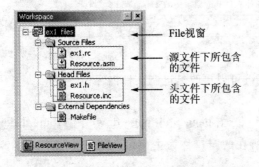

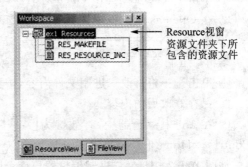

图 10 - 2 - 15 Workspace 窗口下的 File 视窗界面   **图 10 - 2 - 16 Workspace 窗口下的 Resource 视窗界面**

图 10-2-16 Workspace 窗口下 Resource 视窗界面中的资源文件 RES_A32、RES_A38、RES_A27 为 A2000 格式的语音数据文件。

2. 编辑窗口

编辑窗口(Edit 窗口)主要是用来键入程序文件和其他编辑文件的显示。

新建任何一文件,即可打开编辑窗口。例如:单击 File/New/Creat C File,打开该 C 文件的编辑窗口。

编辑窗口包括文本编辑器和二进制编辑器。

(1) 文本编辑器

文本编辑器是用来编辑程序的。当在项目中打开一个文件时,文件所有的内容都将显示在文本编辑器中。

图 10-2-17 就是文本编辑器的界面。

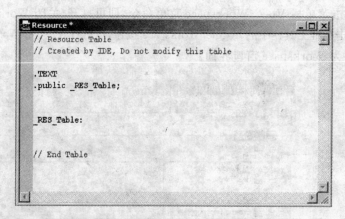

图 10-2-17 文本编辑器的界面

打开文本文件的方法有以下两种:

➤ 单击 File/Open,弹出 Open 对话框,选择一个文件;

➤ 单击 File/Recent Files,选择一个文件。

(2) 二进制编辑器

二进制编辑器用来编辑项目中十六进制或 ASCII 格式的二进制代码的资源文件。

打开二进制文件的步骤:

① 单击 File/Open,弹出 Open 对话框;

② 在 Open as 文本框中选择 Binary;

③ 选择一个文件打开。

编辑二进制编辑器的步骤:

① 单击选中将修改二进制文件内容,按数字键可以更改二进制文件内容;

② 保存修改后的内容;

③ 在二进制编辑器中,有效键为[↓/↑][←/→][page up][page down] [Home/End] [Contrl + Home][Contrl + End]。

如图 10-2-18 为二进制编辑器界面。

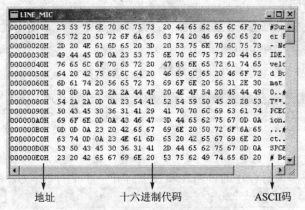

地址   十六进制代码   ASCII码

图 10 - 2 - 18   二进制编辑器

3. 输出窗口

输出窗口（Output 窗口）主要用来显示编辑、调试、查找的输出结果。

打开输出窗口的方法：

➤ 第一种方法：单击菜单栏 View / Output 菜单命令，即可打开/关闭 Output 窗口；

➤ 第二种方法：单击标准工具栏中的 Toggle Output 按钮，也可打开/关闭 Output 窗口。

如图 10 - 2 - 19 为输出窗口界面。

图 10 - 2 - 19   输出窗口界面

输出窗口还可以细分为编译输出窗口（Build）、调试输出窗口（Debug）、查找输出窗口 3 种。这 3 种输出窗口可以通过输出窗口底部的标签切换。

(1) 编译输出窗口

编译后，在输出窗口显示出编译、链接的信息。在编译过程中，错误和警告信息也会被列出。当输出窗口无错误信息时，说明该程序已完全成功地编译。

例如：编译 IDE 下 Example 中的 Ex3。

编译后的输出窗口编辑信息界面如图 10 - 2 - 20 所示。

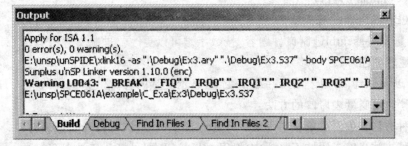

图 10 - 2 - 20   输出窗口编辑信息界面

(2) 调试输出窗口

在输出窗口显示调试信息,通常为调试结束,调试过程采用无优化代码的方法。

例如:编辑 IDE 下 Example 中的 Ex3。

编辑后的输出窗口调试信息界面如图 10 - 2 - 21 所示。

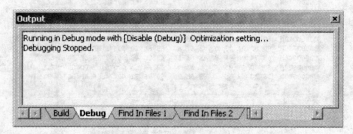

图 10 - 2 - 21　输出窗口调试信息界面

(3) 查找输出窗口

查找输出窗口显示在文件中查找文本的结果。

例如:在 IDE 下 Example 中的 Ex3 查找单词 code。

查找后的输出窗口查找信息界面如图 10 - 2 - 22 所示。

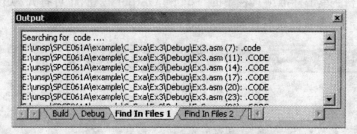

图 10 - 2 - 22　输出窗口查找信息界面

4. 调试窗口

程序文件经过编译无错后,单击工具栏中的 Download 按钮,即可进入调试模式。所有的调试窗口(Debug 窗口)均在调试模式下方可打开。

调试窗口主要用来显示有关的调试信息。在调试模式下,调试菜单显示在主菜单下。

调试窗口包括:

➢ 变量表(Watch)窗口;

➢ 寄存器(Register)窗口;

➢ 内存(Memory)窗口;

➢ 命令(Command)窗口;

➢ 断点(BreakPoints)窗口;

➢ 反汇编(Disassembly)窗口。

(1) 变量表窗口

变量表(Watch)窗口用于输入并编辑变量,显示变量内容。

① 打开/关闭变量表窗口的方法:

➢ 第一种方法:单击菜单栏中 View/Watch 菜单命令,即可打开变量表窗口;

➢ 第二种方法:单击调试工具栏中的 Watch 按钮,即可打开变量表窗口;

➤ 第三种方法：通过热键 Alt＋C 即可打开变量表窗口。

变量表（Watch ）窗口界面如图 10－2－23 所示。

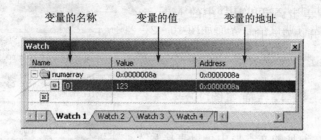

图 10－2－23　变量表窗口界面

② 使用方法：双击变量名称处，可以显示一文本框，在文本框中写入变量名称，则相应的变量值和变量所在地址就可以显示出来。当要删除一变量时，选中该变量所在的文本行，按 Del 键，即可删除变量或者单击右键，选中删除命令，也可以删除变量。

注意：选中整行的内容方可删除变量。

(2) 寄存器窗口

寄存器（Register）窗口显示当前常用寄存器和特殊寄存器的内容。

① 打开/关闭寄存器窗口的方法：

➤ 第一种方法：单击菜单栏中 View/ Register 菜单命令，即可打开寄存器窗口；

➤ 第二种方法：单击调试工具栏中的 Register 按钮，即可打开寄存器窗口；

➤ 第三种方法：通过热键 Alt＋3 即可打开寄存器窗口。

② CPU 寄存器分通用型和专用型，其中通用型包括 R1～R4；专用型包括 SP、BP、SR、PC。

寄存器窗口界面如图 10－2－24 所示。

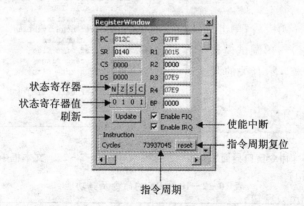

图 10－2－24　寄存器窗口界面

③ 使用方法：单击寄存器的文本框即可以编辑该寄存器。

注意：可以更改寄存器值。CS 的值最好不要轻易更改，否则会使调试程序出错。

(3) 内存窗口

内存（Memory）窗口显示内存内容。

① 打开/关闭内存窗口的方法：

➢ 第一种方法：单击菜单栏中 View/ Memory 菜单命令，即可打开内存窗口；

➢ 第二种方法：单击调试工具栏中的 Memory 按钮，即可打开内存窗口；

➢ 第三种方法：通过热键 Alt＋2 即可打开内存窗口。

内存（Memory）窗口界面如图 10 - 2 - 25 所示。

② 使用方法：在地址的文本框中可以直接写入要查找的地址值，回车后，内存窗口会自动到查找的地址处。

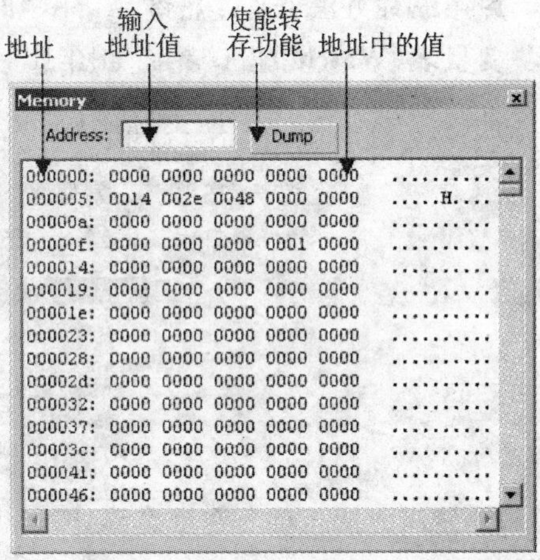

图 10 - 2 - 25　内存窗口界面

(4) 命令窗口

单击 View 菜单下的 Command 命令，打开命令窗口，在该窗口列表框下面的文本输入框中键入帮助字符"H"并确认后，会在列表中列出 IDE 的所有命令及相应功能描述。命令窗口界面，如图 10 - 2 - 26 所示。

在文本框中键入"H"后，列出命令及相应功能描述界面，如图 10 - 2 - 27 所示。

IDE 的命令及其功能描述如表 10 - 2 - 10 所列。

图 10 - 2 - 26　命令窗口界面

图 10 - 2 - 27　文本框中键入"H"后的界面

表 10 - 2 - 10　IDE 的命令及其功能

命　令	功能描述	语法格式及举例
Q	退出 $\mu'nSP^{TM}$ IDE	
Dump	转储内存中的字数据	Dump ＜起始地址＞ ＜转储字数＞ Dump 100 100 //转储 0x100 ～0x1ff 中的字数据
EF	允许产生 FIQ 中断	

续表 10 - 2 - 10

命 令	功能描述	语法格式及举例
DF	禁止产生 FIQ 中断	
EI	允许产生 IRQ 中断	
DI	禁止产生 IRQ 中断	
SN	设置负标志	
NN	清除负标志	
SS	设置符号标志	
NS	清除符号标志	
SZ	设置零标志	
NZ	清除零标志	
SC	设置进位标志	
NC	清除进位标志	
X	复位(程序指针指向复位向量中的地址)	
RX	设定寄存器的值	Rx ＜寄存器号＞ ＜设定值＞. Rx 3 abcd //将 R3 的值设为 0xabcd
O	设定内存单元中的值	O ＜内存地址＞ ＜设定值＞ O 7016 abcd //将 0x7016 单元的值设为 0xabcd
F	设定内存区中的值	F ＜内存起始地址＞ ＜内存结束地址＞ ＜设定值＞ F 100 1ff 1234 //将 0x100 ～ 0x1ff 单元填入 0x1234
BC	清除断点	BC ＜断点地址＞ ＜断点标志＞ ＜断点数据＞ BC 8000 8082 1234 //清除当向 0x28000 单元中写入数据 0x1234 时的条件断点
BP	设置断点	BP ＜断点地址＞ ＜断点标志＞ ＜断点数据＞ BP 8000 8082 1234 //设置当向 0x28000 单元中写入数据 0x1234 时的条件断点
G	连续运行程序	
S	单步运行程序	
L	将二进制文件装入内存	L ＜文件名＞ ＜起始地址＞ ＜结束地址＞ ＜内存的起始地址＞ L test. bin 100 1ff 8000//将 test. bin 文件中第 0x100～0x1ff 单元的//数据装入内存 0x8000 单元

续表 10 - 2 - 10

命 令	功能描述	语法格式及举例
RF	将内存中的数据内容转储到文件中	RF ＜起始地址＞ ＜内存单元个数＞ ＜文件名＞ RF 100 100 test.bin //将 0x100 ～0x1ff 单元的内容转储至 test.bin 文件中
H	显示命令帮助信息	显示 μ'n SP IDE 的所有命令及内容描述

命令的检索：用鼠标左键点中列表框中的某一命令，在 PC 机键盘上每敲入该命令的头一个字符时会发现，列表框中当前命令的指向会在所有首字符同敲入字符的命令之间移动。据此功能可在列表框里列出的诸多命令中迅速检索到所需的命令。

命令的操作：按照列表框中列出的命令格式在文本输入框中正确键入某命令字符并确认后，该命令便会被执行。

(5) 断点窗口

断点(BreakPoints) 窗口显示断点的内容。

打开/关闭断点窗口的方法：

➤ 第一种方法：单击菜单栏中 View/ BreakPoints 菜单命令，即可打开寄存器窗口；

➤ 第二种方法：单击调试工具栏中的 BreakPoints 按钮，即可打开寄存器窗口；

➤ 第三种方法：通过热键 Alt＋5 即可打开窗口。

断点窗口(BreakPoints)界面如图 10 - 2 - 28 所示。

Addr：欲设置断点的地址。

Output only：在连接仿真板运行时，当程序执行到断点位置后，向指定引脚输出一个脉冲信号。

Triggle On Data：这是一个数据过滤器。选择 Triggle On Data 和 Equal (Not Equal)，当程序执行到断点位置后，自动检查断点地址的数据和 Triggle On Data 文本框内所指定的数据是否相等。如果相等(不等)的条件满足，程序在断点地址被中断。

Bitmask：用于屏蔽断点地址单元内数据的某些位。

Triggle On Write&Read：当数据进行存取时，触发中断。

(6) 反汇编窗口

反汇编窗口 (Disassembly)显示反汇编内容。

打开/关闭反汇编窗口的方法：

➤ 第一种方法：单击菜单栏中 View/ Disassembly 菜单命令，即可打开反汇编窗口；

➤ 第二种方法：单击调试工具栏中的 Disassembly 按钮，即可打开反汇编窗口；

➤ 第三种方法：通过热键 Alt＋D 即可打开反汇编窗口。

反汇编窗口 (Disassembly)界面如图 10 - 2 - 29 所示。

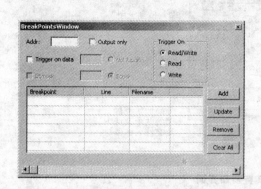

图 10 - 2 - 28 断点窗口界面

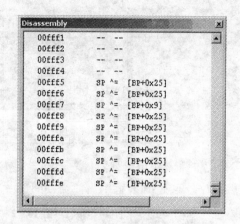

图 10 - 2 - 29 反汇编窗口界面

5. 其他窗口

(1) 历史缓冲区窗口

在仿真模式下,执行完程序后,被执行的指令、状态、内存内容将被存储到历史缓冲区中。

激活历史缓冲区的方法:

单击菜单栏 Project / Setting ,弹出 Setting 对话框,在 General 标签下,单击 reset 即可以激活 PC Trace Enable 。文件编译执行后,在调试环境下,单击 H 按钮,即可打开历史缓冲区窗口,被调试的程序的汇编码显示在历史缓冲区窗口内。如果注意观察,就会发现,这时在项目文件夹中多了一个 .his 文件,即历史文件。

历史缓冲区窗口界面如图 10 - 2 - 30 所示。

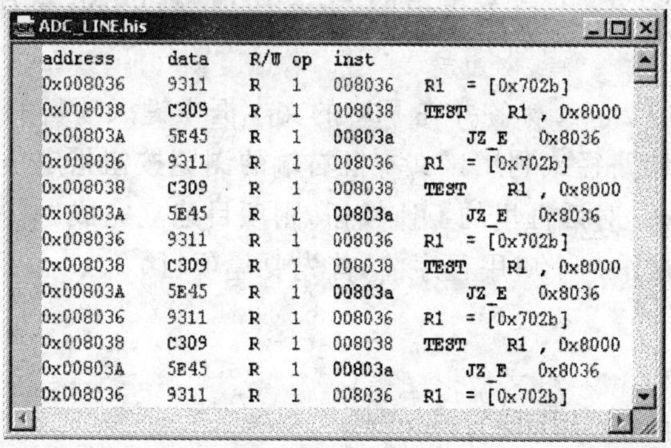

图 10 - 2 - 30 历史缓冲区窗口界面

(2) 转存窗口

在调试模式下,单击 Tools /Dump Memory 即进入转存窗口。

该窗口用于存储指定地址范围的内容到指定的文件中。另外,它也可以将高字节和低字节分别指定的地址范围存储到两个文件中。

转存窗口界面如图 10 - 2 - 31 所示。

在 C、C++、VB 等语言中,广泛使用"Project"一词,在译成中文时有的译成"项目",有的

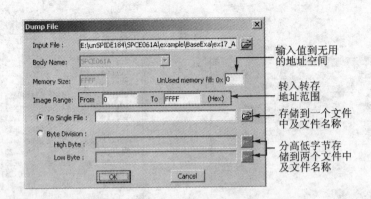

图 10 - 2 - 31　转存窗口界面

译成"工程"。在这里,译成"项目"。

　　开发一个应用程序需要很多文件,这些文件需要规范管理,所以一整组的相关文件就构成了一个项目。项目是可以独立执行的程序单元。一个应用程序可以是一个单独的项目。在项目中,可以含有不同的元组和文件。准确一点,项目是指为用户调程建立起来的一个开发环境,提供用户程序及资源文档的编辑和管理,并提供各项环境要素的设置途径,最后将通过用户程序及库的编制(包括编译、汇编以及链接等)提供出一个良好的调试环境。下面详细介绍项目的各项操作及使用。

10.2.4　项　目

1. 建立项目

新建项目的方法步骤:

　　① 用鼠标左键单击 File 下拉菜单中的 New 选项,弹出 New 对话框,如图 10 - 2 - 32 所示。

　　② 在该窗口中选中 Project 标签并在 File 的文本框中键入项目的名称。在 Location 下的文本框中输入项目的存储路径或利用该文本框右端的浏览按钮指定项目的存储位置。

　　用鼠标左键单击 New 对话框里的 OK 按钮,则项目建立完成。

　　新建项目的要求:在作一个应用程序前,首先要建项目。

　　例如:

　　项目名称:Example。

　　项目位置:E:\unsp\unSPIDE\Example。

　　新建项目后的 Workspace 窗口如图 10 - 2 - 33 所示。

　　结果:生成了新项目 Example。

2. 在项目中新建 C 文件

　　新建 C 文件(.C)的方法:在新建项目下,单击 File 下拉菜单中的 New 选项,弹出 New 对话框,如图 10 - 2 - 34 所示。单击 SP IDE C File,在 File 下的文本框内键入文件名称,单击 OK 按钮。

　　新建 C 文件的需求:

　　用 C 语言作程序时需要建立 C 文件类型。

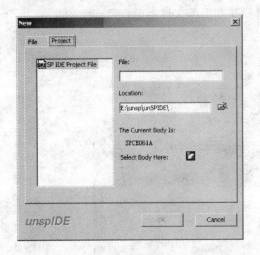

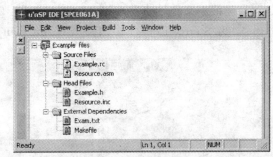

图 10 - 2 - 32　新建项目/文件对话框　　　　图 10 - 2 - 33　新建项目后的 Workspace 窗口

例如：

文件名称：Ex。

文件位置：E:\unsp\unSPIDE\Example\Ex. c。

新建 C 文件后的 Workspace 窗口如图 10 - 2 - 35 所示。

结果：Source Files 下多出一个 Ex. c 文件。

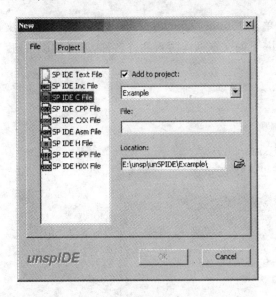

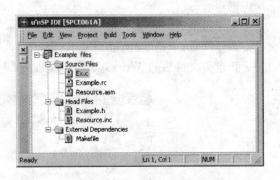

图 10 - 2 - 34　新建文件/项目对话框　　　　图 10 - 2 - 35　新建 C 文件后的 Workspace 窗口

3. 在项目中新建汇编文件

新建汇编文件(. asm)的方法：在新建项目下，单击 File 下拉菜单中的 New 选项，弹出新建文件/项目的对话框。单击 SP IDE ASM File，在 File 下的文本框内写入文件名称，单击 OK 按钮。

新建汇编文件需求：用汇编语言作程序时需要建立汇编文件类型。

例如：

文件名称：Exam。

文件位置：E:\unsp\unSPIDE\Example\Exam.asm。

新建汇编文件后的 Workspace 窗口如图 10 - 2 - 36 所示。

结果：Source Files 下多出一个 Exam.asm 文件。

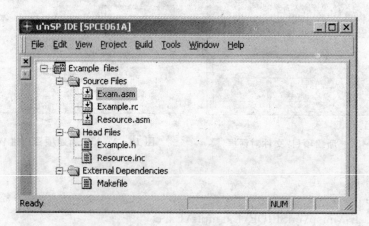

图 10 - 2 - 36　新建汇编文件后的 Workspace 窗口

4. 在项目中新建头文件

新建头文件(.H)的方法：在新建项目下，单击 File 下拉菜单中 New 选项 ，弹出新建文件/项目的对话框。单击 SP IDE H File,在 File 下的文本框内写入文件名称,单击 OK 按钮。

新建头文件需求：

多个文件共享的文件可以建成头文件。

例如：

文件名称：Examp。

文件位置：E:\unsp\unSPIDE\Example\Examp.h。

新建头文件后的 Workspace 窗口如图 10 - 2 - 37 所示。

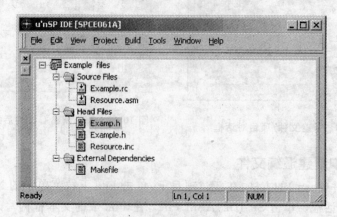

图 10 - 2 - 37　新建头文件后的 Workspace 窗口

结果：Head Files 下多出一个 Examp. h 文件

5. 在项目中新建文本文件

新建文本文件(. txt)的方法:在新建项目下,单击 File 下拉菜单中 New 选项,弹出新建文件/项目的对话框。单击 SP IDE Text File,在 File 下的文本框内写入文件名称,单击 OK 按钮。

新建文本文件的需求:

对程序文件作文档说明时,可以建文本文件类型。

例如:

文件名称:E。

文件位置:E:\unsp\unSPIDE\Example\E. txt。

新建文本文件后的 Workspace 窗口如图 10 - 2 - 38 所示。

结果:External Dependencies 下多出一个 E. txt 文件。

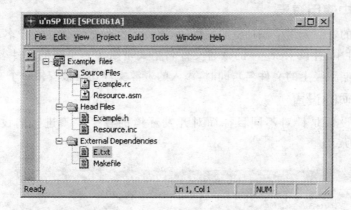

图 10 - 2 - 38 新建文本文件后的 Workspace 窗口

6. 在项目中添加/删除文件

(1) 在项目中添加文件的方法

第一种方法:通过 Project 菜单方法。

可通过菜单途径用鼠标左键单击 Project 菜单里 Add to Project 选项中的 Files 或 Resource 子项,激活 Add Files 对话框。

第二种方法:通过 Workspace 窗口。

① 在 Workspace 窗口内,选中元组,单击右键,弹出菜单,如图 10 - 2 - 39 所示。

② 用鼠标左键单击 Add Files to Folder 选项,可激活 Add Files 对话框,如图 10 - 2 - 40 所示。

③ 在文本框中键入将添加的文件,单击"打开"按钮,即将添加的文件加到所选的元组中。

(2) 界面删除文件步骤

① 在 File 视窗或 Resource 视窗里选中元组中的某个文件。

② 单击鼠标右键,弹出的菜单如图 10 - 2 - 39 所示,选中 Remove 选项,则该文件会从元组中被删除。

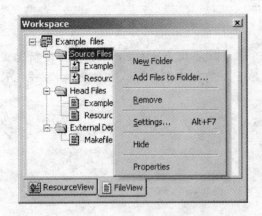

图 10 - 2 - 39　添加文件下拉菜单界面

图 10 - 2 - 40　添加文件对话框

7. 在项目中使用资源

当在项目里的资源元组中添加资源文件时,该资源文件的存储路径及名称会自动被记入项目中的. rc 文件中,并以 RES_ * 的缺省文件名格式被赋予一个新的文件名(此处' * '是指资源文件在其存储路径上的文件名);同时,添入的资源文件还会被安排一个文件标识符 ID。

8. 项目选项的设置

项目选项的设置是针对不同目标而对开发环境的各个要素进行的设置,其设置界面如图 10 - 2 - 41 所示。

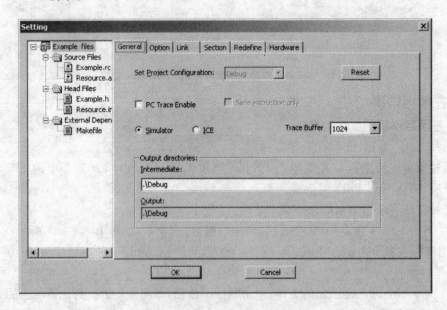

图 10 - 2 - 41　项目选项设置界面

选择界面中的标签,便会进入相应的选项卡,在此可进行项目的各项设置。

(1) General 选项卡

General 选项卡如图 10 - 2 - 42 所示。

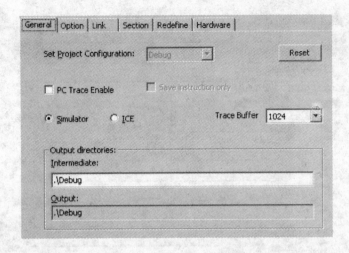

图 10 - 2 - 42 General 选项卡

在 General 选项卡可以完成 μ'nSP™ IDE 的一些基本设置。

➤ Set Project Configuration：选择所创建工程的目标，有两种选择：Debug 版本和 Release 版本。

➤ Simulator/ICE：选择 μ'nSP™ IDE 运行模式。选择 ICE，用户必须通过打印端口把仿真板和电脑相连接；选择 Simulator，可利用 μ'nSP™ IDE 提供的软件仿真功能调试程序，调程过程中所有数据被存入缓存。

➤ PC Trace Enable：激活 PC Trace 功能。

➤ Save instruction only：激活此项，可保存运行过程里所有用到过的指令；未选中，μ'nSP™ IDE 保存更多的运行相关信息（如操作码等）至历史缓存区。

➤ Trace Buffer：指定用于记录仿真过程里的缓存容量。

➤ Intermediate：指定编译过程里产生的临时文件的存储路径。

➤ Output：指定目标文件的存储路径。通常，目标文件的存储路径和临时文件的存储路径相同，用户只需指定临时文件的存储路径即可。

➤ Reset：复位所做的设置。

(2) Option 选项卡

Option 选项卡如图 10 - 2 - 43 所示。

在 Option 选项卡可对 μ'nSP™ IDE 编译链接所需的软件工具进行设置。

➤ CC：指定 C 编译器程序在 PC 机硬盘上的位置及其文件名；

➤ AS：指定汇编器程序在 PC 机硬盘上的位置及其文件名；

➤ LD：指定链接器程序在 PC 机硬盘上的位置及其文件名；

➤ CFLAG：指定 C 编译器运行及代码优化标志；

➤ ASFLAG：指定汇编器运行标志；

➤ LDFLAG：指定链接器运行标志；

➤ Optimizations：选择用户所需的代码优化类型，CFLAG 的优化标志随之改变；

➤ ISA Selector：显示指令集版本；

➤ Make file：选中该项以自动更新 Makefile 文件；

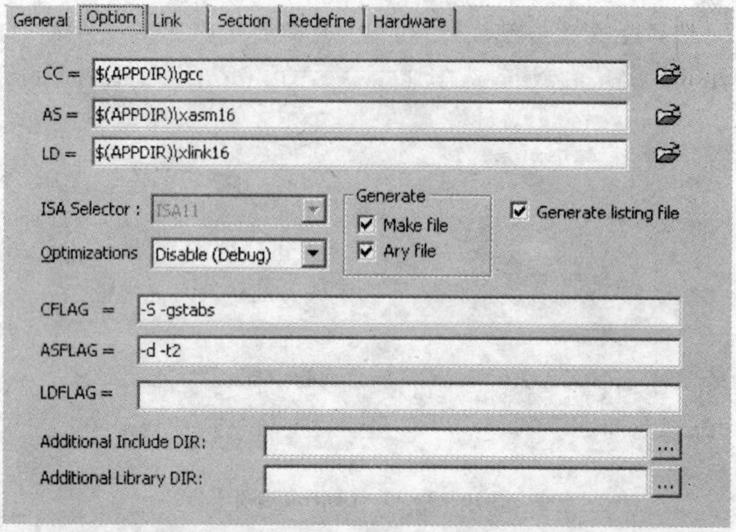

图 10 - 2 - 43   Option 选项卡

➤ Ary file：选中该项以自动更新.ary 文件；

➤ Generate listing File 选中该项以自动更新.lst 文件；

➤ Additional Include DIR：指定包含文件的路径；

➤ Additional Library DIR：指定库文件的路径。

在 Debug 和 Release 模式里，CFLAG、ASFLAG、LDFLAG 可被指定不同的参数。系统根据用户选择的不同的模式，自动更改参数。

(3) Link 选项卡

Link 选项卡如图 10 - 2 - 44 所示。

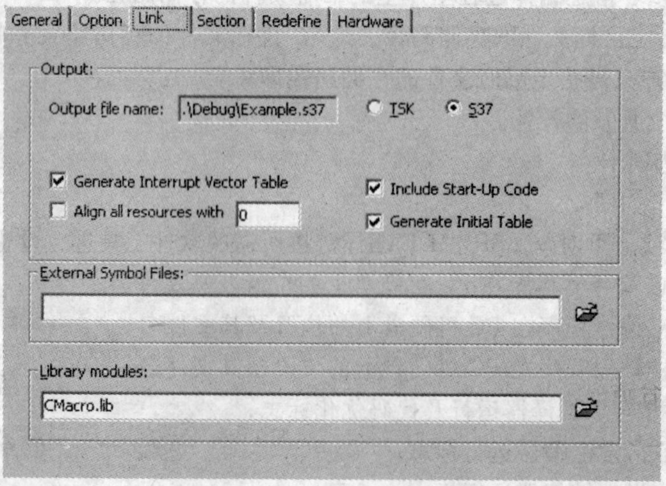

图 10 - 2 - 44   Link 选项卡

在 Link 选项卡里，可对链接器进行设置。

➤Output file name：指定二进制输出文件名。

➤ TSK/S37：选择两种二进制格式的目标文件类型 TSK 和 S37。选择目标文件类型之前，应在 Option 选项卡内同时选择 Makefile、Ary file、Generate listing file。

➤ Generate Interrupt Vector Table：选中该项，在链接过程里包含中断向量表。

➤ Include Start – Up Code ：选中该项，在链接过程里包含缺省的启动程序。

➤ Align all resource with ：根据输入的数据把所有资源对齐。

➤ Generate Initial Table：选中该项，在链接过程里产生一个初始化表。

➤ External Symbol Files：需要链接在工程里的另外的符号表文件(∗ sym)。

➤ Library modules：指定和显示当前工程内所包含的库模块。

（4）Section 选项卡

Section 选项卡如图 10 – 2 – 45 所示。

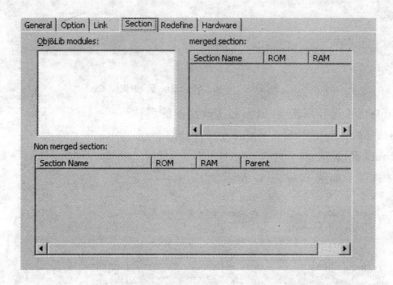

图 10 – 2 – 45　Section 选项卡

在 Section 选项卡里，显示当前工程中所有目标模块、库模块、合并段与非合并段，且可以设置当前工程的非合并段的地址、定位基址。

➤ Obj & Lib modules：显示当前工程里的所有 obj 和 lib 文件。

➤ merge section：显示当前工程里的所有合并段。

➤ Non merged section：显示当前工程里的所有非合并段。可以双击列表框内的 ROM 栏来改写这些段的地址或定位基址。在重链接工程后，这些指定段均会被定位到由定位基址引导的合适的地址上。

（5）Redefine 选项卡

Redefine 选项卡如图 10 – 2 – 46 所示。

在 Redefine 选项卡里，可对库文件进行重定义。

➤ Alias：在 Librarys 列表框内选择某个段，再选择 Alias，改变当前段的名称。

➤ Edit：被改变名称的各段的数据被列在 Redefine table 列表框内。用户选择某一行，再

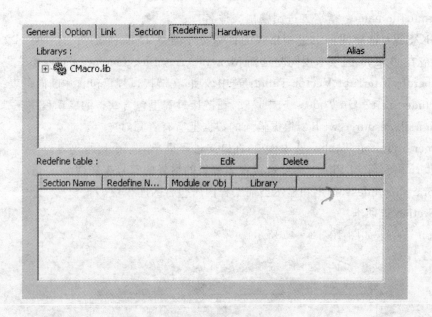

图 10 - 2 - 46   Redefine 选项卡

选择 Edit，也可选择双击这一行，再次改变段的名称。

➤ Delete：删除 Redefine table 列表框内的内容。

(6) Hardware 选项卡

Hardware 选项卡如图 10 - 2 - 47 所示。

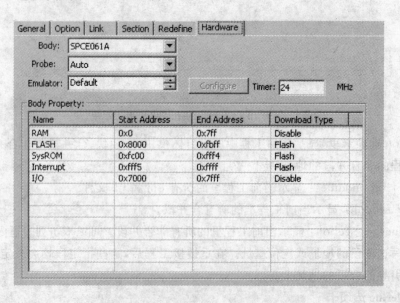

图 10 - 2 - 47   Hardware 选项卡

在 Hardware 选项卡里，可以设置 μ'nSP™ 系列芯片的一些硬件信息。

➤ Body：选择 Body 的类型。

➤ Probe：选择 Probe 型号。链接器和仿真器根据芯片的设置来进行链接和仿真。

> Emulator：根据 Probe 型号选择周边设备的仿真程序。这些程序实际为指定在 cpt 文件里的动态链接库。

> Timer：设定系统时钟。

> Configure：针对 Probe 型号的周边设备的仿真工具的设置。

> Body Property：显示内存映射结构。

9. 项目的编译

当项目中的文件编写结束后，要对项目中的程序进行编译，并将编译出来的二进制代码与库中的各个模块连接成一个完整的、地址统一的可执行目标文件和符号表文件，供用户调试使用，在这里要使用编译器、汇编器、链接器等工具。

项目编译的基本操作包括：

> Compile：对编辑窗口中当前文件进行编译；

> Build ：编制当前的文件；

> Rebuild All ：重新编制当前项目目标，将处理当前项目中的所有文件；

> Stop Build ：终止当前项目目标编制。

（1）Compile/Build/Rebuild All/Stop Build 的方法

单击 Build 菜单，弹出下拉菜单，包括 Compile/Build/Rebuild、All/Stop、Build 命令或者在 Build 工具栏中也可以找到这几个工具。

（2）Compile/Build/Rebuild All/Stop Build 后的结果

编制过程中的一些操作信息将显示在输出窗口的 Build 视窗中，如图 10－2－48 所示。

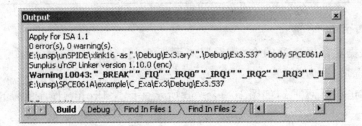

图 10－2－48　编辑后输出窗口的 Build 视窗

10.2.5　代码剖视器使用及功能

μ'nSP™ IDE 的代码剖视器（Profiler）是一个强有力的分析工具。通过应用此工具可以剖析、优化程序代码。具体地，此工具具有以下一些功能：

> 提供代码优化的准确信息。对部分程序进行诸多重要因素的剖析，包括某段程序花费了多少个指令周期的执行时间，程序中的标号流等一些有助于提高程序效率的信息。

> 检测并分析程序运行当中使用算法有效性的高低。

> 检查用户程序的代码段是否面临处在系统测试程序区的危险。

1. 激活 Profile 方法

➤ 在非调试情况下,用鼠标左键单击 Build 菜单的 Profile 选项,激活 Profile Configure 对话框(见图 10 - 2 - 49)。

➤ 在调试情况下,直接单击菜单栏中的 Profile 菜单命令,即可激活 Profile Configure 对话框(见图 10 - 2 - 49)。

Profile Configure 对话框 1 中设置选项及其内容如表 10 - 2 - 11 所列。

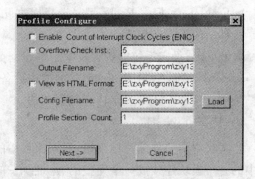

图 10 - 2 - 49　Profile Configure 对话框 1 界面

表 10 - 2 - 11　Profile Configure 对话框 1 中设置选项及其内容

设置项	设置形式	设置内容描述
Enable Count of Interrupt Clock Cycles(ENIC)	复选框	ENIC 选项是为在 IRQ 中断服务子程序中仍可连续剖视代码所设。若要求剖视的代码段处于 IRQ 子程序中,则须选中此项
Overflow Check Inst	文本输入框	设定当运算产生溢出时,多少个指令内未检查溢出标志便产生警告信息
Output Filename	文本输入框	指定容纳最终剖视结果的文件名称
View as HTML Format	复选框及文本框	选择是否需以网页格式来查看剖视代码结果。若需要,则应在文本框中指定网页格式的剖视结果文件名称
Config Filename	文本输入框	指定存储配置参数的文件名称,用于每次调程开始时重新装入
Profile Section Count	文本输入框	指定需要剖视程序段的段数

2. 使用 Profile 步骤

第一步:根据对话框选项的介绍,设置对话框 1 的选项,单击 Next 按钮。例如,Profile Section Count 选项,设为 1。

第二步:将出现对话框 2,如图 10 - 2 - 50 所示。设置 Profile 程序的停止地址,如 8df2,单击 Next 按钮。

第三步:设置 Profile 第一部分的起始地址,如图 10 - 2 - 51 所示,如 8deb,单击 Next 按钮。

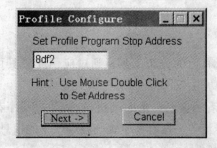

图 10 - 2 - 50　Profile Configure 对话框 2 界面

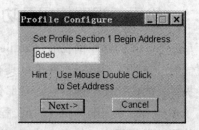

图 10 - 2 - 51　Profile Configure 对话框 3 界面

第四步:设置 Profile 第一部分的停止地址,如图 10 - 2 - 52 所示,如 8ded,单击 Next 按钮。

第五步:如图 10 - 2 - 53 所示 Profile Configure 对话框 5,单击 Profile 按钮,开始 Profile 并弹出剖视结果信息窗口,如图 10 - 2 - 54 所示。

第六步：停止剖视器操作并关闭剖视结果信息的窗口。有如下两种方法。

➢ MS-DOS 窗口下按下 PC 机键盘的任意键，便可关闭该窗口且结束剖视器的操作；

➢ 单击窗口右上角(×)，直接关闭剖视结果信息的窗口。

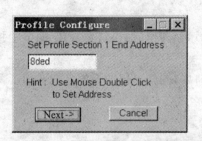

图 10 - 2 - 52　Profile Configure 对话框 4 界面

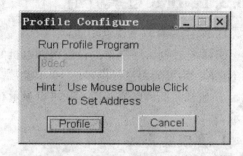

图 10 - 2 - 53　Profile Configure 对话框 5 界面

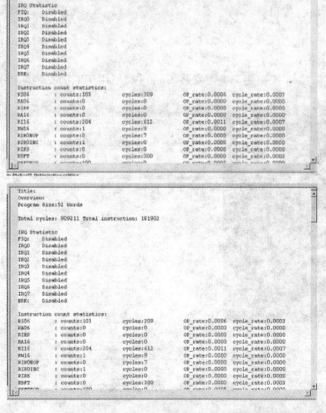

图 10 - 2 - 54　显示剖视结果信息的窗口

10.3　DMC 工具介绍

DMC (Digital Motor Control)工具有实时监控两台变频电机的功能。它可以实现对两台变频电机(由变频器启动)的实时控制和运行状态的检测。友好的用户界面和下拉式菜单可简便、有效地进行开发应用。

10.3.1　DMC 工具介绍

DMC 主要有以下两点功能：

① 系统控制。可以单独设置两颗电机的控制参数,如转速、加速斜率、PID 调节中控制增益 K_p、K_i 等,可为用户提供多达 16 个参数;

② 监视系统。电机监控参数可以显示在控制窗口中,同样可以图形的形式在图形窗口中显示。

1. 系统要求

当前版本 DMC 能够运行在 Windows 操作系统上,对 PC 系统最小需求如下。

➤ CPU 主频：500 MHz。

➤ 最小内存容量：64 MB。

➤ 最小硬盘剩余空间：20 MB。

➤ COM RS232 串行接口。

2. 系统安装

按照以下步骤安装：

① 执行安装文件,Next 按钮用于确定安装,Cancel 按钮用于取消安装。如图 10-3-1 所示。

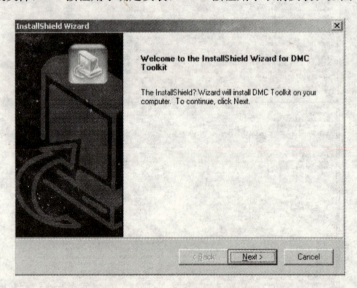

图 10-3-1　执行安装文件

② 按照屏幕提示,完成安装。

3. 控制窗口介绍

用户通过界面来设定控制参数和显示状态信息,包括菜单、工具条、窗口。DMC 工具由两部分组成：控制窗口和监视窗口,如图 10-3-2 所示。

控制窗口用来设置/读取参数,由三部分组成：电机 1 控制窗口、电机 2 控制窗口、用户窗口,如图 10-3-3。所示每种窗口分别由三部分内容组成：控制参数设定、控制参数读取和系统参数读取。各参数含义介绍如表 10-3-1 所列。

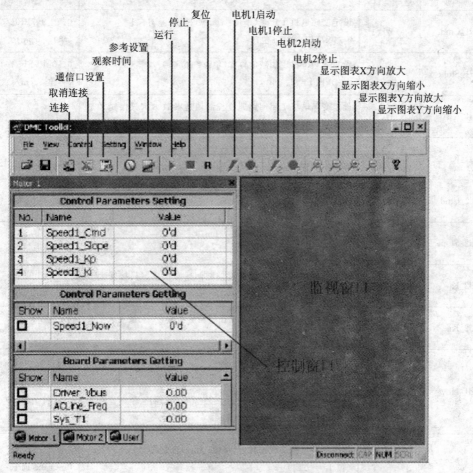

图 10-3-2　DMC 工具

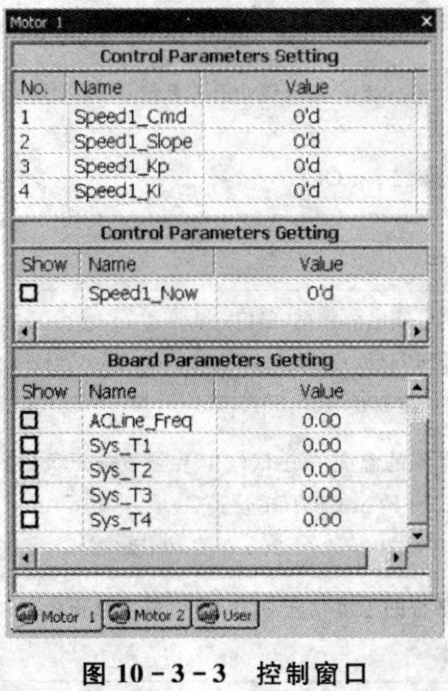

图 10-3-3　控制窗口

表 10 - 3 - 1　参数含义

变量名称	读/写属性	代表意义描述	范　围
Speed1_Cmd	W	设定变频电机 1 转速(单位：rpm)(位 15 ＝方向) 0～0x7FFF(共 15 位)	0～±0x7FFF (单位：rpm)
Speed1_Slope	W	设定变频电机 1 加减速斜率(单位：rpm/s) 0～0xFFFF(共 16 位)	0～0xFFFF (单位：rpm/s)
Speed1_Kp	W	设定变频电机 1 闭回路速度控制调适参数 K_p(只接受大于 或等于零的常数输入)	大于 0
Speed1_Ki	W	设定变频电机 1 闭回路速度控制调适参数 K_i(只接受大于或 等于零的常数输入)	大于 0
Speed2_Cmd	W	设定变频电机 2 转速(单位：rpm)(位 15 ＝方向) 0～0x7FFF(共 15 位)	0～±0x7FFF (单位：rpm)
Speed2_Slope	W	设定变频电机 2 加减速斜率(rpm/s) 0～0xFFFF(共 16 位)	0～0xFFFF (单位：rpm/s)
Speed2_Kp	W	设定变频电机 2 闭回路速度控制调适参数 K_p(只接受大于 或等于零的常数输入)	大于 0
Speed2_Ki	W	设定变频电机 2 闭回路速度控制调适参数 K_i(只接受大于或 等于零的常数输入)	大于 0
Speed1_Now	R	读取变频电机 1 现在转速(单位：rpm)含方向 (位 15 ＝方向) (位 15＝1 ＝＞负转速,位 15＝0 ＝＞正转速) 0～0x7FFF(共 15 位)	0～±0x7FFF (单位：rpm)
Speed2_Now	R	读取变频电机 2 现在转速(单位：rpm)含方向 (位 15＝方向) (位 15＝1 ＝＞负转速,位 15＝0 ＝＞正转速) 0～0x7FFF(共 15 位)	0～±0x7FFF (单位：rpm)
Driver_Vbus	R	读取驱动系统的直流链电压(单位：V),此电压值只为正值 V＞＝0： 0～0xFFFF(in Q6) 例如： 0x4D80 ＝＞310 V	0～0xFFFF
ACLine_Freq	R	读取市电端电源频率(单位：Hz), 0～0xFFFF(in Q10) 例如：0xEE00 ＝＞ 59.5 Hz	0～0xFFFF
Sys_T1	R	读取系统的温度信道 1(位 15＝温度值正负号) 0～0x7FFF(in Q6)(单位：℃) 例如：0x3200＝＞＋200.0 ℃,0xB200＝＞－200.0 ℃	0～±0x7FFF (单位：℃)
Sys_T2	R	读取系统的温度信道 2(位 15＝温度值正负号) 例同上	0～±0x7FFF (单位：℃)

续表 10 - 3 - 1

变量名称	读/写属性	代表意义描述	范　围
Sys_T3	R	读取系统的温度信道 3（位 15＝温度值正负号） 例同上	0～±0x7FFF （单位：℃）
Sys_T4	R	读取系统的温度信道 4（位 15＝温度值正负号） 例同上	0～±0x7FFF （单位：℃）
User_W0	W	程序开发者使用区域（设定参数值）	
User_W1	W		
User_W2	W		
User_W3	W		
User_W4	W		
User_W5	W		
User_W6	W		
User_W7	W		
User_R1	R	程序开发者使用区域（读取参数变化之值）	
User_R2	R		
User_R3	R		
User_R4	R		
User_R5	R		
User_R6	R		
User_R7	R		

参数形式可以通过设置以十进制、十六进制或二进制显示，设置方法有两种：

① ［View］→［Binary Format/Decadal Format/Hex Format］，如图 10 - 3 - 4 所示；

② 在控制窗口右击鼠标，如图 10 - 3 - 5 所示。

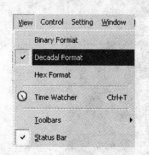

图 10 - 3 - 4　参数设置方法 1

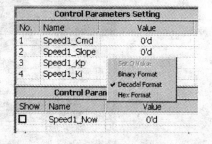

图 10 - 3 - 5　参数设置方法 2

说明：

① 程序开发者使用区域的变量名称可以更改，在变量名称上单击，修改名称，然后按回车或在界面的其他地方单击；

② 修改参数值的方法同上。

10.3.2 监视窗口

监视窗口用来显示图形,用户勾选控制窗口内的变量来选择要显示的变量图形。在监视窗口显示的每个图形都是独立的,可以单独打开或关闭,如图 10 - 3 - 6 和图 10 - 3 - 7 所示。

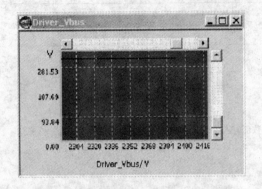

图 10 - 3 - 6　监视窗口 1

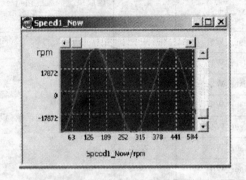

图 10 - 3 - 7　监视窗口 2

说明:

① 用户可以通过设置 Window 菜单来安排窗口的排列方式;

② 用户可以通过鼠标拖动来改变窗口的大小。

10.3.3 应用举例

下面通过一个例子来说明 DMC 工具的使用。

1. 启动 DMC 工具

① 选择 Windows 的[开始]→[程序]→[Sunplus]→[DMC Toolkit]来启动 DMC 工具。启动后显示如图 10 - 3 - 8 所示的主界面。

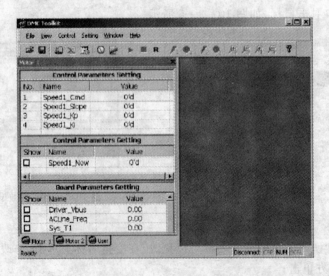

图 10 - 3 - 8　DMC 主界面

② 选择[File] →[Comm Setting] 或单击▣打开通信设置选项,进行设置,如图 10 - 3 - 9 所示。

③ 选择[File] →[Connect]或单击▣连接通信界面。可以选择[File] →[Disconnect]或单击▣断开连接。如果连接错误,则弹出如图 10 - 3 - 10 所示的提示框。

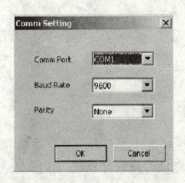

图 10 - 3 - 9　DMC 设置窗口

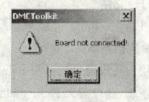

图 10 - 3 - 10　连接错误提示框

2. 对系统进行控制和监视

选择[Control] →[Start] 或单击▶开始。

(1) 对系统进行控制

有两种方式可设置控制参数:

① 在控制窗口直接写入控制参数;

② 选择[Setting] →[Motion Reference] 或单击▣打开参考设置界面(见图 10 - 3 - 11)。

➤ Set:设置一个参考点;

➤ Clear:清除一个参考点;

➤ Clear All:清除所有参考点。

参考设置界面用来设置电机运行转速参数 Speed_cmd。

(2) 对系统进行监视

用户可以通过控制窗口来观察电机控制参数,也可以通过监视窗口观察控制参数波形。

用户可以选择[Control] →[Stop/Reset] 或单击█/█来控制。当按下 Start,在监视窗口显示的图形会即时更新;当按下 Stop,在监视窗口显示的图形停止更新;当按下 Reset,在监视窗口显示的图形会复位。

用户可以将数据导出为 .txt 格式的文件,导出方法为:在监视窗口显示的图形上右击,然后选择[Export...]。

(3) 启动/停止电机

选择[Control] →[Motor 1 Start] / [Motor 1 Stop] / [Motor 2 Start] / [Motor 2Stop] 或单击 █ █ █ █ 来启动/停止电机。

(4) 存储工程

选择[File] → [Save Project] 或单击█来存储工程, 也可以通过选择[File] → [Save As...]. 将工程以另外的名称命名或存到另外的目录当中。

(5) 退出

选择[File] → [Exit] 退出工具界面。

10.3.4 使用 DMC 工具

(1) 打开文件

选择[File] → [Open] 或单击█来打开文件。

(2) 设置更新率

在使用前可以通过选择[Setting] → [Variable Update Rate], 打开一个对话框来设置变量值的更新率, 此设置对控制窗口的变量值栏和监视窗口的曲线都有效。如图 10 - 3 - 12 所示。

(3) 监视时间

选择[View] → [Timer Watcher], 打开如图 10 - 3 - 13 所示窗口。

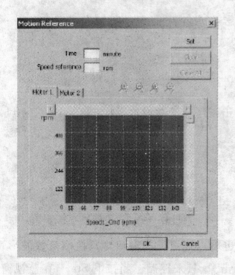

图 10 - 3 - 11 参考设置界面

图 10 - 3 - 12 设置更新率

图 10 - 3 - 13 监视时间

当单击 Start 按钮, 计时功能开始, 并且 Start 按钮会变成 Stop 功能。

说明: 这里的开始、停止与电机运转没有关系。

(4) 编辑图形窗口

编辑图形窗口如图 10 - 3 - 14 所示。

在图形上右击, 显示编辑图形界面, 如图 10 - 3 - 15 所示。

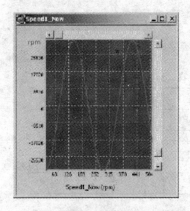

图 10 - 3 - 14　编辑图形窗口

图 10 - 3 - 15　编辑图形界面

在[Manual Zoom Scale]模式下,可以通过选择[Zoom View Range…]打开[Zoom Range Select]窗口来设置观测范围。如图 10 - 3 - 16 所示。

设置颜色界面如图 10 - 3 - 17 所示。

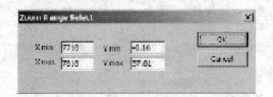

图 10 - 3 - 16　设置观测范围界面

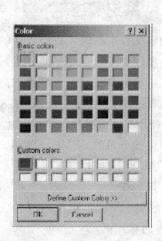

图 10 - 3 - 17　设置颜色界面

[Line Color…]用来设置线的颜色,线的默认颜色为绿色。

[Export] 输出. TXT 格式的数据文件。

[Copy to Clipboard]将图形复制到剪贴板。

说明:

① 用户可以通过[Setting]→[Chart Background…]来改变图形窗口的背景颜色。

② 　　　　用来放大、缩小图形。

③ 用户可以通过拖拉鼠标的方式来放大图形,拖拉鼠标时红色区域的图形将显示在当前窗口中。这种方式只能使用在[Manual Zoom Scale]模式下。放大图形窗口如图 10 - 3 - 18 所示。

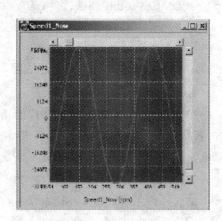

图 10 - 3 - 18　放大图形窗口

10.3.5　快捷方式

快捷方式如表 10 - 3 - 2 所列。

表 10 - 3 - 2　快捷方式

名　称	含　义	名　称	含　义
Ctrl+O	打开工程	Ctrl+P	停止
Ctrl+S	保存工程	Ctrl+R	复位
Ctrl+T	监视时间	Ctrl+M	打开参考设置界面
Ctrl+G	开始		

10.4　SPMC75F2413A EVM 开发板

10.4.1　系统概述

变频驱动技术已深入我们生活的每个角落,如变频空调、冰箱、洗衣机等家电。现在变频驱动主要使用 PWM 合成驱动方式,这要求其控制器有很强的 PWM 生成能力。SPMC75 系列单片机是凌阳科技公司新推出的高性能变频 MCU,具有变频专用的 PWM 发生模块和较高的运算处理能力,适用于小体积、嵌入式的变频系统。针对 SPMC75 系列单片机,凌阳科技公司推出了 SPMC75F2413A EVM 板。

凌阳科技公司的 SPMC75F2413A EVM 板包括以下配件:

➢ SPMC75F2413A EVM 电路板一块。

➢ 光盘一张。

— 包括例子代码,电机驱动函数库;

— 电路原理图;

— 使用说明;

— DMC Toolkit 调试软件;

— μ'nSP™ IDE 集成开发环境;

➢ 一条 RS - 232 通信电缆,以方便与 DMC Toolkit 等软件的连接。

➢ 一个 9 V 输出的交流电源适配器。

1. EVM 板系统功能

EVM 板是 SPMC75 系列芯片的功能评估硬件。是一个 SPMC75F2413A 的最小应用系统,板载 RS - 232 接口、8 个 LED 指示灯、四位数码管显示、6 个按键、EEPROM 存储器和外部电位器等基本硬件,以方便 SPMC75 系列芯片的开发之用。

2. 硬件资源

➢ 高性能 16 位 MCU SPMC75F2413A - QFP80。

➢ 6 个功能按键。

➢ 四位数码管显示电路。

➤ 4Kb 的 EEPROM(AT24C04)。

➤ 8 个 LED,以方便指示操作状态。连接到 IOD 口的低 8 位。

➤ 1 个多圈电位器。

➤ RS-232 通信接口,可以连接如 DMC Toolkit 等软件。

➤ 积分编码器接口。

➤ 电机控制 PWM 发生器和 BLDC 驱动位置霍尔接口。

➤ 凌阳科技公司的 ICE 调试器接口。

3. 软件资源

➤ 基于 SPMC75F2413A 交流感应电机驱动函数库;

➤ 基于 SPMC75F2413A 无刷直流电机驱动函数库;

➤ DMC Toolkit 调试环境 MCU 部分的驱动函数库;

➤ 实用应用实例(包括源码和详细的设计说明);

➤ 交流感应电机驱动应用实例(使用交流感应电机驱动函数库);

➤ 无刷直流电机驱动应用实例(使用无刷直流电机驱动函数库);

➤ DMC Toolkit 调试环境 MCU 部分的驱动库应用例。

4. SPMC75F2413A 硬件特性

➤ 高性能的 16 位内核;

— 凌阳 16 位 μ'nSP™ 处理器;

— 2 种低功耗模式:Wait/Stand-by;

— 片内低电压检测电路;

— 片内基于锁相环的时钟发生模块;

— 最高运行速度:24 MHz。

➤ 芯片内存储器

— 32 K 字(32 K×16 位)Flash;

— 2 K 字(2 K×16 位) SRAM。

➤ 工作温度:—40~85 ℃

➤ 10 位的 ADC 模块

— 可编程的转换速率,最大转换速率为 100 ksps;

— 8 个外部输入通道;

— 可与 PDC 或 MCP 等定时器联动,实现电机控制中的电参量测量 n 串行通信接口;

— 通用异步串行通信接口(UART);

— 标准外围接口(SPI)。

➤ 64 个通用输入/输出引脚

➤ 可编程看门狗定时器

➤ 内嵌在线仿真功能,可实现在线仿真、调试和下载 n PDC 定时器

— 2 个 PDC 定时器:PDC0 和 PDC1;

— 可同时处理三路捕获输入;

— 可产生三路 PWM 输出(中心对称或边沿方式);

— BLDC 驱动的专用位置侦测接口；

— 两相增量码盘接口，支持 4 种工作模式，拥有四倍频电路。

➤ MCP 定时器

— 2 个 MCP 定时器：MCP3 和 MCP4；

— 能够产生三相六路可编程的 PWM 波形（中心对称或边沿方式），如三相的 SPWM、SVPWM 等；

— 提供 PWM 占空比值同步载入逻辑可选择与 PDC 的位置侦测变化同步；

— 可编程的硬件死区插入功能，死区时间可设定；

— 可编程的错误和过载保护逻辑。

➤ TPM 定时器

— 1 个 TPM 定时器：TPM2；

— 可同时处理二路捕获输入；

— 可产生二路 PWM 输出（中心对称或边沿方式）；

➤ 2 个 CMT 定时器

10.4.2 硬件模块介绍

整个 EVM 板由 SPMC75F2413A 最小应用系统和相应的功能扩展电路组成。

1. 电源电路

电源电路如图 10-4-1 所示。电路主要由 LM7805 构成，由外部输入的 9 V 直流电源经由 D1 组成的电源反接保护电路和电源开关 S1 后输入 LM7805，经 LM7805 稳压后为系统提供 +5 V 的工作电源。同时 C_{13}、R_{10}、D_5 和 C_{14} 组成一个 3.3 V 的稳压电路，为外部 Probe 调试器提供接口电源。

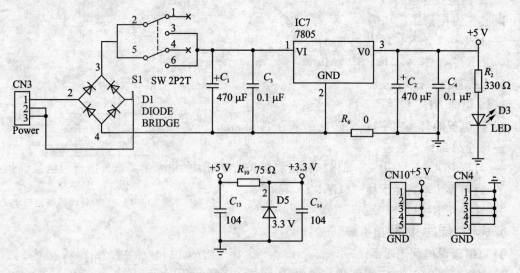

图 10-4-1　电源电路

2. EEPROM 数据存储电路

EEPROM 数据存储电路如图 10-4-2 所示。电路以 4 Kb 的 EEPROM 芯片 AT24C04

为核心构成。SPMC75F2413A 通过软件模拟 IIC 时序的方式访问 AT24C04。

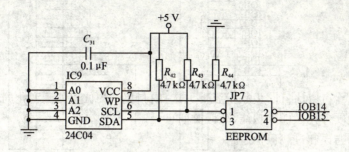

图 10 - 4 - 2　EEPROM 数据存储电路

3. I/O 端口扩展电路

I/O 端口扩展电路如图 10 - 4 - 3 所示。电路将 SPMC75F2413A 所有 I/O 口外引，为用户扩展自己的电路提供方便。

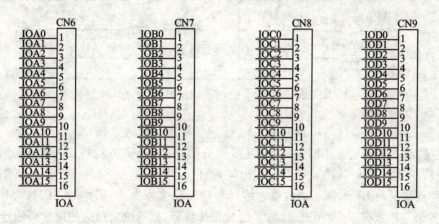

图 10 - 4 - 3　I/O 端口扩展电路

4. 积分编码器接口电路

积分编码器接口电路如图 10 - 4 - 4 所示。IOA13 和 IOA14分别作为积分编码器的 A 相和 B 相脉冲信号输入，IOC5用作积分编码器的 Z 相清零脉冲信号输入。

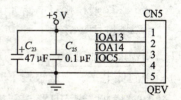

图 10 - 4 - 4　积分编码器接口电路

5. 电机控制接口电路

电机控制接口电路如图 10 - 4 - 5 所示。

6. LED 显示电路

LED 显示电路如图 10 - 4 - 6 所示。电路由 8 个 LED 和其相应的限流电阻构成。可通过跳接 JP8 来使能 LED 显示功能，所有 LED 均连接到 IOD 口的低 8 位。

7. LED 数码管电路

LED 数码管电路如图 10 - 4 - 7 所示。电路用 2 片 74HC595 串行输入并行输出的锁存器构成显示驱动接口，显示的段驱动信号和位选信号均由 74HC595 提供，图中的 PNP 三极管作

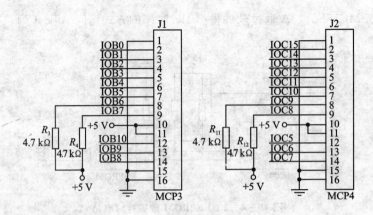

图 10 - 4 - 5　电机控制接口电路

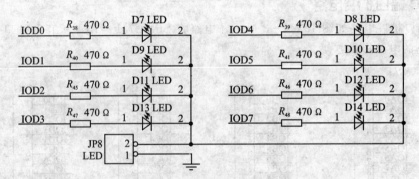

图 10 - 4 - 6　LED 显示电路

扩流开关使用,为数码管和 LED 提供公共极驱动信号。SPMC75F2413A 通过时序模拟的方式将显示所需数据送入 74HC595 并显示出来,通信时序如图 10 - 4 - 8 所示。所有信号均是低有效,即点亮某段 LED,则相应的位选信号和段驱动信号都必须为零。SPMC75F2413A 每隔 2 ms 传送一次数据,一次 16 位。高 8 位为位选信号,低 8 位为相应的段驱动信号。

8. RS - 232 通信接口电路

RS - 232 通信接口电路如图 10 - 4 - 9 所示,电路由 MAX232 和其外围电路构成。

9. 键盘电路

键盘电路如图 10 - 4 - 10 所示。电路由 6 个按键和相应的下拉电阻组成。平常 I/O 口被电阻接到低电平。当键被按下时,相应的 I/O 输入将变为高电平。

10. 模拟给定电路

模拟给定电路如图 10 - 4 - 11 所示。电路是由一个多圈电位器和滤波电容组成,通过调节电位器得到不同的电压值,后经 A/D 转换后供系统使用,A/D 使用 SPMC75F2413A 内部的 ADC 模块,并选用 IOA0 作为输入通道。电路中 JP4 和其外围构成 SPMC75F2413A 内部 ADC 的参考电源选择接口。用户可以在此选 + 5VA 或是直接外部输入电压作为 SPMC75F2413A 的 ADC 参考电源。

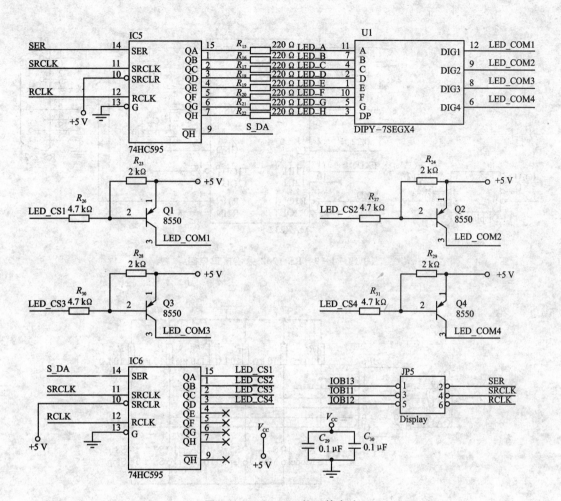

图 10 - 4 - 7　LED 数码管电路

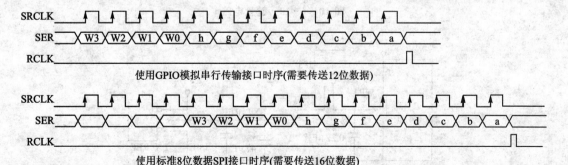

使用GPIO模拟串行传输接口时序(需要传送12位数据)

使用标准8位数据SPI接口时序(需要传送16位数据)

图 10 - 4 - 8　通信时序

294

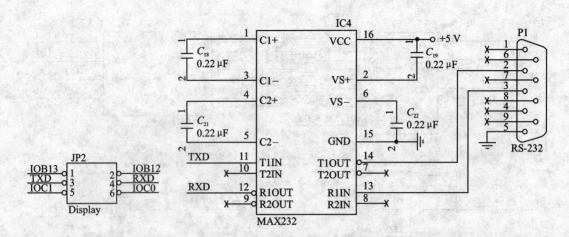

图 10 - 4 - 9　RS - 232 通信接口电路

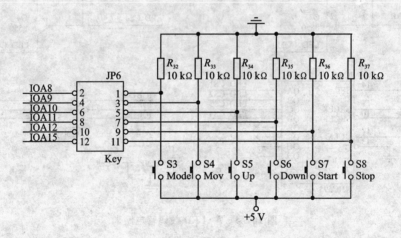

图 10 - 4 - 10　键盘电路

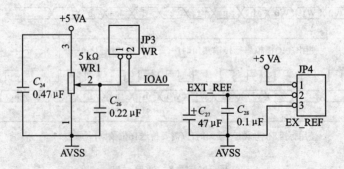

图 10 - 4 - 11　模拟给定电路

10.4.3 连接端子和操作说明

1. 系统示意图

(1) EVM 板实物图

EVM 板实物图如图 10 - 4 - 12 所示。

图 10 - 4 - 12　EVM 板实物图

(2) 连接端子和跳线分布示意图

连接端子和跳线分布示意图如图 10 - 4 - 13 所示。

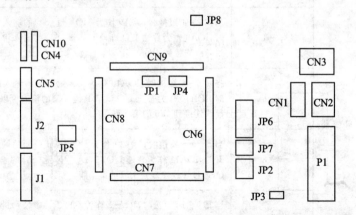

图 10 - 4 - 13　连接端子和跳线分布示意图

2. 连接端子说明

(1) 跳线说明

跳线说明如表 10 - 4 - 1 所列。

表 10 - 4 - 1　跳线说明

跳　线	功　能	引脚组合	引脚组合功能说明
JP1	系统时钟选择跳线	1 - 2	当其 1 - 2 短接时,使用 Y2 作为系统的时钟振荡器
		2 - 3	当其 2 - 3 短接时,使用 Y1 的时钟输出作为系统的时钟源
JP2	RS - 232 通信通道选择跳线	2 - 4	当其 2 - 4 短接时,RS - 232 接收通道使用 IOB12
		4 - 6	当其 4 - 6 短接时,RS - 232 接收通道使用 IOC0
		1 - 3	当其 1 - 3 短接时,RS - 232 发送通道使用 IOB13
		3 - 5	当其 3 - 5 短接时,RS - 232 发送通道使用 IOC1
JP3	电位器电压信号输入使能跳线	1 - 2	当其 1 - 2 短接时,IOA0 用作电位器模拟电压输入端 当其 1 - 2 脚断开时,IOA0 用作普通 I/O 应用,电位器信号可以连接到其他模拟输入,通过导线连接到 JP3 的第 1 脚
JP4	ADC 参考源选择	1 - 2	当其 1 - 2 短接时,ADC 参考使用板上的 +5V A
		2 - 3	当其 1 - 2 两脚跳开,可以通过 2 - 3 两脚(第 3 脚接 AVSS)输入外部参考电压,但这个电压不能超过 +5 V
JP5	LED 数码管显示接口使能跳线	1 - 2	当其 1 - 2 短接时,IOB13 作为 LED 数码管显示驱动的数据输入端(SER)。当其 1 - 2 断开时,IOB13 作为普通 I/O 口,显示的数据输入可以另选其他 I/O,通过导线连接到 JP5 的第 2 脚
		3 - 4	当其 3 - 4 短接时,IOB11 作为 LED 数码管显示驱动的时钟输入端(SRCLK)。当 3 - 4 断开时,IOB12 作为普通 I/O 口,显示的时钟输入可以另选其他 I/O,通过导线连接到 JP5 的第 4 脚
		5 - 6	当其 5 - 6 短接时,IOB12 作为 LED 数码管显示驱动的数据装载输入端(RCLK)。当 5 - 6 断开时,IOB12 作为普通 I/O 口,显示的数据装载输入可以另选其他 I/O,通过导线连接到 JP5 的第 6 脚
JP6	键盘接口使能跳线	1 - 2	当其 1 - 2 短接时,IOA8 作为 MODE 键(S3)的输入端。当其 1 - 2 断开时,IOA8 作为普通 I/O 口,MODE 键(S3)的输入可以另选其他 I/O,通过导线连接到 JP6 的第 1 脚
		3 - 4	当其 3 - 4 短接时,IOA9 作为 MOV 键(S4)的输入端。当其 1 - 2 断开时,IOA9 作为普通 I/O 口,MOV 键(S4)的输入可以另选其他 I/O,通过导线连接到 JP6 的第 3 脚
		5 - 6	当其 5 - 6 短接时,IOA10 作为 UP 键(S5)的输入端。当其 1 - 2 断开时,IOA10 作为普通 I/O 口,UP 键(S5)的输入可以另选其他 I/O,通过导线连接到 JP6 的第 5 脚
		7 - 8	当其 7 - 8 短接时,IOA11 作为 DOWN 键(S6)的输入端。当其 1 - 2 断开时,IOA11 作为普通 I/O 口,DOWN 键(S6)的输入可以另选其他 I/O,通过导线连接到 JP6 的第 7 脚
		9 - 10	当其 9 - 10 短接时,IOA12 作为 START 键(S7)的输入端。当其 1 - 2 断开时,IOA12 作为普通 I/O 口,START 键(S7)的输入可以另选其他 I/O,通过导线连接到 JP6 的第 9 脚
		11 - 12	当其 11 - 12 短接时,IOA15 作为 STOP 键(S8)的输入端。当其 1 - 2 断开时,IOA15 作为普通 I/O 口,STOP 键(S8)的输入可以另选其他 I/O,通过导线连接到 JP6 的第 11 脚

续表 10 - 4 - 1

跳线	功能	引脚组合	引脚组合功能说明
JP7	IIC 接口使能跳线	1 - 2	当其 1 - 2 短接时，IOB14 作为 AT24C04 的时钟输入(IIC_SCL)端。当其 1 - 2 断开时，IOB14 作为普通 I/O 口，AT24C04 的时钟输入(IIC_SCL)可以另选其他 I/O，通过导线连接到 JP7 的第 1 脚
		3 - 4	当其 3 - 4 短接时，IOB15 作为 AT24C04 的数据输入(IIC_SDA)端。当其 3 - 4 断开时，IOB15 作为普通 I/O 口，AT24C04 的数据输入(IIC_SDA)可以另选其他 I/O，通过导线连接到 JP7 的第 3 脚
JP8	LED 指示灯使能跳线	1 - 2	当其 1 - 2 短接时，使能 LED 指示灯(使用 IOD[0…7]驱动)。当其 1 - 2 断开时，LED 指示灯被禁止

(2) 端子说明

端子说明如表 10 - 4 - 2 所列。

表 10 - 4 - 2   端子说明

端 子	功 能	引 脚	引脚功能说明
P1	RS - 232 通信接口		标准 9 针 RS - 232 通信接口
CN1	ICE 调试接口 A	1	+3.3 V
		2	ICE 调试接口使能信号(ICE_EN)
		3	ICE 调试接口时钟信号(ICE_CLK)
		4	ICE 调试接口数据信号(ICE_SDA)
		5	GND
CN2	ICE 调试接口 B	1	+3.3 V
		2	ICE 调试接口使能信号(ICE_EN)
		3	ICE 调试接口时钟信号(ICE_CLK)
		4	ICE 调试接口数据信号(ICE_SDA)
		5	GND
		6	NC 空脚
CN3	电源输入端口		外部 9 V 电源输入
CN4	电源测试端子 GND	1~5	GND
CN5	三线积分编码器接口	1	+5 V
		2	三线积分编码器的 Z 相(归零)脉冲信号输入
		3	三线积分编码器的 B 相脉冲信号输入
		4	三线积分编码器的 A 相脉冲信号输入
		5	GND
CN6	IOA 口扩展端子	1~16	IOA 口扩展端子，依次为 IOA0~IOA15
CN7	IOB 口扩展端子	1~16	IOB 口扩展端子，依次为 IOB0~IOB15
CN8	IOC 口扩展端子	1~16	IOC 口扩展端子，依次为 IOC0~IOC15
CN9	IOD 口扩展端子	1~16	IOD 口扩展端子，依次为 IOD0~IOD15

续表 10 - 4 - 2

端　子	功　能	引　脚	引脚功能说明
CN10	电源测试端子	1～5	＋5 V
J1	电机驱动通道1 信号接口	1、15、16	GND
		2～7	三相六路 PWM 信号输出：依次为 W1N、V1N、U1N、W1、V1、U1
		8	驱动电路出错保护信号输入：FTIN1
		9	驱动电路过载保护信号输入：OL1
		10、11	＋5 V
		12～14	转子位置信号输入：依次为 H1_U、H1_V、H1_W
J2	电机驱动通道2 信号接口	1、5、16	GND
		2～7	三相六路 PWM 信号输出：依次为 W2N、V2N、U2N、W2、V2、U2
		8	驱动电路出错保护信号输入：FTIN2
		9	驱动电路过载保护信号输入：OL2
		10、11	＋5 V
		12～14	转子位置信号输入：依次为 H2_U、H2_V、H2_W

SPMC75F2413A 变频控制
技术应用

三相带霍尔传感器的 BLDC 电机控制

11.1.1 工作原理

1. 直流无刷电机概述

直流无刷电机采用电子换向器替代了传统直流电机的机械换向装置,从而克服了电刷和换向器所引起的噪声、火花、电磁干扰、寿命短等一系列弊病。由于直流无刷电机既具备交流电机结构简单、运行可靠、维护方便等一系列优点,又具有直流电机运行效率高、无励磁损耗、调速性能好等诸多优点,故其在工业领域中的应用越来越广泛。

2. 基本工作原理

电机的定子绕组多做成三相对称星形接法,同三相异步电机十分相似。电机的转子上粘有已充磁的永磁体,为了检测电机转子的极性,在电机内装有位置传感器。驱动器由功率电子器件和集成电路等构成,其功能主要是:接受电机的启动、停止、制动信号,以控制电机的启动、停止和制动;接受位置传感器信号和正反转信号,用来控制逆变桥各功率管的通断,产生连续转矩;接受速度指令和速度反馈信号,用来控制和调整转速;提供保护和显示等。直流无刷电机的控制原理简图,如图 11-1-1 所示。

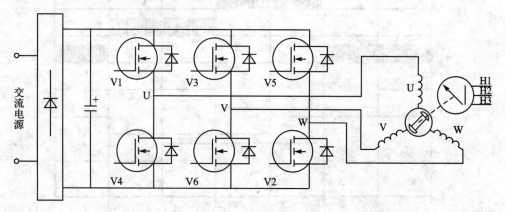

图 11-1-1 直流无刷电机的控制原理简图

主电路是一个典型的电压型交-直-交电路,逆变器提供等幅、等频 5～24 kHz 调制波的对称交变矩形波。永磁体 N‑S 交替交换,使位置传感器产生相位差 120°的 H3、H2、H1 方波,从而产生有效的六状态编码信号:010、011、001、101、100 和 110。通过逻辑组件处理产生 V6‑V1 导通、V5‑V6 导通、V4‑V5 导通、V3‑V4 导通、V2‑V3 导通、V1‑V2 导通,也就是说将直流母线电压依次加在 U‑>V、W‑>V、W‑>U、V‑>U、V‑>W、U‑>W 上,这样转子每转过一对 N‑S 极,V1、V2、V3、V4、V5、V6 各功率管即按固定组合成 6 种状态的依次导通。每种状态下,仅有两相绕组通电,依次改变一种状态,定子绕组产生的磁场轴线在空间转动 60°电角度,转子跟随定子磁场转动相当于 60°电角度空间位置。转子在新位置上使位置传感器 U、V、W 按约定产生一组新编码,新的编码又改变了功率管的导通组合,使定子绕组产生的磁场轴再前进 60°电角度,如此循环,直流无刷电机将产生连续转矩,拖动负载作连续旋转。

3. 直流无刷电机的驱动

本方案采用 120°方波的算法驱动 IPM 的内置 IGBT,从而来驱动直流无刷电机。对 IGBT 信号的分配必然和电机的位置有着紧密的联系,从 BLDC 的霍尔传感器反馈回来的位置信号经过编码后是 010、011、001、101、100 和 110 这六种状态,所以可以根据这 6 种位置状态信息来分配 IGBT 的驱动信号。在这里我们优先选用了 IGBT 的上桥臂分配 PWM 信号,下桥臂分配高低电平的驱动方式,所以我们可以通过改变上桥臂 PWM 的占空比来改变加在直流无刷电机上的端电压。信号分配和位置关系如图 11‑1‑2 所示。

其中:V1、V2、V3、V4、V5 和 V6 表示 IGBT 组成的三相全控桥电路,上桥的 V1、V3 和 V5 三个功率管,下桥的 V2、V4 和 V6 三个功率管,分别控制 U、V 和 W 三相直流电的流向,如图 11‑1‑1 所示的连接方式。H1、H2 和 H3 是霍尔传感器的 3 个信号出线。

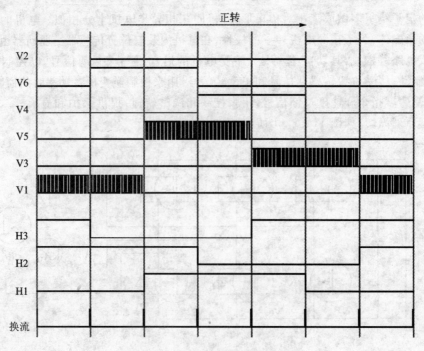

图 11‑1‑2   位置和驱动信号关系

如果正转的位置信号和驱动信号的关系如图 11-1-2 所示：若按 010(H3 H2 H1)V6 -
V1、011(H3 H2 H1)V5 - V6、001(H3 H2 H1)V4 - V5、101(H3 H2 H1)V3 - V4、100(H3
H2 H1)V2 - V3、110(H3 H2 H1)V1 - V2 的顺序来换流,那么我们可以同样根据位置信号给
出反转时驱动信号的换流关系。即 001(H3 H2 H1)V1 - V2、011(H3 H2 H1)V2 - V3、010
(H3 H2 H1)V3 - V4、110(H3 H2 H1)V4 - V5、100(H3 H2 H1)V5 - V6、101(H3 H2 H1)
V6 - V1。具体电机的时序一定要搞清楚,如果换流不对或不当,直流无刷电机就会左右振动,
根本旋转不起来,或者电流很大且电流波形是不对的。

通过上述控制信号来控制各个功率管的 on/off,使电流依次流入 U、V、W 三相线圈,而在
直流无刷电机的内部产生旋转磁场,如图 11-1-3 所示,指出了在控制信号的作用下各相的
电压、电流方向的关系。

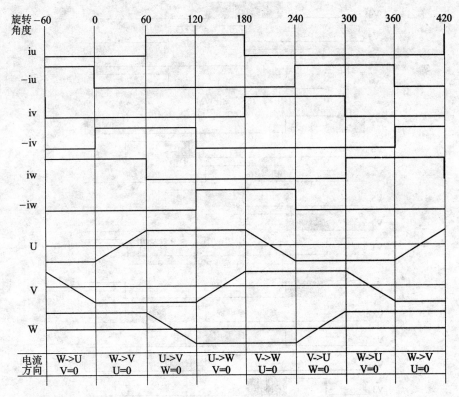

图 11-1-3　电流时序

4. PWM 方式调速

在控制功率组件的信号中加入 PWM,调整 PWM 的占空比,即输出 PWM 的 Duty,调整
输入电机的端电压的大小,进而控制直流无刷电机的转速。其中,控制信号 PWM 的加入有 4
种方式:上相 PWM、下相 PWM、前半 PWM 和后半 PWM,如图 11-1-4 所示。

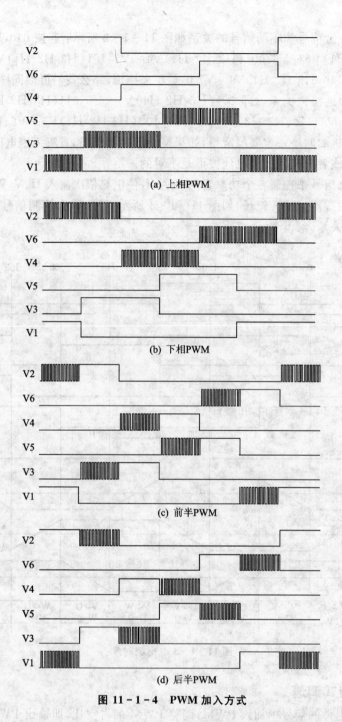

(a) 上相PWM

(b) 下相PWM

(c) 前半PWM

(d) 后半PWM

图 11-1-4　PWM 加入方式

11.1.2　硬件设计

直流无刷电机的应用已经遍及各个技术领域,其控制方法和运行方式也是五花八门,层出不穷,此方案将选用16 位变频芯片 SPMC75F2413A 和功率器件智能模块 IPM,结合基本的驱动算法来实现对三相绕组直流无刷电机的驱动和调速。

其硬件电路的设计主要包括:电源、控制器系统、IPM 模块及驱动、位置侦测和 RS232 通信 5 个部分。各部分的框图如图 11 - 1 - 5 所示。

下面就 SPMC75F2413A 单片机系统、IPM 模块及驱动和位置侦测等部分的硬件电路具体来分析。

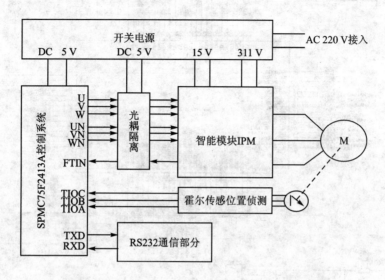

图 11 - 1 - 5　系统框图

1. SPMC75F2413A 单片机系统

SPMC75F2413A 是嵌入式 16 位微控制器,适用于变频电机驱动、电源、家电和车内风扇控制系统等领域。SPMC75F2413A 微控制器部分硬件设计如图 11 - 1 - 6 所示。

可以通过 Probe 来连接内嵌在线仿真,为使用者在程序开发过程提供了很大的方便,从而大大地降低了驱动及系统开发的难度,同时也提高了生产效率、缩短了新产品的上市周期。

2. IPM 模块及驱动

智能模块 IPM(Intelligent Power Module)的使用,方便和简化了微控制器和被控对象之间联系关系,同时也为驱动中小功率直流无刷电机提供可行解决方案。自身良好的保护机能(如电流保护、电压保护、温度保护一应俱全)大大提高了系统的可靠性。IPM 电气连接图如图 11 - 1 - 7 所示。

其中:

➢ IC8:IPM PS21563。

➢ C_{31}、C_{35}、C_{37}:自举电容 0.22 μF/50 V。

➢ C_{41}:故障脉宽定时电容(陶瓷材料) 0.022 μF/50 V。

➢ C_{42}:去耦电容 0.22 μF/50 V。

➢ C_{43}:控制电源滤波电容 33 μF/35 V。

➢ C_{47}:短路采样 RC 滤波电容 3300 pF。

➢ R_{46}:短路电流大小限制电阻 0.082 Ω。

为了保护 MCU 微控制器部分,这里实施了高压直流 IPM 部分和 MCU 部分的电气隔离,提高系统运行的稳定和可靠性,控制系统和 IPM 之间用光耦来隔离驱动。如图 11 - 1 - 8 是光隔离驱动电气原理图。

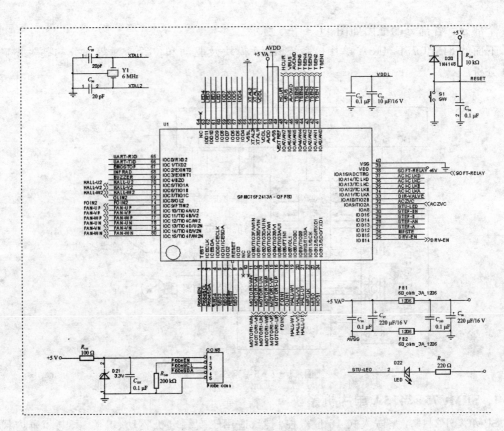

图 11 - 1 - 6　SPMC75F2413A 微控制器

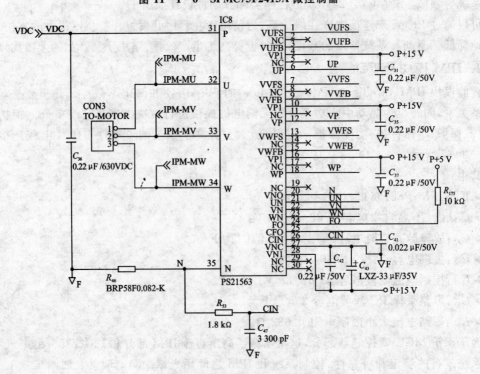

图 11 - 1 - 7　IPM 电气连接图

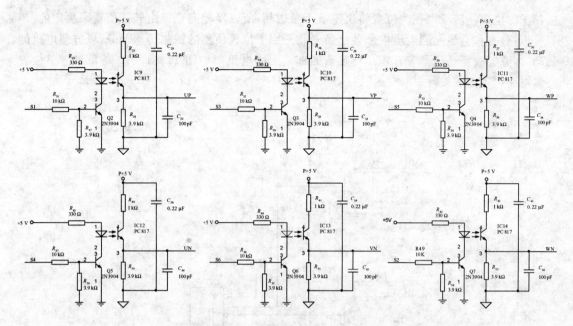

图 11 - 1 - 8　光隔离驱动电气原理图

其中：光耦两边必须使用不同的电源才能达到隔离的效果,否则不能起到电气隔离的作用。光耦建议选择快速光耦,如果对载波的频率要求不是特别高,也可以考虑选择 PC817/TLP521 等,以降低成本。

IPM 出错信号的处理也是一个十分重要的问题,对系统运行时不正常状况的出现有着自我的保护功能,对软件要处理的同时也可以从硬件方面来加强。为此设计了一个"保护锁",一旦检测到 IPM 出错,硬件会自动立即切断送往 IPM 的驱动信号,同时向 MCU 申请中断。只有故障消除以后,MCU 重新使能信号的输出,才能使 IPM 再次工作起来。硬件保护电路如图 11 - 1 - 9所示。

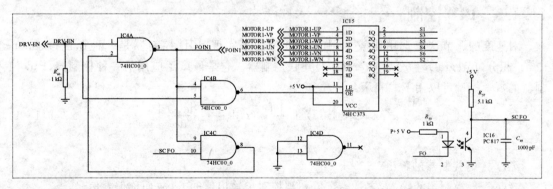

图 11 - 1 - 9　硬件保护电路

其中：IC15 74HC373 ,IC4 74HC00。

3. 位置侦测

对直流无刷电机(BLDC)的驱动转子位置的侦测十分重要,因为直流无刷电机的换相依据转子的位置。转子现在的位置将决定下个激磁相,所以换相完全是由转子位置来决定的。

当然,有些直流无刷电机内部就已经安装了用于位置侦测的霍尔传感部分,以方便电机的驱动,本方案就是选用了带有霍尔传感器的直流无刷电机。如图 11 - 1 - 10 是霍尔传感位置侦测电路原理图的设计。

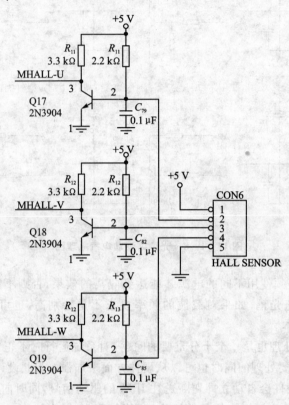

图 11 - 1 - 10 霍尔传感位置侦测

11.1.3 PID 控制

对速度的调节这里选用比较常用的 PID 控制来实现,PID 控制器是一种比例(Proportion)、积分(Integral)、微分(Differential)并联控制器。它是最广泛应用的一种控制器,PID 控制器的数学模型可以用下式表示:

$$u(t) = K_\mathrm{p}\left[e(t) + \frac{1}{t_\mathrm{i}}\int_0^t e(t)\,\mathrm{d}t + t_\mathrm{d}\,\frac{de(t)}{dt}\right] \tag{11 - 1}$$

式中:

$u(t)$ —— 控制器的输出;

$e(t)$ —— 控制器的输入,它是给定值和被控对象输出值的差,故而称偏差信号;

K_p —— 控制器的比例系数;

t_i —— 控制器的积分时间,也称积分系数;

t_d —— 控制器的微分时间,也称微分系数。

在 PID 控制器中,它的数学模型由比例、积分和微分三部分组成。

1. 比例部分

比例部分的数学式表示是：$K_p * e(t)$

在比例部分，比例系数越大，则过渡过程越快，控制过程的静态偏差也就越小。但是比例系数越大，也越容易产生振荡。故而，比例系数选择必须恰当，才能过渡时间短、静差小而又稳定。

2. 积分部分

积分部分的数学式表示是：$\dfrac{K_p}{t_i}\displaystyle\int_0^t e(t)\,\mathrm{d}t$

从积分部分的数学表达式可以知道，只要存在偏差，则它的控制作用就会不断地增加。只有在偏差 $e(t)=0$ 时，它的积分才能是一个常数，控制作用才是一个不会增加的常数。可见，积分部分可以消除系统的偏差。

积分时间 t_i 对积分部分的作用影响极大。当 t_i 较大时，则积分作用较弱，这时系统在过渡时不会产生振荡，但是消除偏差所需的时间也较长；当 t_i 较小时，则积分的作用较强，这时系统过渡时间中有可能产生振荡，不过消除偏差所需的时间较短。

3. 微分部分

微分部分的数学式表示是：$K_p * t_d \dfrac{\mathrm{d}e(t)}{\mathrm{d}t}$

微分部分的作用由微分时间常数 t_d 决定。t_d 越大时，则它抑制偏差 $e(t)$ 变化的作用越强；t_d 越小时，则它反抗偏差 $e(t)$ 变化的作用越弱。微分部分显然对系统稳定有很大的作用。

在以单片机或计算机为硬件核心的控制系统中，由输入和输出状态进行实时采样，故它是离散控制系统。在离散控制系统中，PID 控制器采用差分方程表示，故有：

$$u(k) = K_p\left[e(k) + \frac{t}{t_i}\sum_{j=1}^{k} e(j) + t_d \frac{e(k) - e(k-1)}{t}\right] \tag{11-2}$$

式中：

$u(k)$——k 次采样周期的输出；

$e(k)$——k 次采样周期的偏差；

$\displaystyle\sum_{j=1}^{k} e(j)$——从第 1 次到第 k 次采样周期的误差累计；

t——采样周期。

在式（11-2）中，令：$\Delta e(k) = e(k) - e(k-1)$

则有：
$$u(k) = K_p\left[e(k) + \frac{t}{t_i}\sum_{j=1}^{k} e(j) + \frac{t_d}{t}\Delta e(k)\right] \tag{11-3}$$

在式（11-3）中，令：$K_i = K_p/t_i, K_d = K_p * t_d$

则有：
$$u(k) = K_p * e(k) + K_i * t\sum_{j=1}^{k} e(j) + \frac{K_d}{t}\Delta e(k) \tag{11-4}$$

为了避免在求取控制量 $u(t)$ 时对偏差求和运算 $\displaystyle\sum_{j=1}^{k} e(j)$，在实际应用中通常采用增量式 $\Delta u(t)$，它的意义如式所示：$\Delta e(u) = e(u) - e(u-1)$

由于
$$u(k-1) = K_p * e(k-1) + K_i * t\sum_{j=1}^{k-1} e(j) + \frac{K_d}{t}\Delta e(k-1) \tag{11-5}$$

并且　　$\Delta e(k) = e(k) - e(k-1)$

　　　　$\Delta e(k-1) = e(k-1) - e(k-2)$

所以有 $\Delta u(k) = K_p[e(k) - e(k-1)] + K_i * t * e(k) + \dfrac{K_d}{t}[e(k) - 2e(k-1) + e(k-2)]$

$$(11-6)$$

当然,式(11-6)也可以写成:

$$\Delta u(k) = K_p\left\{[e(k) - e(k-1)] + \dfrac{t}{t_i}e(k) + \dfrac{K_d}{t}[e(k) - 2e(k-1) + e(k-2)]\right\} \quad (11-7)$$

对于一个特定的被控对象,在纯比例控制的作用下改变比例系数,可以求出产生临界振荡的振荡周期 t_u 和临界比例系数 K_u。

根据 Z-N 条件,有 $t = 0.1t_u, t_i = 0.5t_u, t_d = 0.125t_u$,代入式(11-7)则有:

$$\Delta u(k) = K_p[2.45e(k) - 3.5e(k-1) + 1.25e(k-2)] \quad (11-8)$$

很显然,采用式(11-8)可以十分容易地实现常数 K_p 的校正。

11.1.4　软件说明

1. 软件说明

AN_SPMC75_0003 方案实现对 BLDC 的驱动,同时也验证了 SPMC75F2413A 对直流无刷电机的驱动,提供了一个可行性解决方案和对电机驱动的一个引题。在这里,本方案选用比较典型的对 BLDC 驱动的一般算法:120°上相 PWM 方波驱动带霍尔位置传感的直流无刷电机,并应用 PID 控制来进行对电机的速度调节。

2. 档案构成

档案构成如表 11-1-1 所列。

表 11-1-1　档案构成

文件名称	功能	类型
Main	各模块的初始化,和对电机运行监控(中段中也可)	C
ISR	启动、运行、调速和保护	C
Spmc75_BLDC_V100	BLDC 驱动的必要的函数	lib
Spmc75_dmc_lib_V100.lib	DMC 通信程序	lib

3. DMC 界面

➤ Speed1_Cmd:设置电机运转的速度。

➤ Speed1_Now:电机当前反馈速度。

➤ User_R0:当前 P_TMR3_TGRA 寄存器的值。

➤ User_R1:设置速度与电机实际转速的差值。

➤ Motor 1 Start 和 Motor 1 Stop 控制启停。

4. 子程序函数说明

(1) Spmc75_System_Init ( )

[原　　形]　void Spmc75_System_Init(void)。

[描　　述] 初始化使能 I/O 口、PDC、MCP、CMT、Fault、PID 数据、DMC。

[输入参数] 无。

[输出参数] 无。

[头 文 件] Spmc75_BLDC.h。

[库 文 件] Spmc75_BLDC_V100。

[注意事项] 初始化系统所用到的资源。PDC 占用 Timer0；MCP、Fault 占用 Timer3；定时占用 CMT0；使能 I/O 口使用 IOB14；DMC 的 UART 通信占用 Channel2(IOC0 - RXD/IOC1 - TXD)。

[示　　例] Spmc75_System_Init()。

(2) BLDC_Motor_Startup ( )

[原　　形] void BLDC_Motor_Startup (void)。

[描　　述] 电机启动中断服务函数。

[输入参数] 无。

[输出参数] 无。

[头 文 件] Spmc75_BLDC.h。

[库 文 件] Spmc75_BLDC_V100。

[注意事项] BLDC 在启动和速度特低的时候就会转入调用此函数，建议必须放到 IRQ1 的上溢中断(TCV)中调用，可以让 BLDC 以爬坡的方式来启动。

[示　　例] BLDC_Motor_Startup()。

(3) BLDC_Motor_Normalrun ( )

[原　　形] void BLDC_Motor_Normalrun (void)。

[描　　述] BLDC 正常运行中断服务函数。

[输入参数] 无。

[输出参数] 无。

[头 文 件] Spmc75_BLDC.h。

[库 文 件] Spmc75_BLDC_V100。

[注意事项] 维持 BLDC 正常运行中所必须的位置侦测、换流和速度测算。请在 IRQ1 的侦测位置改变中断(PDC)中调用。

[示　　例] BLDC_Motor_Normalrun ()。

(4) BLDC_Motor_Actiyator ( )

[原　　形] void BLDC_Motor_ Actiyator (void)。

[描　　述] BLDC 调速控制，包括对 IPM 的充电、滑动滤波、PID 调节及 PWM 的限幅。

[输入参数] 无。

[输出参数] 无。

[头 文 件] Spmc75_BLDC.h。

[库 文 件] Spmc75_BLDC_V100。

[注意事项] 此函数对 BLDC 速度的调节起着至关重要的作用，建议使用定时器来调用此函数，根据电机的最高速度调用频率可以略有差别，程序中可以使用 512 Hz来调节。

［示　　例］　BLDC_Motor_Actiyator ()。

(5) BLDC_Run_Service ( )

［原　　形］　void BLDC_Run_Service(void)。

［描　　述］　BLDC 运行监控程序。

［输入参数］　无。

［输出参数］　无。

［头 文 件］　Spmc75_BLDC. h。

［库 文 件］　Spmc75_BLDC_V100。

［注意事项］　此函数监控接受 BLDC 的启停命令的传达,可以在主程序中来循环调用也可以以几 kHz 的定时中断来调用。

［示　　例］　BLDC_Run_Service()。

(6) IPM_Fault_Protect ( )

［原　　形］　void IPM_Fault_Protect(void)。

［描　　述］　外电路的错误信号保护机制。

［输入参数］　无。

［输出参数］　无。

［头 文 件］　Spmc75_BLDC. h。

［库 文 件］　Spmc75_BLDC_V100。

［注意事项］　对 BLDC 驱动过程中的一个保护环节,外电路的错误信号输入。一旦出现错误,产生错误输入中断,所有 PWM 输出引脚将会置为高阻态,必须在 IRQ0 中调用。

［示　　例］　IPM_Fault_Protect()。

11.1.5　参考程序

1. 参考程序

BLDC 驱动 DEMO 程序：

```
/* ==================================== */
//应用范例
/* ==================================== */
# include "Spmc75_regs. h"
# include "Spmc_typedef. h"
# include "unspmacro. h"
# include "Spmc75_BLDC. h"
main()
{
P_IOA_SPE ->W = 0x0000;
P_IOB_SPE ->W = 0x0000;
P_IOC_SPE ->W = 0x0000;
Spmc75_System_Init();            //Spmc75 系统初始化
while(1)
{
```

```
BLDC_Run_Service();          //启停监控
NOP();
}
}
// = = = = = = = = = = = = = = = = = = = = = = = = = = = = = = = = = = = =
//Description：IRQ0 interrupt source is XXX,used to XXX
//Notes：错误保护
// = = = = = = = = = = = = = = = = = = = = = = = = = = = = = = = = = = = =
void IRQ0(void) __attribute__ ((ISR));
void IRQ0(void)
{
IPM_Fault_Protect();
}
// = = = = = = = = = = = = = = = = = = = = = = = = = = = = = = = = = = = =
//Description：IRQ0 interrupt source is XXX,used to XXX
//Notes：错误保护
// = = = = = = = = = = = = = = = = = = = = = = = = = = = = = = = = = = = =
void IRQ0(void) __attribute__ ((ISR));
void IRQ0(void)
{
IPM_Fault_Protect();
}
// = = = = = = = = = = = = = = = = = = = = = = = = = = = = = = = = = = = =
//Description：IRQ1 interrupt source is XXX,used to XXX
//Notes：BLDC 启动及正常运行服务
// = = = = = = = = = = = = = = = = = = = = = = = = = = = = = = = = = = = =
void IRQ1(void) __attribute__ ((ISR));
void IRQ1(void)
{
/* = = = = = = = = = = = = = = = = = = = = = = = = = = = = = = = = = = */
/* Position detection change interrupt
/* = = = = = = = = = = = = = = = = = = = = = = = = = = = = = = = = = = */
if(P_TMR0_Status ->B. PDCIF && P_TMR0_INT ->B. PDCIE)
{
BLDC_Motor_Normalrun();
}
/* = = = = = = = = = = = = = = = = = = = = = = = = = = = = = = = = = = */
/* Timer Counter Overflow
/* = = = = = = = = = = = = = = = = = = = = = = = = = = = = = = = = = = */
if(P_TMR0_Status ->B. TCVIF && P_TMR0_INT ->B. TCVIE)
{
BLDC_Motor_Startup();
}
P_TMR0_Status ->W = P_TMR0_Status ->W;
}
/* = = = = = = = = = = = = = = = = = = = = = = = = = = = = = = = = = = */
//Description：IRQ6 interrupt source is XXX,used to XXX
//Notes：DMC 接收中断服务函数
```

```
/* ================================= */
void IRQ6(void) __attribute__ ((ISR));
void IRQ6(void)
{
if(P_INT_Status ->B.UARTIF)
{
if(P_UART_Status ->B.RXIF) MC75_DMC_RcvStream();
if(P_UART_Status ->B.TXIF && P_UART_Ctrl ->B.TXIE);
}
}
```

2. 程序流程与说明

主程序主要完成系统必要的初始化,而对电机的实时处理基本上是在中断中完成的,其中涉及到的中断主要有:IRQ0 的错误输入和输出中断、IRQ1 的 PDC 和 TCV 中断、IRQ6 的 UART RXD 中断及 CMT0 的定时中断。图 11-1-11 所示 BLDC 主程序操作流程图。

3. 中断子流程与说明

故障输入、输出短路、PDC、TCV、RXD 和 CMT0 等中断协助完成了对 BLDC 的启动、运行、速度调节和错误保护的控制。其中如果使用默认各个中断源的使用都按照初始化设置已经相应的固定下来。这里只对 PDC、TCV 中断流程示出,以便使用者参考。如图 11-1-12 为 PDC、TCV 中断操作流程。

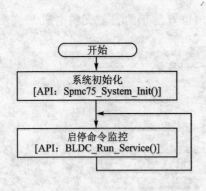

图 11-1-11　BLDC 主程序操作流程

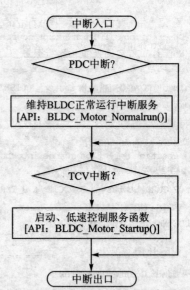

图 11-1-12　PDC、TCV 中断操作流程

11.1.6　MCU 使用资源说明

MCU 使用资源说明如表 11-1-2 所列。

表 11 – 1 – 2　MCU 使用资源说明

CPU 型号	SPMC75F2413A	封装	QFP80～1.0
振荡器	crystal	频率/MHz	6
	外部	输入频率	
WATCHDOG	有/无	启用/未启用	
I/O 口使用情况	IOB[0～5]	MCP3：BLDC 电机控制	
	IOB6	电机控制外部错误输入	
	IOB[8～10]	用于位置侦测的霍尔传感器接口	
	IOC[0～1]	串行通信接口	
	剩余 I/O 及处理方式	主控应用/GND	
Timer 使用情况	PDC0	电机位置侦测	
	MCP3	BLDC 电机驱动波形的产生	
	CMT0	系统定时	
中断使用情况	FTIN1(IRQ0)	外部出错保护	
	PDC0(IRQ1)	电机启动、正常运行控制	
	MCP3(IRQ3)	电机驱动波形控制	
	UART(IRQ6)	DMC 控制 UART 通信	
	CMT0(IRQ7)	BLDC 调速控制	
ROM 使用情况	6.15 K 字		

11.1.7　实验测试

测试主要是针对 120°上相 PWM 方波驱动带霍尔位置传感的直流无刷电机并应用 PID 控制来进行对电机的速度调节。

① 测试六相输出信号。

➤ WH2：IOB0/W1N；

➤ VH6：IOB1/V1N；

➤ UH4：IOB2/U1N；

➤ W5：IOB3/W1；

➤ V3：IOB4/V1；

➤ U1：IOB5/U1。

② 测试三相 Hall 输入。

➤ H3：IOB8/TIO0C；

➤ H2：IOB9/TIO0B；

➤ H1：IOB10/TIO0A 。

1. 控制信号

通过上述理论的分析和实际的操作我们可以得到控制信号和位置反馈信号的一般对应关系。

正转时 120°上相 PWM 方波信号如图 11-1-13 所示。

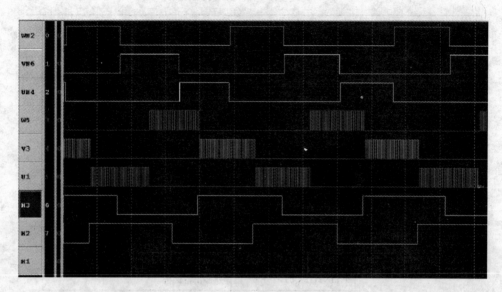

图 11-1-13　正转时 120°上相 PWM 方波信号

从测试的信号波形可以看出在正转时位置侦测和控制信号的对应关系：010（H3 H2 H1）V6-V1、011（H3 H2 H1）V5-V6、001（H3 H2 H1）V4-V5、101（H3 H2 H1）V3-V4、100（H3 H2 H1）V2-V3、110（H3 H2 H1）V1-V2。

反转时 120°上相 PWM 方波信号如图 11-1-14 所示。

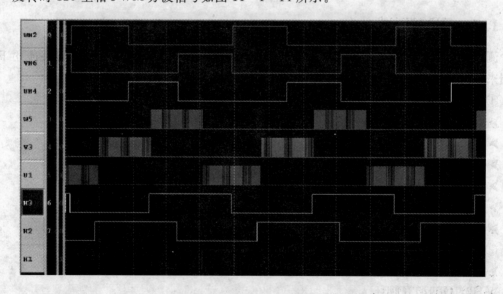

图 11-1-14　反转时 120°上相 PWM 方波信号

从测试的信号波形可以看出在反转时位置侦测和控制信号的对应关系：001（H3 H2 H1）V1-V2、011（H3 H2 H1）V2-V3、010（H3 H2 H1）V3-V4、110（H3 H2 H1）V4-V5、100（H3 H2 H1）V5-V6、101（H3 H2 H1）V6-V1。

当然 SPMC75F2413A 为电机驱动专用芯片,所以可以很方便地产生各种驱动控制信号,如图 11 - 1 - 15 所示为 120°前半 PWM 方波信号。这里只是论证方案的可行性,以期抛砖引玉。

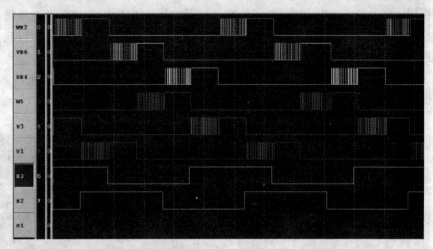

图 11 - 1 - 15　120°前半 PWM 方波信号

2. 转速调节

前面已经提到过,BLDC 的转速的调节是通过 PID 控制器的控制来动态完成的。其主要是对 PWM 的占空比进行直接的干预,从而达到对 BLDC 端电压的调节来进行调速,所以我们可以测得在不同速度下的 PWM 占空比的情况。如图 11 - 1 - 16 所示为 BLDC 工作在 3200 rpm 时的 PWM 情况。

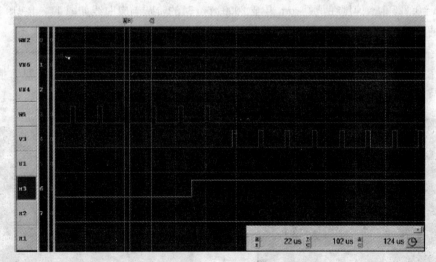

图 11 - 1 - 16　BLDC 工作在 3200 rpm 时的 PWM 情况

从测试的波形我们可以看出 BLDC 工作在 3200 rpm 时:PWM 脉冲的高电平 $H_{PWM} = 94$ μs,低电平 $L_{PWM} = 32$ μs,所以我们可以很容易计算出 PWM 的占空比 $D_{PWM} = H_{PWM}/(H_{PWM} + L_{PWM}) * 100\% = 94 \mu s/126 \mu s * 100\% = 74.6\%$。

3. 电流波形

用电流探头对 BLDC 工作时的电流进行测试。如图 11 - 1 - 17 所示为电流波形。测试条件：负载比较轻、电流较小，PWM的载波为 6 kHz。这里对电流的测试仅供参考。

4. 系统响应

由于用 PID 来对速度进行调节，所以我们可以通过修改 PID 的参数来校正系统的响应情况。由上述对 PID 的阐述我们可以清楚，仅仅对 K_p 的值进行整定就可以了，所以我们通过上述方法来定性地看一下系统的响应情况。

当 K_p＝0.385 时：在低速（1000 rpm）的时候很显然产生了振荡，在升速（1000～1500 rpm）的过程中振荡的时间比较长。如图 11-1-18 所示，为稳态性能测试。

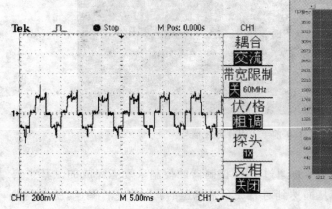

图 11-1-17　电流波形

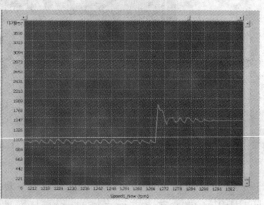

图 11-1-18　稳态性能测试

当 K_p＝0.225 时：速度在从 0 rpm 升至 2000 rpm 时的阶跃响应曲线如图 11-1-19 所示。

可以估算这时的超调量 $\sigma＝(C_{max}-C_\infty)/C_\infty * 100\%$，所以可以得到超调量 $\sigma＝230$ rpm/2000 rpm ＊ 100％＝11.5％。

速度在从 2000 rpm 升至 3500 rpm 时的响应曲线，可以大概对比一下，以便掌握其上升时间及调节时间，如图 11-1-20 所示。

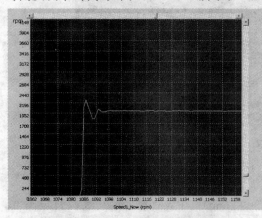

图 11-1-19　阶跃响应曲线

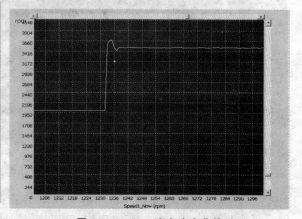

图 11-1-20　速度响应曲线

当然在速度反馈系统中稳态误差算是不得不考虑的一个指标，如图 11-1-21 所示，为速度在 1000 rpm 时的稳态偏差曲线。稳态误差 $\delta＝[C(t)-C_\infty]/ C_\infty * 100\% < \pm10/1000 * 100\%＝1\%$。

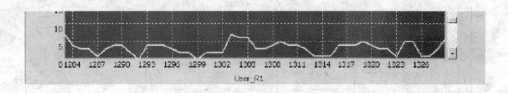

图 11 - 1 - 21　速度在 1 000 rpm 时的稳态偏差曲线

当 $Kp=0.025$ 时,如图 11 - 1 - 22 所示,可以看出速度从 1 000 rpm 升至 3 000 rpm 时超调量 $\sigma=0$,也没有出现振荡现象,但是无论高速还是低速误差,$C(t)-C_\infty>150$ rpm。

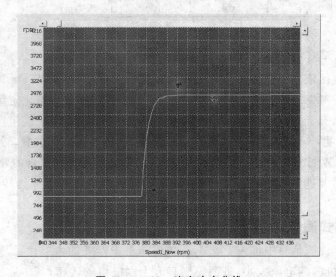

图 11 - 1 - 22　速度响应曲线

11.2　用 SPMC75 的 MCP 定时器产生 BLDC 电机控制波形

11.2.1　工作原理

1. 直流无刷电机概述

直流无刷电机采用电子换向器替代了传统直流电机的机械换向装置,从而克服了电刷和换向器所引起的噪声、火花、电磁干扰、寿命短等一系列弊病。由于直流无刷电机既具备交流电机的结构简单、运行可靠、维护方便等一系列优点,又具有直流电机的运行效率高、无励磁损耗以及调速性能好等诸多优点,故其在工业领域中的应用越来越广泛。

2. 基本工作原理

直流无刷电机的控制原理简图如图 11 - 2 - 1 所示。

主电路是一个典型的电压型交-直-交电路,逆变器提供等幅、等频 5～24 kHz 调制波的对称交变矩形波。永磁体 N - S 交替交换,使位置传感器产生相位差 120°的 H1、H2、H3 方波,从而产生有效的 6 种状态编码信号:010、011、001、101、100、110,通过逻辑组件处理产生 V6 - V1 导通、V5 - V6 导通、V4 - V5 导通、V3 - V4 导通、V2 - V3 导通、V1 - V2 导通,也就

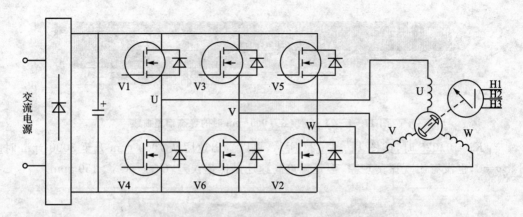

图 11－2－1　直流无刷电机的控制原理简图

是说将直流母线电压依次加在 U—>V、W—>V、W—>U、V—>U、V—>W、U—>W 上，这样转子每转过一对 N－S 极，V1、V2、V3、V4、V5、V6 各功率管即按固定组合成 6 种状态的依次导通。每种状态下，仅有两相绕组通电，依次改变一种状态，定子绕组产生的磁场轴线在空间转动 60°电角度，转子跟随定子磁场转动相当于 60°电角度空间位置，转子在新位置上，使位置传感器 U、V、W 按约定产生一组新编码，新的编码又改变了功率管的导通组合，使定子绕组产生的磁场轴再前进 60°电角度，如此循环，直流无刷电机将产生连续转矩，拖动负载作连续旋转。

3.　PWM 方式调速

在控制功率组件的信号中加入 PWM，并依据调整 PWM 的占空比，即输出 PWM 的 Duty，以调整输入电机的端电压大小，进而控制直流无刷电机的转速，其中控制信号 PWM 的加入有 4 种方式：上相 PWM、下相 PWM、前半 PWM 和后半 PWM。如图 11－2－2 所示。

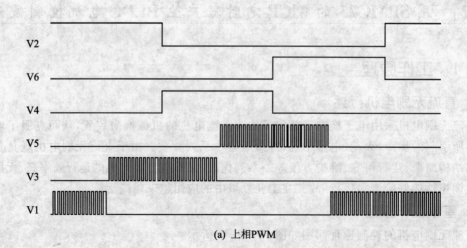

(a)　上相PWM

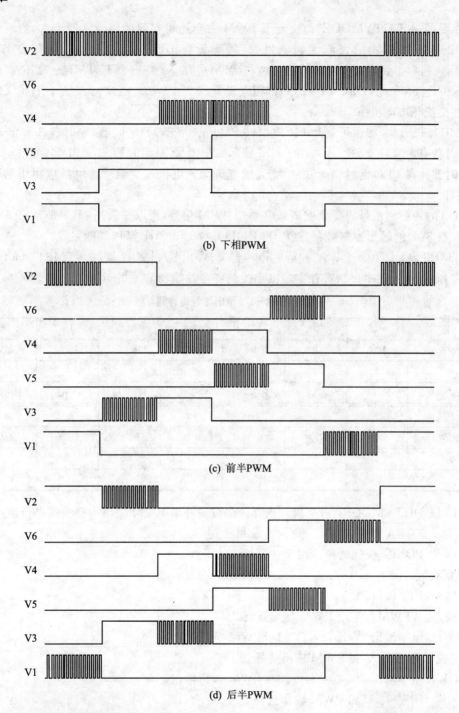

(b) 下相PWM

(c) 前半PWM

(d) 后半PWM

图 11 - 2 - 2　PWM 加入方式

11.2.2　SPMC75F2413A

1. MCP 简介

　　MCP 定时器 3 和定时器 4 输出控制寄存器的设置对于电机驱动应用中 PWM 波形类型

是非常重要的。"DUTYMODE"位决定了 PWM 占空比寄存器的值。一般而言,当驱动一个要输出 120°PWM 模式的直流无刷电机时,需要设置 DUTYMODE＝0,只有 P_TMRx_TGRA (x＝3,4)需要设置占空比的值。换句话说,所有 3 个寄存器 P_TMRx_TGRA/P_TM-Rx_TGRB/P_TMRx_TGRC (x＝3,4)都需要设置成 120°PWM 模式,无论是在直流无刷电机中还是在交流感应电机中。

SPMC75F2413A 提供了 2 个 MCP(Motor Control PWM)定时器,定时器 3 和定时器 4。MCP 定时器有两套独立的三相六路 PWM 波形输出。MCP 定时器 3 与 PDC 定时器 0 联合,MCP 定时器 4 与 PDC 定时器 1 联合,能完成直流无刷电机和交流感应电机应用中的速度反馈环控制。

BLDC 的各控制信号需要分配高低电平和 PWM 信号,所以在利用 MCP 驱动 BLDC 时只需对定时器 3(4)的输出控制寄存器(P_TMR3(4)_OutputCtrl)操作就能完成。

P_TMR3_OutputCtrl ($7407):定时器 3 输出控制寄存器/P_TMR4_OutputCtrl ($7408):定时器 4 输出控制寄存器。输出控制寄存器如表 11-2-1 所列。

表 11-2-1 输出控制寄存器

B15	B14	B13	B12	B11	B10	B9	B8
R/W	RW	R	R	R	R/W	R/W	R/W
θ	0	0	0	0	0	0	0
DUTYMODE	POLP	保留			WPWM	VPWM	UPWM

B7	B6	B5	B4	B3	B2	B1	B0
R/W	R/W	R/W	R/W	R/W	R/W	R/W	R/W
0	0	0	0	0	0	0	0
SYNC		WOC		VOC		UOC	

第 15 位 DUTYMODE:占空模式选择。此位对补偿 PWM 输出占空模式进行选择。

0＝共享 TGRA 寄存器　　　　1＝三相独立

第 14 位 POLP:极性选择。用于选择相位的极性。

0＝低有效　　　　　　　　1＝高有效

第 13:11 位 保留。

第 10 位 WPWM:W 相 PWM 输出选择。

0＝H/L 电平输出　　　　　　1＝PWM 波形输出

第 9 位 VPWM:V 相 PWM 输出选择。

0＝H/L 电平输出　　　　　　1＝PWM 波形输出

第 8 位 UPWM:U 相 PWM 输出选择。

0＝H/L 电平输出　　　　　　1＝PWM 波形输出

第 7:6 位 SYNC:UVW 相位输出同步源选择。

00＝不同步

01＝与 P_POSx_DectData (x＝0,1) 寄存器变化同步

10＝与 TGRB 寄存器比较匹配同步

11＝与 TGRC 寄存器比较匹配同步

第 5：4 位 WOC：W 相输出控制。

第 3：2 位 VOC：V 相输出控制。

第 1：0 位 UOC：U 相输出控制。

BLDC 分配控制信号可根据图 11-2-2 所示的换流时序，通过设置 P_TMRx_OutputC-trl（x=3,4）寄存器中 POLP 、UPWM/VPWN/WPWM 和 UOC/VOC/WOC 这些位来输出控制信号的波形。表 11-2-2 描述了高有效（POLP=1）U 相输出极性，表 11-2-3 描述了低有效（POLP=0）U 相输出极性。

表 11-2-2　高有效 U 相输出极性

UOC[1,0]		UPWM			
		1：PWM output		0：H/L output	
		U phase	UN phase	U phase	UN phase
Mode 0	0　0	CPWM	PWM	L	L
Mode 1	0　1	L	PWM	L	H
Mode 2	1　0	PWM	L	H	L
Mode 3	1　1	PWM	CPWM	H	H

表 11-2-3　低有效 U 相输出极性

UOC[1,0]		UPWM			
		1：PWM output		0：H/L output	
		U phase	UN phase	U phase	UN phase
Mode0	0　0	PWM	CPWM	H	H
Mode1	0　1	H	CPWM	H	L
Mode2	1　0	CPWM	H	L	H
Mode3	1　1	CPWM	PWM	L	L

在 P_TMRx_OutputCtrl（x=3,4）寄存器中定义了 4 种波形输出模式：模式 0 ～模式 3。通过对[10：8]位和[7：0]位的设置，可以在 Ux/UxN，Vx/VxN and Wx/WxN（x= 1,2）输出的每对引脚上产生不同的波形。

模式 0 和模式 3 用于产生互补的 PWM 波形。典型用法是利用正弦 PWM 波形驱动交流感应电机。这些模式也可以应用于 180°直流无刷电机变频驱动。在模式 0 和模式 3 下产生互补的 PWM 波形时，DTP 位应当设置死区控制来保护驱动电路，DTWE、DTVE、DTUE 位应当设置成 1，从而可以使开发者实现指定相位上的死区控制使能。模式 1 和模式 2 是标准的 PWM 模式，相关相位的死区特性是禁止的。

2. MCP 的使用

对于 MCP 的使用在这里将列举范例来加以说明。

① 设置产生图 11-2-2(a)上相 PWM 的 BLDC 驱动控制信号。

见图 11-2-1 控制原理简图，了解功率管子的排列及 U、V、W 相的分布和连接方式。信号波形从左向右依次导通的功率管子为：V1-V2、V2-V3、V3-V4、V4-V5、V5-V6、V6-V1、V1-V2,从图 11-2-2(a)可以判断 MCP 的输出极性应该是高电平有效（POLP=1），所以可以对照表 11-2-2。

按照各相导通次序及对 PWM 的控制可以列出表 11-2-4 所列的上相 PWM 时序对照表。

② 设置产生图 11-2-2(b)下相 PWM 的 BLDC 驱动控制信号。

根据管子导通顺序 V1-V2、V2-V3、V3-V4、V4-V5、V5-V6、V6-V1、V1-V2,可以通过表 11-2-2 得到表 11-2-5 所列的下相 PWM 时序对照表。

表 11-2-4　上相 PWM 时序对照表

上相 PWM					
V1-V2	V2-V3	V3-V4	V4-V5	V5-V6	V6-V1
U(V1)	PWM	0	0	0	0	PWM
UN(V4)	0	0	1	1	0	0
V(V3)	0	PWM	PWM	0	0	0
VN(V6)	0	0	0	0	1	1
W(V5)	0	0	0	PWM	PWM	0
WN(V2)	1	1	0	0	0	0

上相 PWM					
V1-V2	V2-V3	V3-V4	V4-V5	V5-V6	V6-V1
UPWM	1	0	0	0	0	1
UOC	2	0	1	1	0	2
VPWM	0	1	1	0	0	0
VOC	0	2	2	0	1	1
WPWM	0	0	0	1	0	0
WOC	1	1	0	2	2	0

表 11-2-5　下相 PWM 时序对照表

下相 PWM					
V1-V2	V2-V3	V3-V4	V4-V5	V5-V6	V6-V1
U(V1)	1	0	0	0	0	1
UN(V4)	0	0	PWM	PWM	0	0
V(V3)	0	1	1	0	0	0
VN(V6)	0	0	0	0	PWM	PWM
W(V5)	0	0	0	1	1	0
WN(V2)	PWM	PWM	0	0	0	0

下相 PWM					
V1-V2	V2-V3	V3-V4	V4-V5	V5-V6	V6-V1
UPWM	0	0	1	1	0	0
UOC	2	0	1	1	0	2
VPWM	0	0	0	0	1	1
VOC	0	2	2	0	1	1
WPWM	1	1	0	0	0	0
WOC	1	1	0	2	2	0

③ 设置产生图 11-2-2(c)前半相 PWM 的 BLDC 驱动控制信号。

根据管子导通顺序 V1-V2、V2-V3、V3-V4、V4-V5、V5-V6、V6-V1、V1-V2,可以根据表 11-2-2 得到表 11-2-6 所列的前半相 PWM 时序对照表。

④ 设置产生图 11-2-2(d)后半相 PWM 的 BLDC 驱动控制信号。

根据管子导通顺序 V1-V2、V2-V3、V3-V4、V4-V5、V5-V6、V6-V1、V1-V2,可以根据表 11-2-2 得到表 11-2-7 所列的后半相 PWM 时序对照表。

表 11-2-6　前半相 PWM 时序对照表

前半相 PWM					
V1-V2	V2-V3	V3-V4	V4-V5	V5-V6	V6-V1
U(V1)	1	0	0	0	0	PWM
UN(V4)	0	0	PWM	1	0	0
V(V3)	0	PWM	1	0	0	0
VN(V6)	0	0	0	0	PWM	1
W(V5)	0	0	0	PWM	1	0
WN(V2)	PWM	1	0	0	0	0

前半相 PWM					
V1-V2	V2-V3	V3-V4	V4-V5	V5-V6	V6-V1
UPWM	0	0	1	0	0	1
UOC	2	0	1	1	0	2
VPWM	0	1	1	0	0	0
VOC	0	2	2	0	1	1
WPWM	1	0	0	1	0	0
WOC	1	1	0	2	2	0

表 11-2-7　后半相 PWM 时序对照表

后半相 PWM					
V1-V2	V2-V3	V3-V4	V4-V5	V5-V6	V6-V1
U(V1)	PWM	0	0	0	0	1
UN(V4)	0	0	1	PWM	0	0
V(V3)	0	1	PWM	0	0	0
VN(V6)	0	0	0	0	1	PWM
W(V5)	0	0	0	1	PWM	0
WN(V2)	1	PWM	0	0	0	0

后半相 PWM					
V1-V2	V2-V3	V3-V4	V4-V5	V5-V6	V6-V1
UPWM	1	0	0	1	0	0
UOC	2	0	1	1	0	2
VPWM	0	0	0	0	0	1
VOC	0	2	2	0	1	1
WPWM	0	1	0	0	1	0
WOC	1	1	0	2	2	0

结合换相时序图,对照表 11-2-2(或表 11-2-3)就可以得到上述的各种组合的对照表,U、V、W 各相的设置很容易就能够实现。

注意观察,就会发现,图 11-2-2(c)前半相 PWM 的时序如果从左至右来看是前半相 PWM,但是如果从右至左来看就是后半相 PWM 方式了。也就是说把功率管子的导通顺序由 V1-V2、V2-V3、V3-V4、V4-V5、V5-V6、V6-V1、V1-V2 变为 V6-V1、V5-V6、V4-V5、V3-V4、V2-V3、V1-V2、V6-V1,那么 PWM 加入方式就倒过来了,所以使用时要加以注意。

3. 极性选择

POLP 极性选择。通过表 11-2-2 和 11-2-3 的对比,可以发现 POLP=1(高有效)和 POLP=0(低有效)之间的差别。其实仅仅是高低电平的变换,这一项的设置是和硬件有一定对应关系的。在我们的驱动电路中有些设计是低电平为有效,即在低电平的时候功率器件是导通的。搞清楚有效电平是十分必要的,可确定功率器件在驱动前端加入什么性质的信号为导通。

如图 11-2-3 所示,对比图 11-2-2(a)可以看出,所有的下桥臂的信号电平性质是完全相反的,这就是一个低电平有效的换相时序图。

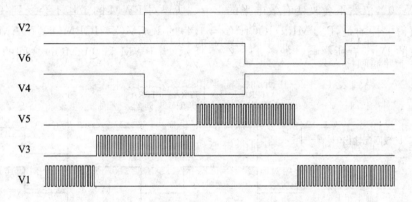

图 11-2-3 低电平有效的换相时序

这样的时序变动是不是对程序又要进行大幅度地改动呢? 按照上面的方法列出表 11-2-8。

发现只有当 POLP=0(低有效)时,才满足表中电平的性质,可以进一步列出控制字对应表,如表 11-2-9 所列。

表 11-2-8 上相 PWM 时序对照表

	上相 PWM				
V1-V2	V2-V3	V3-V4	V4-V5	V5-V6	V6-V1
U(V1)	PWM	1	1	1	1	PWM
UN(V4)	1	1	0	0	1	1
V(V3)	1	PWM	PWM	1	1	1
VN(V6)	1	1	1	1	0	0
W(V5)	1	1	1	PWM	PWM	1
WN(V2)	0	0	1	1	1	1

表 11-2-9 POLP=0 时上相 PWM 时序对照表

	上相 PWM				
V1-V2	V2-V3	V3-V4	V4-V5	V5-V6	V6-V1
UPWM	1	0	0	0	0	1
UOC	2	0	1	1	0	2
VPWM	0	1	1	0	0	0
VOC	0	2	2	0	1	1
WPWM	0	0	0	1	1	0
WOC	1	1	0	2	2	0

比较表 11-2-8 和表 11-2-9,控制字是一样的,也就是说即使电平性质改变了,对 POLP 作相应的设置就完全可以满足要求。这样,程序对硬件的适应性大大加强了,提高了硬件设计的灵活性。

4. PWM 和 CPWM

PWM 和 CPWM 是一对互补的 PWM 波形,就是其输出极性完全相反的 PWM 输出,如图 11-2-4 所示。

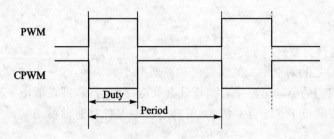

图 11-2-4　PWM 和 CPWM

在 PWM 中有效电平为高电平,在 CPWM 中有效电平为低电平。这样,POLP 的设置无论是"1"还是"0",依然不会改变有效电平的 Duty,所以对 PWM 的操作不会受到任何影响。

不过值得一提的是,P_TMRx_IOCtrl(x=3,4)的 IOCMOD、IOBMOD、IOAMOD 的设置将对 PWM 的 Duty 有所影响。如图 11-2-5 所示,为 PWM 和 IOxMOD 之间的关系。

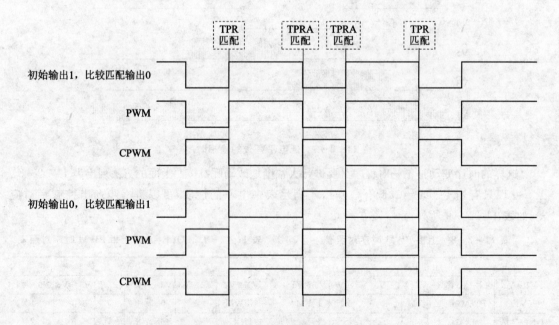

图 11-2-5　PWM 和 IOxMOD 之间的关系

由图 11-2-5 可知: IOCMOD、IOBMOD、IOAMOD 的设置是作用于 PWM 的,对 CPWM 是一种互补的关系。POLP=1 和 POLP=0 时,其有效电平的 Duty 是一样的,但是如果同时改变 POLP 的极性和 IOxMOD 的设置,其有效电平的 Duty 将是一种互补的关系。

11.2.3 软件说明

1. 软件说明

AN_SPMC75_0006 方案实现了 120°驱动方波的产生,重点是 120°驱动波中 PWM 的 4 种加入方式及 SPMC75F2413A 的 MCP 模块的使用。

2. 档案构成

档案构成如表 11-2-10 所列。

表 11-2-10　档案构成

文件名称	功　能	类　型
Main	各模块的初始化,DMC 服务	C
ISR	PDC 中断用于换相	C
Spmc75_BLDC_V100	MCP 产生驱动信号的必要的函数	lib
Spmc75_dmc_lib_V100. lib	DMC 通信程序	lib

3. DMC 界面

User_R0:当前 P_TMR3_TGRA 寄存器的值

User_W0:波形变换编号 0~7

0——正转、上相 PWM120°方波

1——反转、上相 PWM120°方波

2——正转、下相 PWM120°方波

3——反转、下相 PWM120°方波

4——正转、前半相 PWM120°方波

5——反转、前半相 PWM120°方波

6——正转、后半相 PWM120°方波

7——反转、后半相 PWM120°方波

P_TMR3_TGRA 可以设置的数值范围为:1~3000

Motor 1 Start 和 Motor 1 Stop 控制启停

4. 子程序函数说明

(1) Spmc75_System_Init ( )

[原　　形]　void Spmc75_System_Init(void)。

[描　　述]　初始化 MCP、CMT 及 DMC。

[输入参数]　无。

[输出参数]　无。

[头 文 件]　Spmc75_mcp_bldc. h。

[库 文 件]　Spmc75_mcp_bldc_V100 。

[注意事项]　MCP 占用 Timer3;定时占用 CMT0;DMC 的 UART 通信占用 Channe(IOC0 - RXD/IOC1 - TXD)。

（2）Spmc75_PDC_ISR（ ）

［原　　形］　void Spmc75_PDC_ISR（void）。

［描　　述］　PDC 中断换相。

［输入参数］　无。

［输出参数］　无。

［头　文　件］　Spmc75_mcp_bldc. h。

［库　文　件］　Spmc75_mcp_bldc_V100 。

［注意事项］　PDC 中断服务。

（3）Spmc75_Load_Data( )。

［原　　形］　void Spmc75_Load_Data（void）。

［描　　述］　DMC 数据监视，刷新 PWM 占空比和变换波形。

［输入参数］　无。

［输出参数］　无。

［头　文　件］　Spmc75_mcp_bldc. h。

［库　文　件］　Spmc75_mcp_bldc_V100。

［注意事项］　 CMT0 中断服务程序，中断频率为 100 Hz。

11.2.4 参考程序

1. 参考程序

```
# include "Spmc75_regs. h"
# include "Spmc_typedef. h"
# include "unspmacro. h"
# include "Spmc75_mcp_bldc. h"
main()
{
Spmc75_System_Init(); //系统初始化
while(1)
{
MC75_DMC_UART_Service(); //DMC 服务程序
NOP();
}
}
//========================================
//Description：IRQ1 interrupt source is XXX,used to XXX
//Notes：PDC 中断服务
//========================================
void IRQ1(void) __attribute__ ((ISR));
void IRQ1(void)
{
/* ==================================== */
/* Position detection change interrupt
```

```
/* ======================================= */
if(P_TMR0_Status ->B.PDCIF && P_TMR0_INT ->B.PDCIE)
{
Spmc75_PDC_ISR(); //PDC中断服务,根据位置反馈换相
}
}
//========================================
//Description：IRQ6 interrupt source is XXX,used to XXX
//Notes:DMC接收中断服务函数
//========================================
void IRQ6(void) __attribute__ ((ISR));
void IRQ6(void)
{
if(P_INT_Status ->B.UARTIF)
{
if(P_UART_Status ->B.RXIF) MC75_DMC_RcvStream(); //DMC接收中断
if(P_UART_Status ->B.TXIF && P_UART_Ctrl ->B.TXIE);
}
}
//========================================
//Description：IRQ7 interrupt source is XXX,used to XXX
//Notes：100 Hz Download 数据
//========================================
void IRQ7(void) __attribute__ ((ISR));
void IRQ7(void)
{
if(P_INT_Status ->B.CMTIF)
{
if(P_CMT_Ctrl ->B.CM0IF && P_CMT_Ctrl ->B.CM0IE)
{
Spmc75_Load_Data(); 通过DMC更新数据
}
P_CMT_Ctrl ->W = P_CMT_Ctrl ->W;
}
}
```

2. 程序流程与说明

主程序主要完成系统必要的初始化和 DMC 监视数据服务,如图 11 - 2 - 6 所示为主程序操作流程图。

3. 中断子流程与说明

PDC 中断服务程序完成对位置改变中断的响应和进行相应的换相操作,如图 11 - 2 - 7 为 PDC 中断操作流程。

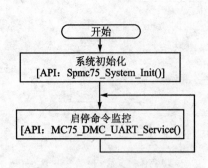

图 11 - 2 - 6　主程序操作流程

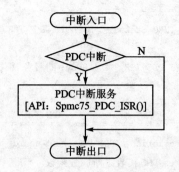

图 11 - 2 - 7　PDC 中断操作流程

11.2.5　硬件及信号测试

信号测试主要是针对 MCP 产生 120°方波信号的 4 种 PWM 的加入,在不同的加入方式中所产生的实例测试波形,以供使用者在开发和学习过程中作为参考。

1. 硬件连接及位置信号

本应用旨在学习和参考,所以可以脱离复杂的硬件,只需要简单给出模拟的位置信号就可以完成测试。硬件连接如图 11 - 2 - 8 所示。

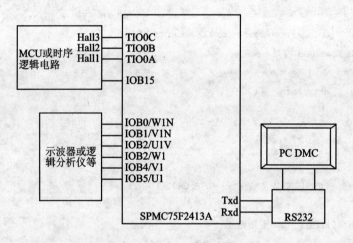

图 11 - 2 - 8　硬件连接

其中,位置信号不必是由实际的 BLDC 的运转来提供,可以应用 MCU 或时序逻辑电路等来产生模拟的位置信号,如图 11 - 2 - 9 所示和图 11 - 2 - 10 所示。

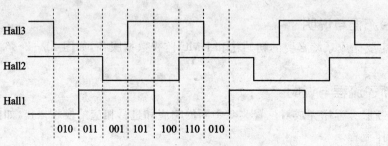

图 11 - 2 - 9　位置信号 1

图 11 - 2 - 9 位置信号 Hall3、Hall2、Hall1 的顺序是：010b、011b、001b、101b、100b、110b。这时 IOB15 会输出"0"，所以在 IOB15 输出"0"的时候最好输入图 11 - 2 - 9 所示的位置信号(BLDC 实际测试也是这样的，它反映了电机的正反转)。

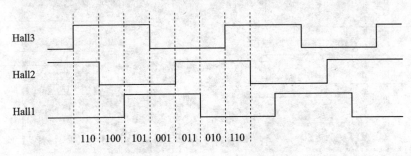

图 11 - 2 - 10　位置信号 2

图 11 - 2 - 10 位置信号 Hall3、Hall2、Hall1 的顺序是：110b、100b、101b、001b、011b、010b。这时 IOB15 会输出"1"，所以在 IOB15 输出"1"的时候最好输入图 11 - 2 - 10 所示的位置信号(BLDC 实际测试也是这样的，它反映了电机的正反转)。

2. 上相 PWM

如图 11 - 2 - 11 所示为 V1 - V2、V2 - V3、V3 - V4、V4 - V5、V5 - V6、V6 - V1 的导通顺序时 120°上相 PWM 测试波形，图 11 - 2 - 12 所示为 V6 - V1、V5 - V6、V4 - V5、V3 - V4、V2 - V3、V1 - V2 的导通顺序时 120°上相 PWM 测试波形。

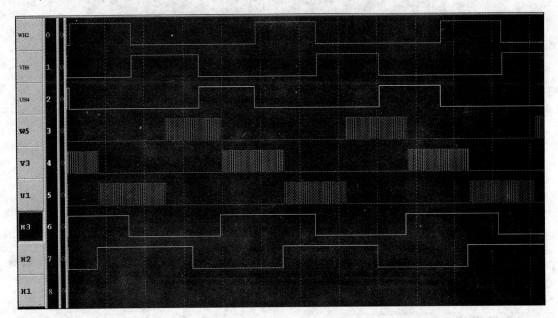

图 11 - 2 - 11　120°上相 PWM 方波信号 1

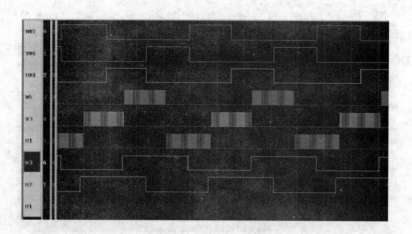

图 11 - 2 - 12   120°上相 PWM 方波信号 2

3. 下相 PWM

如图 11 - 2 - 13 所示为 V1 - V2、V2 - V3、V3 - V4、V4 - V5、V5 - V6、V6 - V1 的导通顺序时 120°下相 PWM 测试波形,图 11 - 2 - 14 所示为 V6 - V1、V5 - V6、V4 - V5、V3 - V4、V2 - V3、V1 - V2 的导通顺序时 120°下相 PWM 测试波形。

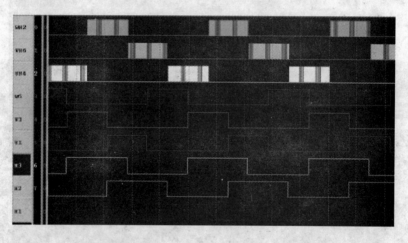

图 11 - 2 - 13   120°下相 PWM 方波信号 1

4. 前半相 PWM

如图 11 - 2 - 15 所示为 V1 - V2、V2 - V3、V3 - V4、V4 - V5、V5 - V6、V6 - V1 的导通顺序时 120°前半相 PWM 测试波形,图 11 - 2 - 16 所示为 V6 - V1、V5 - V6、V4 - V5、V3 - V4、V2 - V3、V1 - V2 的导通顺序时 120°前半相 PWM 测试波形。

5. 后半相 PWM

如图 11 - 2 - 17 所示为 V1 - V2、V2 - V3、V3 - V4、V4 - V5、V5 - V6、V6 - V1 的导通顺序时 120°后半相 PWM 测试波形,图 11 - 2 - 18 所示为 V6 - V1、V5 - V6、V4 - V5、V3 - V4、V2 - V3、V1 - V2 的导通顺序时 120°后半相 PWM 测试波形。

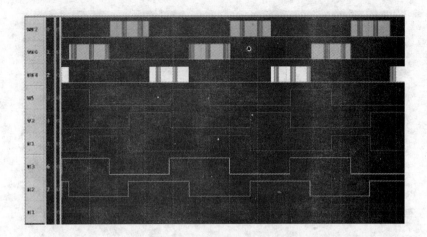

图 11 – 2 – 14　120°下相 PWM 方波信号 2

图 11 – 2 – 15　120°前半相 PWM 方波信号 1

图 11 – 2 – 16　120°前半相 PWM 方波信号 2

图 11 – 2 – 17　120°后半相 PWM 方波信号 1

图 11 – 2 – 18　120°后半相 PWM 方波信号 2

参考文献

[1] 谭浩强. C 程序设计[M]. 北京：清华大学出版社，2004.

[2] http://www.unsp.com.

[3] SUNPLUS SPMC75F2413A 编程指南（凌阳公司内部资料）V1.0 2004.

[4] Mitsubishi. PS21865A 数据手册（凌阳公司内部资料）.